How To Think Like A
Marketing Genius

行銷天才思考聖經

對話世界第一，成為行業唯一

U0032003

國際行銷大師 **傑・亞伯拉罕 Jay Abraham** 合著
創富夢工場CEO **杜云安**

字裡行間翻譯團隊 譯

Contentl

$+$

Contentſ

✦

「建立行銷思維，把餅做大」的奧秘

歡迎來到我的世界！

本章提到的**19項原則**，能使你的事業一飛沖天、荷包滿滿，創造恆久的財富，公司進帳呈倍數成長。

坦白說，這一切全靠頭腦。我打算與你分享，我和商業夥伴如何靠一些想法與策略賺大錢。

我向你保證，若能真心接受這19個原則，內化成自己的觀念，付諸實行，你的人生必然翻轉。

現在就開始！

原則1：在終生事業中找到喜悅

擔任行銷顧問時，我充分享受與客戶的互動。我也要求他們充分享受、珍惜並瞭解每一位客戶，而且給予他們絕對的尊重，同時要知道自己追求的目標。只要心態好，就絕對能辦到。

這種觀點簡單又強大，但很多人就是不懂。讓我來細說分明⋯⋯

接受過傳統訓練或辛苦打天下的人，多半不願意為每一塊錢全力以赴。唔，跟想辦法殺價的客戶周旋，可能不太愉快，因為他們不懂得珍惜你的價值，要求又多。遇到這種情況，要愛上客戶的確很難。

其實，客戶之所以如此，是因為看到你展現出同樣的態度；**只要你改變心態**，他們對你的態度就會截然不同。

有了它，事業更具意義。

目前大多數人的問題是，做事時完全感受不到絲毫的樂趣，頂多沒那麼痛苦。這也是大家要費盡心思不被其他人當成商品、努力使顧客看出自家事業特色的原因。

我發現，把源源不絕的熱情帶進人生與事業，只有一個辦法：**更崇高的目的。**

具備更崇高的目的，表示你必須為你的客戶帶來更大的利益、更周全的保護、活得更健康愉快，甚且聲譽更隆、財源更廣。把心思放在客戶身上，你會發現更多意義。**唯有這麼做，你才能真正動起來。**

如何找到喜悦的來源？

我認為，大多數人需要從因果關係出發，找到**更崇高的目的**。許多人滿腦子只想著賺大錢、呼風喚雨，卻活得很不快樂，結果也沒賺到錢。

若他們轉而著重**更崇高的目的**，帶來更大的價值，並且

朝這個目標奮鬥，必定能建立無數的豐功偉業。

我建議大家找到讓自己快樂的原因，掌握人生最大的目的：**就是為人群帶來更豐沛的價值或好處，或是帶來重大改變。** 你念茲在茲的就是這件大事，而不是增加銀行帳戶裡的存款；如果你關心的只是銀行帳戶，錢財絕不可能變多。

若你一心想著帶來更美好的價值或成果、改變現狀、實現更崇高的目的，或是提高某物的實用性，**帳戶裡的存款一定會激增。**

原則2：發現成功人士的秘密金鑰

我還發現一個道理：你可以透過仿效，變成了不起的成功人士……

我已經學到如何向熟人或附近的商家取經，把他們的人格特質或成功因素納為己用。例如，仔細觀察某一產業的某項業務，把它們賺錢的竅門運用在另一項產業，通常威力無窮。你也應該試試看！

那麼，在成功人士身上，我最常看到哪些特質？

評判標準是什麼？成功人士共通的特點有哪些？

劍及履及的人，絕不是只會做白日夢。首先，厲害的創業家有：

滿腔熱情與雄心

對於自己的能力與使命，成功創業家具有強大的信念，

總是毫不畏懼、勇往直前，做事專注而果決，什麼都阻擋不了他的腳步。

他們的願景總是如此鮮明，幾乎與事實無異。

這並非超現實，也不是幻想；不僅僅是大概吧，也不是「希望自己能做到」。都不是——是遲早會成真，只是時間早晚而已，而且願景會在奮鬥過程中不斷擴大。他們眼看著夢想成形，持續加快速度前進，視野越發開闊。他們壯志凌雲、奮發昂揚！

再者，創業家還具備了：

非比尋常的專注力

他們可以收斂並駕馭四處發散的精力，變成強大的雷射光束。因為他們不浪費一分一秒，一天之內辦到的事，許多人往往花上一個月也做不完。他們擁有價值百萬的心態。

他們相信，若你一年能賺到十萬美元，那麼賺上百萬美元也不難——**只要你不怕花時間，願意多撐一會兒。**他們不會這麼想：「憑我也能達到這個目標？」而是問：「我只能達到這樣的目標嗎？」其間有很大的分野。

第三項原則會進一步闡釋明晰的目標。此外，創業家還明白：

智囊團的策劃相當重要

他們隨時招攬比自己更聰明的人才。談到成功，他們沒有放不下的自尊心，總是說：「重點不在我，而是在於誰有

最犀利的見解，能給我最棒的答案？」

他們尊重每個人不同的看法，尊重顧客有向別人購買的權利。他們尊重共事的夥伴和合作廠商，善用自身的經驗與洞察力，竭力做到最好。他們也尊重給予建議的人，可以這麼說，許多創業家都擁有人數眾多的顧問團。

最後一點，他們深具：

永不饜足的探索之心

我很喜愛發現新鮮事，在這一點蠻像個小孩。**若你願意花點時間瞭解遇見的每一個人，必定大有斬獲。**瞭解每一個人擅長的事物，思索他們如何有意或無意做出明智的決定。

每一個人都有比你厲害的專長，有人憑直覺，有人靠學問。假如你肯靜下心來觀察，要不了多久便會湧上一股好奇心，自然曉得怎麼跟對方聊。

我敢說，若想確實掌握問話技巧，最好學學蘇格拉底。他的好奇心熾盛，只想透過問話與互動和對方一起思考，以探求真相。基本上，不論對方屬於哪個階層、富有或貧窮，蘇格拉底都會找他們攀談，進行互動，提出許多問題，同時觀察這些人。

我已經試著這麼做，這項特質很重要。

原則3：鎖定目標

常有人問我：「傑，若我還沒有明確的目標，該如何尋

找呢？」

　　首要之務，是擁抱內心的感受，思考為何有這種感受，就能發現自己真正想要什麼。打個有趣的比方：不論是來找我諮詢或參加訓練課程的學員，或是社交場合上遇到的人，大多數人給我的感覺是，他們踏上了橫越全美的旅程，卻還沒完全搞懂這趟旅行的兩大重點。

　　有時，他們知道自己身在何處，只是不知要前往何方，所以我無法指引方向，最終他們到不了目的地。這就好像問我：「傑，我正在新墨西哥州的阿爾伯克基，要怎麼去目的地啊？」我會反問：「你要去哪裡？」但你不知道，我就無從告訴你該往北或往南、循陸路或水路較佳。

　　有時，他們知道目的地，卻搞不清自己站在哪一點。猶如兩片拼圖，你必須先掌握目前的方位，再想清楚打算去哪兒。接下來，你就會……

鎖定目標、傾力以赴

　　不要害怕未知，而是要興致勃勃，愛上發現新事物的感受。別把失敗當成既定事實，如果某件事沒有馬上成功，把它當成寶貴的一課。這表示你更知道該怎麼做，以後不會再做白工。

　　把失敗當成找到答案的測試階段，愛迪生不也試過一萬次，才找出燈泡發亮的方法？

　　還記得小時候都玩過的機器人玩具，每當碰到牆壁，先來個九十度轉彎，再繼續往前走？如果你是那個機器人，打

算走出門外，而我引導你走向對面的牆；那麼，每一次九十度轉彎都不能算是白費力氣，而是幫助你更接近目標，不是嗎？

堅持下去，挺住，再撐一下下。你的策略就是：拿出韌性、立定決心、越挫越勇、不屈不撓。別因為一時受挫就宣告失敗，阻礙只是出了一點小麻煩，讓事情進展不順，千萬別認輸。

做好萬全的準備，充分利用每一次機會，養足精神往前衝，而非被動應付。理清每一件事的脈絡，先做一次沙盤推演，就不致措手不及。

理想要高遠，把握時光，善用機會。別把心力或資金浪費在微不足道的目標上，全力打造真正有價值的志業。

瞄準目標再行動，獲利一飛沖天

好，現在就來談談何謂「鎖定目標」。有一間公司是我的客戶，不吝分享諸多秘訣給我，其一便是：他們提出的建議全部萬無一失，顧客（包括潛在顧客）完全不必有疑慮。

換句話說，**他們永遠優先考量顧客的利益，其次才是公司的利潤**。賣給顧客的東西，一定最符合該名顧客的需求，絕不強迫推銷，或是講得天花亂墜，結果拿出來的商品有時超出規格，有時又太粗糙簡略。

他們總是提供你能信賴的忠告，因為他們把你的利益放在最前面，努力使你的生活更豐富繁盛、更愜意滿足，使你無後顧之憂。

　　他們所做的每一件事，無不展現確實穩當的領導風格。 沒有自以為是的鄙夷，沒有虛張聲勢，**而是領導風格**。他們自詡為業界第一。

　　他們深知，自己的任務就是引導顧客獲得更棒的結果，達成更高的目標，贏得更大的利潤，提升效率與產能，避免浪費與痛苦，給客戶超乎預期的滿足。因為他們知道能夠做到什麼程度，顧客卻通常不知道。

　　他們相信，大多數人都不信任系統或體制，無論是哪一種體制。以企業來說，顧客多半不信任業界的運作方式，總覺得是用來操控顧客；而他們身為顧客，毫無主控權，選擇極少，對此深感無力。

　　在這個例子裡，我的客戶很清楚這一點，於是採取另一種立場，提供顧客另一種選項，也吸引更多潛在客源。當客戶得知有其他可行辦法，就會覺得主導權回到自己手上。

　　我的客戶認為，大多數潛在顧客其實很火大，因為他們不信任體制，甚至不曉得自己在生氣，只是深感挫折，對企業又愛又恨，最後變得麻木。顧客覺得企業說話很不老實。

　　所以，我的客戶採取如下的立場：「對方沒告訴你全部的真相，至少沒把每一個選項、此事的來龍去脈及相關資訊全盤托出。現在我把知道的一切統統告訴你；假如我是你，我會採取這樣的策略和機會。」

調整目標，大家都會主動來找你

　　當你改變目標，而且告訴大家，你手上握有某樣深具價

值的東西，許多人都會主動去找你。大多數人手上既無吸引人的寶物，滿腦子只想要報酬，怪不得乏人問津。

那麼，該如何獲得有價值的東西呢？

你要重新調整目標，提出以下幾個問題，詢問自己：

- 能帶來哪些效益？
- 能帶來最棒的結果是什麼？
- 能帶來哪些優勢？
- 能帶給某人哪些立竿見影的成效？
- 該如何把上述好處帶給顧客？
- 能向顧客許下什麼承諾？
- 目前能給顧客什麼短期承諾？
- 在不增加自身風險的前提下，在兌現承諾之前，該如何幫助他們？

只要你能回答上述問題，就能找到為其他人帶來利益或好處的方式，而且這正是他們想要的。最棒的是，他們不必冒險，也不必花半分力氣，就能手到擒來。

有人向我抱怨他的顧客不夠多，我告訴他：「這樣吧，你先告訴我，你能帶給顧客最大的效益或好處是什麼？」不管那是什麼，接下來就可以想辦法把這項好處告訴顧客，但溝通時千萬不要咄咄逼人，或是一副「你欠我一個人情」的態度。

也許是給顧客一本小冊子、僅需幾十分鐘的一堂課，或

是一段影片、免費受訓、參加研討會或實際操作，甚至我們親自去顧客公司進行簡報。重點是，他們不必冒險。

簡報產生的效益不可小覷。透過簡報，我們表明了替顧客設想的立場。顧客知道只要採取第一個步驟，馬上就能獲益，就算之後不購買商品或服務也無妨。

我發現，商場上最嚴重的其中一個問題是「失焦」。事實上……

大多數人沒搞清楚問題的根源

他們總是說事情很不順，於是我要他們想想為什麼。但極少人願意進行深度思考，揪出問題的根源，亦即利用生活裡的事件、眼前的機會和挑戰，來解決某個層次複雜的核心問題。

大多數人搞不清問題出在哪裡，只是一味煩惱。

我想，從抽象邁向具體是突破性的一大步。**你不再只是「渴望解決問題」，而是能「真正做出決定」。**

不妨換個問法：「你很沮喪，為什麼？喔，你想要一部車，為什麼不去買呢？」「不曉得耶，我不知道自己想要什麼。」「那麼，先想清楚你要的是什麼。」「我不知道是否買得起。」「那就先搞清楚一部車要多少錢啊！」「不曉得耶……」

許多人天馬行空，不肯縮小範圍。應該先縮小範圍，鎖定幾件事。

先前已經提過，培養忠實顧客，其實道理都一樣。很多

人就算開口抱怨，也只說自己想要什麼，而不是想替別人做些什麼。

如何讓別人對你忠誠？想想看你願意對哪些人忠誠。我敢打包票，答案是為你付出最多的人。

視你如敝屣或根本不愛你，你絕不願對他忠誠。倘若有個顧問從不願致電給你建議、捍衛你的權益、替你設想，你還會想要繼續跟他合作嗎？

道理很簡單，但這些人依舊抱怨連連，只為自己打算，不肯付出。說起來簡直丟臉，類似的例子太多了。

原則4：用正確的角度看事情

最妙的是，這一點不需要技巧。

重點在於心態，在於你面對人生的態度。

端視你如何看待機會與可能性，如何看待與人互動這件事。你是否將人際關係、溝通方式和想法視為真實具體的機制，能夠幫助你產生影響，有所成就。

當你開始用上述規則看待人生，就能大幅改善你在商場上的感受，從而體會到更多喜悅、成就與熱情，瞭解目的何在；眼界也會變寬，對商業原則會有更深刻的體悟。我認為你會脫胎換骨。

同時，你將再次燃起對生命的熱情，更享受與人互動的過程；無論對方是員工、顧客、供應商、另一半、子女、鄰居，也會更熱愛大自然。

聽起來是有點玄，但這並非我的本意。願意釋放熱情必將煥然一新，和以前完全不同。

也就是說，這個概念不僅適用在商場上，也和其他方面息息相關。**這樣的心態涵蓋一切，足以左右生活的每一個面向。而且，只要你願意，必能大幅提振你的能力，使你獲得更大的滿足，建立更驚人的功業，對社會有所貢獻，甚至對世界造成更巨大的影響。**擁有這種心態，成功的過程將會既輕鬆又有趣，是世上最快樂的事。

隨時留意機會，這是你的秘密財富

首先，你必須相信一件事：不論是否置身商界，每一個人身上都有秘密財富，或稱之為「隱藏財富」。

機會到處都是，在生活中、工作上、個人具備的技能、累積的顧客群、正在做的事情。**只因你還沒完全發揮實力，所以獲利仍相當有限。**

假如你下定決心好好活一場，使人生產值最大化，就會以更宏觀的角度來看待人生。

首先，定義何謂財富。**財富可能是金錢，也可能是有形或無形資產，之後會帶來一筆收入或發揮一些價值，帶來其他進帳。**

財富也可能是人際關係。先前曾投入多年時間，在某個圈子建立起信任與影響力；如今你經營另一項事業，或是有熟人從事某種生意，過去的人脈正好派上用場，如虎添翼。

舉個例子，過去你曾在某個領域工作，與某人相熟，也

認識了經常購買某種產品的各類型買家。

也許你現在不再銷售那樣商品，但是，既然在那間創立長達半世紀的公司工作了五年甚至十年之久，長期和公司往來的主要客戶都十分敬重你。

一旦你投身新事業，也跟著拋下原本的人脈。然而，對於推出新商品或新服務的公司而言，由於尚未培養足夠的業務人員，或者無法挨家挨戶推銷，過去的人際關係就變成建立信用、拓展人脈的根基。你可能會發現⋯⋯

一通電話也有意想不到的威力

撥一通電話，就能和某人搭上話。**一旦建立起聯繫，或許對方就此成為公司的新客戶、買家或經銷商，這是大部分公司費盡心思也難以辦到的。**

你可以提供這樣的人脈，向對方索取一次性費用，或是按比例抽成。搞不好仰賴這項人脈資產做成了一筆大交易，賺進更多錢，超過自己平常生意的利潤。

你還具備了技能，大部分公司卻輕忽了自身的專業。例如做生意的方式，你採用比同業更具效率的方式經營公司，提高生產力與獲利能力。

也許是管理庫存、生產商品或運送貨物的模式較好，或許你有識人之明，員工在你麾下表現得更耀眼；也許是銷售技巧或打廣告的方式，也或許你達到更高的平均成交金額。

當你體認到經營公司、生意成交的過程中必須考量諸多面向，每一個面向都能獨立出來，而且都很重要，就可以把

上述種種訣竅傳授給其他人。一定有人願意繳交學費，或是視增加的收益按比例分潤，答謝你傾囊相授。

這種做法早已行之有年。**就我而言，每年光是傳授如何讓顧客掏出更多錢、或招徠更多顧客的秘訣，就有數百萬美元的收入。**我也有合作的客戶以租或賣的方式，將獨家製程傳授給其他人。

有個人知道如何即時更新「新聞通訊」上的客戶名單，於是決定把這項技巧租出去。許多人向他租用，讓他賺進了數百萬美元。我還認識一位洗車業者，他很會推銷汽車打蠟及配套服務，比別人多出一倍客戶，而這是利潤所在。**他每個月把這個秘訣賣給一千家洗車場，授權的獲利所得比洗車本業還多。**

之前提過一個很成功的乾洗業者，他直接寄信給顧客，獲得很不錯的廣告效果。他以每月50美元的代價，將這套流程租給其他一、兩千家乾洗業者，賺到了數百萬元。

我有個客戶經營鋸木廠，發明用窯爐烘乾木材的方法，烘出來的木材質地更堅實。窯爐烘乾的方式不僅能提升木材品質達兩成，廢棄木料也減少一半，能源消耗降低三成。

他靠出售秘方賺進上百萬美元，購買的人絡繹不絕。直到現在，每年仍有數十萬授權金可拿。

不管是賺錢或省錢，方法多的是，你可以想辦法讓物流更省力，或提升效率，或改善產能，或找出更有利的稅率。總之，想辦法降低資金，節省庫存成本，或是使員工效益最佳化。

　　只要開始審視自己的做事方式，先同業一步想出更專業或更有效的運作模式，你一定會發現許多意想不到的賺錢方式，讓其他人心甘情願掏錢出來向你購買。

　　你有人脈，跟許多新舊客戶都維持不錯的關係。現在你更進一步利用這層關係，向他們推薦其他人生產或販售的商品或服務（也許是輔助性或新一代商品，也許比你自家生產的東西更棒），或是替他們背書。

原則5：這一切的目的是什麼？

　　無論你做什麼，有件事一定要做到：審視自己的目的，同時思考顧客為何要做某件事。最重要的是，確認自己的出發點是幫助顧客更瞭解自身的目的。

　　你的目的只有一個：永遠把顧客的最佳利益和福祉放在自身利益之前。但是，當你這麼做時，必須讓顧客明白能做到什麼程度，能達到何種成就，他們有資格做出什麼樣的要求，經過一番努力能獲得更吸引人的成果，或是能省下多少力氣。**這一切充滿了力量……**

　　請你捫心自問：

　　倘若易地而處，我為什麼想要這個？或者，我想要嗎？我為何想要這項好處？身為顧客的我，能獲得什麼好處？

　　我們老是忘記給客戶足夠的利多，搞不懂他們為何就是不肯跟我們買。

　　我觀察某些客戶的銷售溝通方式，亦即透過簡報、親訪

或電訪、郵寄信函、刊登平面廣告或購買電視廣告，或是在貿易展設置攤位，他們必須先確定採取何種**策略**，設計出一套完整的**溝通流程**。

接著，他們假裝顧客已經接受到訊息，質問自己：「**所以呢？顧客能得到什麼好處？**」

你的促銷必須回答顧客心中的疑惑，為他們提供解答，或是看來既宏大又美好的具體願景，促使他們採取行動。我們打算為顧客做什麼呢？

就像顧客很可能這麼問：「你打算為我做什麼？我能獲得什麼？」

永遠別忘記對顧客說明，為何這麼做能改善他的生活或環境，帶給他夢寐以求的結果；不光是輕而易舉，也是他理當擁有的美好生活，比目前差強人意的生活更舒適愜意，卻是唾手可得。這一點非常重要。

原則6：成就卓越的策略

有個想法足以改變你的一生。把它寫下來，每天早晨、中午、晚上說給自己聽，並且身體力行：

大多數人愛上的是自己的公司、產品或服務，卻沒有愛上客戶或潛在顧客。

只要將事業視為與人群的互動，能夠改善他人的生活或其他公司的處境，你的事業、熱情、自身定位、與外界的連結、別人對你的看法、敬意與愛戴，一定會幡然改觀。

大部分公司推銷商品或服務時，只想著：「怎麼做才能說服顧客購買？」

但這樣是錯的，你應該說：**「有什麼是我可以給的？我能創造什麼樣的價值或提供哪一種好處？」**這是完全不同的想法。

這種想法同時給你目的和滿足感，你會發現過程變得有趣極了。

再說一次，務必記得我是站在企業主或專業人士的立場討論。這種思維能使你卓越出眾，獲得更大的成功，創下更高的利潤和銷售成績，生意長長久久。

但是，你必須先愛上自己的客戶和潛在顧客，才能愛上這份事業。

你要做的，是將自己視為改變現狀、創造價值、力求貢獻的人，使顧客、潛在客戶、員工和家人都能利益均霑。

這是偉大的願景，使你的人生有所依循。

一旦掌握了目的，步伐就會更加堅定。**你是改革運動的尖兵**，一定會達到某個層次與深度，貢獻厥偉，為世間帶來長遠的影響，遠遠超出以往的想像。

顧客很少把商品視為一段過程，大多將其視為有開頭和結尾的計畫。因此，與顧客進行溝通時，不論是透過直播、面對面接觸、致電或寄信，或是刊登廣告，都應該採取下述立場：

「我們打算這麼做，所需時間不多，策略大致是如此。我們會從此處開始，最後帶你來到這裡，過程蠻輕鬆的，需

要做哪些交易，耗時多久（幾天、幾小時或幾分鐘）。你負責做這個和那個，每完成一件事，距離目標就更進一步，最終大功告成。」

向顧客解釋只需花一點時間，最重要的是，讓他們明白這段過程並不可怕，也不是望不見盡頭的隧道。不，事情終將了結。

當你抵達終點，感覺就會無比美妙，比目前的境況幸福得多。相對來說，抵達終點很簡單，只需花費一定的時間、採取幾項步驟、或參與幾件事就搞定，何況當中完全沒有太困難或不愉快的任務，統統包在我身上。從起點開始，每走一步，你便感覺比先前更充盈愉悅。

如果要用一句話來概括，我會說：「跟我一起做，現在就下定決心脫離平庸吧！」

沒人想要一輩子碌碌無為。只要你體認到這一點，對眼下差強人意的結果、產量、收益或利潤感到不滿足，相信自己的努力、投資、或買到的物品應該更好，顧客自然會產生共鳴。

一旦你給予顧客尊重和同理心，告訴他們沒必要繼續平庸下去，**本乎真誠，顧客必然終生追隨你**。只要你能夠……

愛上你的顧客

尊重、理解、同理客戶的需求，不斷質疑並檢視以往的做法，想辦法提供更大的價值和利益，讓客戶活得更舒適愉快，用起產品更得心應手，更充分享受你提供的服務；也或

許，多虧有你，業績蒸蒸日上。

　　假如你不是一味想著賺錢，而是反覆思索上面這段話，財源一定滾滾來。如果滿腦子只想賺錢，反而不會有進帳。

　　有一點必須先搞清楚：想獲得內心渴盼之物，首先必須滿足市場與顧客的需求，之後他們會給你十倍的回報。這道公式超級簡單，許多人卻想不明白。

　　若是滿腦子想著自己想要的東西，卻不肯先給，最後必將一無所有。說穿了很簡單，卻極少人想通這個道理。

　　多年前我開始擔任企業顧問時，便極少考慮求助者（也就是你）的利益，而是竭力強調貴公司顧客的最高利益。

　　我習慣把你從算式中移除，在象徵或比喻的層面上，直接與你的顧客對話。**我不遺餘力讓貴公司更好，是為了幫助你提供更大利益給顧客。**

　　成就卓越的策略，彰顯出庸碌之輩與卓越人士的不同。不同之處在於，大多數人是愛上公司或自家商品或服務，卻沒有愛上顧客或美好願景。

賦予力量給客戶，他們會全心託付你

　　還記得嗎？我先前提過要把話講清楚，因為清晰帶給客戶力量，最終贏得他們的信任。給別人答案、帶來啟迪或指引他人，通常備受敬重，因為他們賦予力量給對方。

　　希望你讀到這裡也**受到鼓舞**，因為我正在給你力量！

　　不過，並非人人都能馬上接受這一點，有些人需要克服困難或阻礙，方能養成習慣，變得得心應手。要怎麼做才能

不忘初衷呢？

你必須相信自己的初衷是創造更大的價值，所以才會在這裡。而且，你做生意也不是為了拿走某人的錢，而是為了幫助對方獲取更棒的成果，**贏得更可觀的收益或利潤。**

只要打從心底相信這一點，一切就會變得再自然不過，**你的做事方式也將大為不同。**

這也將大幅改變你跟其他人往來溝通、或是做生意的方式。用不了多久，大夥兒都會主動來找你。

你必須真正擁有這份信念。若是裝出來的，看起來像在演戲，那是行不通的。你不能只顧著盤算私利，**一定要將自身利益擺在後面，一心一意為他人著想。**

你結婚了嗎？有子女嗎？和孩子是否親近？是否曾在安排活動時完全以孩子為重，絲毫沒考慮自己的喜好？你不計較花了多少時間或成本，滿腔心思都放在使孩子更開心，或者變得更聰明，總之小孩過得好就行。

你沉浸在過程中，渾然忘我，感覺太棒了！

整個過程就像這樣，非常愉快。

然而，今時今日，許多人做生意時一點也不快樂，老是犯彆扭、欠缺熱誠，彷彿跟事業有一層隔膜。他們很想再次重燃熱情，找到最終的目的，愛上這份事業。

一旦你愛上自己的顧客，就會體認到……

每一個人都需要解答

你的客戶需要有人替他們積極謀劃福祉，捧著成果讓他

們驗收，不僅在理智上明白這是最好的成果，同時感到滿意又愉快。

人類先用理性的方式追求幸福，卻往往在決策時受到情感擺布，所以你必須同時處理這兩個元素。

創業時，一定要不斷地問顧客：**「有沒有更好、更快速輕鬆、更愉快、更有跡可循、更順暢無礙、更有利可圖的方式，可以做好這件事？」**

這個問題很有意思，但詢問時不要語帶挑釁，只要讓客戶聽進這些問題和建議，覺得自己正是這麼想的。

我的一位客戶在美國東岸開設一家業績蓬勃的管理顧問公司，承蒙他的好意，與我分享看法。據他說，大部分顧問公司都以為銷售必須說得天花亂墜，但他認為恰好相反。

他在推動公司業務時——這間公司業績著實驚人——只提出客戶一定覺得有道理的點子，提升客戶的生活品質。他覺得大多數人把重心放在具體成果上，但人生中最有價值的事物往往是無形的。

給客戶動機採用你的解決方式

再強調一次：要讓客戶安心，給客戶動機採用你的解決方法。別忘了，你為客戶提供解答，要讓他們在**理智上**與**情感上**都認同你的忠告。

為了使客戶安心採用你提出的建議，你可以提出**具體成果**，也可以**增強他們的信心，讓他們覺得正在做對的事。**

許多人只處理銀錢小事，一分一毫也不放過。他們始終

無法理解，自家產品明明比較好，顧客為何就是不上門。

他們從未想過利用更有效率的方式圓滿達成任務，或者用更妥洽的方式處理事務，讓顧客更愉快滿意。

人都需要自信，希望自己待人處世都很不錯，所作所為令人激賞。但即使是賺錢，許多人也會想盡辦法拖延、甚至避免付諸行動，怕自己看起來像個傻瓜。

很少人明白這股扯後腿的動機有多麼強烈。

比方說，有些人為何不買車，多半跟車子的價錢、款式或類型無關。他們只是不想犯錯，**不希望看起來像個傻瓜。**

他們不希望回家聽到某人說：「什麼？你花了三萬八美元？要是託我買，兩萬九就能買到！」或者：「什麼？利息要8.7%？我可以替你爭取到6.4%！」或者：「什麼？這組東西花了你兩千美元？」**許多人只是怕人家說自己笨，才遲遲不肯下決定。**

原則7：行銷策略最佳化

若你打算盡可能提升行銷策略，首先要勾勒出抵達終點時的願景。

在此先釐清一件事，所謂終點，並不是說死亡或退休，也不是把公司賣掉。**終點是指你達成了現階段目標。**

最好是把目標細分成更小的目標，而非虛無飄渺地說：「我想賺到三千萬。」問題是你要如何辦到？利潤要從哪裡生出來？具體的情形如何？

先舉個例子：

假如你目前有一百位顧客，每年向你購買一千美元的產品，分兩次購買，這樣你一年進帳十萬。然而，如果你想賺到一百萬，除非大幅改變做生意的模式，否則只能把顧客群擴大到一千人，才有可能達成目標。

必須知道如何增加顧客，擬定一份明確又容易執行的計畫，才能如願以償。

你不能光抱怨：「好煩，真想多賺一點。」或是：「我還不夠努力，真想充滿幹勁！」

你要明白願景是什麼模樣。

更多的熱情與幹勁代表什麼？

是表示星期一清晨六點起床，即使九點才上班，也因為眼前大把機會和人脈使得你躍躍欲試？

是表示用全新的眼光看待你和顧客、供應商以及員工的關係，使你更加積極振奮，行事果決？

是表示勇敢嘗試新事物，發掘更多機會？表示你竭力滿足客戶，把他們的興趣和目標放在第一位？

先將目前情勢分成幾個層次，從而描繪出未來的願景。首先搞清楚**目前的所在位置**。

原則8：有貢獻最重要

對於我身邊的人，包括同事、學生或研究對象，我搞不懂他們是怎麼想的。說來很簡單：

生活在地球上，周遭有多不勝數的機會供大家利用。我們有機會跟心愛的人相處，也有機會鍛鍊體能與心智，在工作或職涯上創造更高的價值；或是開一家公司，經營得有聲有色。

我們都有機會賺大錢，也有機會影響其他人的生活，只是被自己限制住了。

許多人尚未體認到一件事：每個人都有權利也有義務活出光彩，同時幫助其他人。既然有機會做這麼多有意思的事情，使這個世界更加豐富美好，為什麼不放手去做，力求功德圓滿？

為何你偏不肯淋漓盡致活過一次，不論是工作、人際關係或經營事業，總是潦草敷衍呢？

至少對我來說，沒盡力活過一次的人生毫無樂趣。

無論你是公司負責人，或是做一門生意，抑或是專業人士，都對客戶有責任，都必須幫他們把事情做好，得到更大的收穫。

我要做的就是教導大眾，為其人生帶來一些影響，不管他們是員工、父母、丈夫、老闆或企業家、專業人士，或只是個孩子。

身為傾聽者的你，應該幫助其他人看清楚，生命理應更完整豐富，只是他們根本不願承認**可以活得更酣暢**。

因此，我試著向各位保證，激勵大家**勇敢跨出下一步**。

你要明白以下三點：

- 你是為了顧客才這麼做，因為他們到現在仍不肯承認有無限的可能性。假如願意用更棒的方式，就能獲得更棒的成果，過著更美滿的生活。
- 你是為了員工才這麼做，向大家證明，只要肯努力就能達成，使他們工作更賣力，獲得更豐富的報酬。
- 你是為了家人才這麼做，你原本應該讓所愛之人過著更好的生活。

其實，你是為了每一個休戚與共的人而這麼做的。你用完全不同的方式經營人生，果然是非常美妙的體驗，而且力量非常強大。

原則9：運用策略的威力

你必須改變策略，才會有不同的結果。這是漸進式的過程，你從「痛苦／愉快」出發，走到了「我想要／不想要什麼」，接著承認一件事：「除非改變做事的方式，否則永遠到不了目的地。」

然後檢視眼前的幾個選項，進行評估，質問自己：「如果這麼做，會有怎樣的（痛苦／愉悅）結果？」你會發覺，最有樂趣的活動能帶領你到達心嚮往之的目的地。

現在要說最後一點，其實非常簡單，簡直不好意思說出口。我很想說這是我發明出來的，但其實無人不曉。我把它稱為「清單」。

　　一旦釐清要做哪些事才能抵達目的地，就把最該採取的行動列成清單，十個或二十個都不要緊，接著依照輕重緩急標出順序。如果只打算做一件事，哪一件事是今天非做不可的，理由為何？切勿虛無縹緲，一定要知道為何這麼做，那麼今日要做的就是排在清單上的第一件事。

　　第一件事做完了，就著手進行排在第二順位的事。除非有危機或突發狀況，否則專心致意地進行，逐一做完待辦事項。

　　只要能心無旁鶩，我敢保證不消一個半月，你必能達到三倍的效率和成果，而且革除拖延惡習。

　　我親眼見到這一招改變了許多人的生活，而且我敢說，我分享的技巧、經驗談與人生哲學都很真實管用。

原則10：運用創意加以仿效

運用創意加以仿效，與直接抄襲是兩碼子事。

　　我認為，運用創意加以仿效，是切實且精微地研究其他公司如何運用各種行銷、銷售、促銷、市場定位技巧、觀念和方法。請注意，只挑毫無合作關係的產業來研究，再運用巧思修改成新方法，就能套用在自家生意上。

　　再舉幾個成功創新的例子幫助你瞭解：

　　幾年前，我讀《國家詢問報》時，看到一則可笑的小廣告，上面說他們正在做商品試銷，每顆綠寶石只賣三美元。

　　頭一次看到這種廣告時，我心想大概是唬爛吧！然而，

這類廣告反覆出現，只是標的物不同，比如一套釣具只需四美元，一組刀具僅需五美元等等。後來也出現在其他消費類雜誌，我才開始留意並同時想到，這種產品試銷手法和廣告思維也能用在平常業務的行銷。

於是我開始將產品試銷的概念活用在其他層面，發現用途還真廣，可以用在新聞通訊與電腦軟體，也適合各種服務業，還可以用在函授課程和書面課程資料。舉辦研討會時順便賣逐字稿也是運用這種概念，甚至販售藝術品或推廣病蟲害防治服務也可採用。

你猜怎麼著？

效果真是太神奇了

總的來說，我只不過是仿效別人的做法，便有一千萬美元進帳，還替兩位客戶賺進了五千萬。

這只是其中一例，再舉兩個例子。

有位朋友是新聞通訊發行人，某天坐在床上讀《華爾街日報》，看到一則新聞說，賓州有間小餐廳，顧客用餐後認為這一餐值多少錢就付多少，餐廳的生意一飛沖天。

於是我朋友把這一招套用在新聞通訊續訂業務上，由訂戶自行決定報紙的收費。訂戶人數因此成長了一倍多，而且平均每一千名訂戶就增收幾千美元，因為客戶自訂的價格比原訂價更漂亮。

訂戶認為這份報紙有價值，便付了那樣的價錢，比原本該付的續訂價還高。

例子不勝枚舉，但這的確是個有趣的概念。

假如你尚未完全瞭解，我重說一次：

1 仿效他人的概念絕對沒問題，尤其是你掌握了具體證據，證明這一招用在其他方面的確有效。

2 我採用過（或是見過別人採用）最成功、獲利最豐的行銷手法，就是從完全不相干的產業借來再稍加變化的。

如果能培養好奇心、勇於探詢、多方探索的態度，從許多看似無關的管道尋找新觀念；如果能依照我上面說的向他人取經，重新詮釋，用在自己的事業上。那麼，你很有機會經由仿效發掘出有用或有賺頭的事物。接著看下去……

實際仿效的概念

現在來談具體細節，仿效可分成好幾個層面。

道理很簡單。看似可笑的小廣告說：「產品試銷，綠寶石一顆只需三美元，以饗新顧客。」我覺得是在唬人，之後又看到：「價值200美元的新聞通訊，促銷價19元。」廣告末尾說：「市面上有許多商業新聞通訊，要求訂戶付200美元，卻不說提供什麼樣的內容。若訂戶花了錢，卻沒半分效用，也許公司同意退一部分款項，但那時訂戶已經把錢拿去買效益甚差的投資商品，損失了好幾千美元，甚至數十萬元。我們不要你這麼做。」

我們發行新聞通訊，是為了提供正確無誤的投資忠告以

及金融交易的建議。客戶看了這則廣告，可以先用19美元訂閱這份新聞報，試著做模擬交易，評估其準確性。我們告訴客戶，這個價錢只能付廣告成本，幾乎無利可圖。

我們又說：「假如根據我們的建議做了一年模擬交易，賺到了錢，你就可以拿出錢來投資，謹慎評估新聞通訊推薦的幾檔投資商品走向再下單。這樣一來，一年後你一定願意續訂，因為你只要把模擬交易賺到的錢拿出一部分來續訂就好了。」

又例如，經營一家家具製造公司，大量生產家具和家用電器，基本上都是一些樸實牢靠的用具，談不上花稍或有氣氛。你要如何把這樣的製造概念套用在另一種商品上？

你可以選定一種產品，不妨這麼說：「價值500美元的造型檯燈，促銷價69美元。如果府上尚未購買高質感家具，或者您捨不得奢侈，甚至不曉得一盞高級造型檯燈能使滿室生輝，您不妨犒賞自己一下。

我們知道，許多人覺得花500美元買裝飾性用品太貴了，因而打消念頭。所以我們想，若要讓您知道有多美，唯有讓您把它搬回家，點亮它，欣賞其藝術造型，贏得客人的注意與讚美，為整個家增添生機與美感。

在此，我們很高興提供您最優惠的價格，原價500美元，現在只要花69美元。您甚至不需直接交易，可先在家試用45天，享受其照明與裝飾的美感。

假如一切恰如我們所料，您一定會明白高質感家具的好處，渴望擁有一套好家具。屆時您會成為回流客，為我們帶

來細水長流的利潤。

　　我們賣您這盞檯燈，不打算賺您的錢；坦白說，這個價格比批發價還低，而我們必須一次買500盞才能拿到批發價。但我們非常希望您府上也有這麼一盞燈，放在壁爐架、書桌或茶几上，只好用這種方式讓您體驗其價值。」

原則11：乏人問津的資產也有利用價值

　　談到無人問津的閒置資產，我的操作哲學一言以蔽之：不管手邊是什麼東西，我都會想辦法找出某個足以利用的面向，看看能不能稍微修正其他人的經營手法，再套用上去，賺取正當的利潤。

　　我仔細讀完每一份報紙雜誌，找人談話，建立廣大的人際網絡，在許多單位佈下眼線，審度情勢；誰有了麻煩或遇到挫折，手頭缺流動資金，或者生意下滑，全都逃不過我的法眼。

　　接著，我思考能否買下任何產品或服務的使用權，想出新穎的利用方式，或是把幾樣東西組成沒人見過、市面上沒有的套裝產品。

　　再來，我思考如何打廣告或促銷，如何向別人介紹這項商品，仔細思索該向哪些顧客群（包括潛在顧客）招攬；鎖定市場後，能不能搭配其他產品或服務一起銷售。

　　只要用新鮮的眼光看一件事，一定能發現機會。

　　典型的佳例是：過去幾年一定有許多公司被融資收購，

只好宣告破產。他們以為自己破產了，事實上，這些公司仍有不少交易在進行。

　　遺憾的是，宣告破產的公司無法創造出足夠利潤，抵償收購者累積的驚人債務。只要把這些公司巧妙配對，用不同方式經營，便能東山再起。

　　仔細觀察，任何障礙其實都蘊含著機會，只要學著自問自答：

- 機會在哪裡？
- 獲利的是誰？
- 得到好處的是誰？
- 能結合什麼一起做？
- 還有誰能利用這種情勢獲得好處？
- 如果我來處理此事，誰能得到更多好處？

從善念出發

　　這些年來，你在自己的事業上投注大把金錢，耗費心力與顧客培養良好關係。在這個基礎上，再加上善意以及你建立起來的權威，把其他商品或服務介紹給老顧客，因此賺進大把鈔票，搞不好還超過你的本業。

　　這有何妨？你是運用正當手段使利潤最大化。

　　我試著告訴大家編輯「秘密財富目錄」。這需要進行一段時間，現在就教你怎麼做。若要解釋清楚，大概需要六個鐘頭，但稍微介紹一下還蠻簡單的。

1 **先承認每個人都有秘密財富，而且大多數人擁有好幾樣。**
包括生活中的脈絡、成長歷程、親近的人際關係、各種技巧與能力、泛泛之交、顧客群、做事方法。當然，你也不例外。

2 **你必須相信自己有資格獲得豐厚報酬，會有源源不絕的好收入。** 因為你做了這麼多，創造出豐沛的財富，只是尚未真正收穫罷了。

就好像你已經把碳變成鑽石，但是尚未仔細琢磨，還沒想好要打造成何種鑽飾，或者不確定該如何賣出去。所以，現在只要確認自己有資源，挖掘礦脈，收割成果後再銷售出去，或是轉換成其他獲利形式。

運用沒人注意的資產創造利潤

我告訴客戶先擬出清單，清單上可以囊括許多東西。

首先，你或你們公司最擅長的技能是什麼？你的廣告技巧或行銷策略還不錯，或者擅長經營公司事務，也可能公司裡有神人級的同事，具備非凡技能。

先確認清單上的項目，因為**你可以在事業上更有效率地運用這些資產，或是授權給別人；或是結合其他落在手上的機會，創造更多利潤。**

關於知識，也是同樣道理：

● 你具備哪些別人沒有的知識？

- 你該如何更有效地利用知識？
- 有哪些關係是你未能充分運用的？

　　經銷通路、供應商、顧客、過去的熟人、同事、組織裡其他部門，都能幫你穿針引線，而你也可以為別人牽成。無論是你幫人或人幫你，都能帶來利潤。

審視自己的資產

　　你擁有的資產可能是顧客、以前的廣告、地點或設備，或是能幹的員工。許多人有能幹的下屬、倉儲設備或經銷管道，卻沒能好好利用；或者，他們跟顧客的關係不錯，卻只銷售一、兩樣東西給顧客。其實他們大可以當中間人，推薦另外五個人的產品給顧客，成交後五五拆帳。

　　因為這五個人沒有人脈，你等於是替他們找錢。**若是沒你居中介紹，他們絕對賺不到一大筆錢。**

　　可以舉出的例子太多了，但基本原則就是如此。只要先盤點一下資產，大概就能找到很多秘密財富，但是大多數人還不曉得怎麼做。

　　這也是一種心態。

　　這種心態就是：你必須善加運用過往的成果、目前的實績、認識的每一個人、曾經思考過的概念、採用過的策略或技巧；是否曾對員工或其他專業人士有恩澤，或是幫忙過以前的雇主。

原則12：別限制自己的發展

現在我要分享一個非常簡單卻十足強大的概念：賺錢其實很簡單。

這是關於**賺錢、交易、創造財富變得很簡單**的心理學，帶你看清楚運作的機制。我想，應該沒人跟你分享過。

有些人成就卓越，累積驚人的財富，原因便在這裡。只要你改變目前的心態，要跟他們一樣成功，指日可待。

賺錢的心理學很簡單，是一種不設限的人生態度，總是追求更高的目標與成就，認為應該要過得更豐沛富足。

同時還要明白，活得好是你與生俱來的權利，大家都一樣。每個人都應該在合理範圍內盡量追求成功，滿足心願。

然而，所謂「合理」的成就卻是仰之彌高，你經常以為自己辦不到。

只消明白一件事：付出同樣的心力、時間和感情，每週工作時數不變，卻達到更高的產值，差別在於有無充分利用身邊的資源。所以，你要懂得多方利用資源，以小搏大。

「利用資源」或「以小搏大」，就只是看準別人挹注的經費或早已推行的成果、想法子搭順風車賺一筆錢而已。

聽起來很抽象吧，現在就說一個簡單的例子。

此時此刻，全世界有數以千萬件事在發生、在變動、在推展，不同的人們或組織在互相角力。

這些人想把東西賣給顧客，透過廣告、廣播、郵件，甚至舉辦活動宣傳。只要懂得充分利用這些資源，就能搭上順

風車，跟著賺錢。

原則13：強調對方的利益

讓其他人或組織看到利益或好處，更能順利達成目標。

為其他人找出獲利區塊，同時讓他們相信你非常成功，這就是定位。讓自己置身於有利情勢，用誘因吸引其他人，他們便會推著你前進。

交易時，先搞清楚其他人想要或需要什麼，想辦法讓他們拿出你想要之物，而你也給他們想要的東西。

你的態度應該是：做任何事都必須先考慮對方要什麼，再多給一點。只要他們得到想要之物，甚至比預期更多，一定樂意禮尚往來。

回歸本質來說，創造財富的過程就是想清楚如何為其他人的生活、事業、工作或情況，增加優勢、好處或價值。

假如你比其他人更能幫助他們提升價值、改善生活、增加安全或享受，**一定能輕鬆獲得具體成果或金錢報酬，達到非凡成就。**

原則14：時間是最有價值的資產

我特別強調時間是機會成本，也就是資產，沒用掉的時間是追不回的。

身為行銷顧問，時間是我最寶貴的資產，我會留意做一

件事花掉多少時間。在此要跟大家分享幾個時間管理技巧。

如何克服拖延惡習，一招見效！

大多數人都有拖延的壞毛病，即使真的動手做，也經常處於高原期，停滯不前。

戰勝拖延是個簡單的過程，這是從我朋友羅賓（Anthony Robbins）身上學到的，他專攻神經語言學。

首先，是痛苦和愉快的對比。想像一下，繼續渾渾噩噩過日子有多痛苦，但是，只要採取行動就會很愉快。

只要問自己：「**我為什麼……？我對現狀滿意嗎？**」如果答案是肯定的，你的動機不夠強，缺乏以小搏大的勇氣。

如果答案是「不」，那就接著問自己：「**是什麼讓我不滿意？**」

- 我不要星期一早上起床時內心很矛盾。
- 我不要被壓得喘不過氣。
- 我不要失去控制的感覺。
- 我不要每週六天、每天工作十小時，一分鐘也沒得休息，依然碌碌無為。
- 我不要被競爭對手瓜分掉利潤。
- 我不要每天跟拳王泰森對打十五回合的感覺，心知明天還是一樣。

於是你問自己想要什麼，答案是：「嗯，我想要有控制

權，工作時間變短，但是更有聲望，活得更滿足開心，還有很多很多……」

知道自己想要什麼，不想要什麼，就已經跨出第一步。

你可能會問：「要怎麼做才能達成目標？」

你開始正視自己：「若繼續這麼做，必然一事無成。」換句話說，倘若每天依然工作十小時，得過且過，甚至變成十二小時，也不可能有成就，頂多使我更受挫，提早精神崩潰或心臟病發作。

你應該為自己這麼做！

不該為了自己更努力嗎？**只有缺乏信心時，才會害怕。**你應當辨別一件事的真假，不打馬虎眼，不是嗎？找出真相很容易，做個小實驗便知分曉。

你為何要一輩子活在恐懼中，做事畏首畏尾？其實只要一天，頂多一個月，就能獲得確鑿的證據與信念。

我可以告訴你，即使沒有我說得那麼好，也不至於像你想的那麼糟，大概是介於兩者之間。假設你目前在這個位置（地上），而我在這裡（天花板），你會說：「根本不可能吧！」我會說：「就算不可能吧，但你不按照法子試一試，永遠不會知道啊！」

假如你不完全是錯的，我也不見得全對，我能讓你往前走一半的距離，不也比現在好上十倍嗎？明白了嗎？

只要依照我說的去做，必定大有斬獲；很可惜，大多數人根本不肯嘗試。

下面這句話或許是老生常談，卻半點不假……

自己才是最可怕的敵人

最可怕的敵人不是競爭對手、外交干預、政府單位，也不是稅制或法規，**而是我們自己！**

如果你聽進我說的話，現在可能有更多機會，因為**我擁有四十億美元的成功秘訣，在此現身說法。**

當然了，若你持有一家市值百億美元的公司，或許很難突破。但假若你的公司只值百萬美元，或者你是年收入三、四十萬美元的專業人士，或成立一間年營收數百萬美元的服務公司，我認為你至少得試一試，畢竟這段過程中的喜悅和挑戰性就很值得，何況成功機率很大。

但是，你必須有系統性的策略，否則會很沒效率；就算仍然比現在成功，效率依舊不彰。你需要有策略，研擬策略時，考量優先順序，不忘最終目標。

假若手上有47件待辦事項，你必須問自己：「哪一件事最重要，一定要今天做完？」一旦完成，接著進行排在第二順位的事情。就算無法做完47件事，又有什麼關係？這樣懂了嗎？

曾有人問我最得意的行銷實績是什麼。我想，我最引以為傲的，就是能看出某個客戶的人際網絡，或是生命的核心價值，進而幫助他打開人脈，勇於實踐價值，於是天地為之一變，豁然開朗。我就這樣影響了數千人，幫助他們功成名就、創造財富。

　　我叫他們看清楚事實：「喏，你沒看到全貌，只看到眼前這一刻。想想看，多吸引一個顧客對你而言有什麼意義？即使這次沒賺錢，下個月呢？明年，甚至未來十年？總共會消費多少次？退一萬步說，有人向你買東西代表了什麼？」

　　明白了這一點，他們的眼光變得不同，更願意做出長遠的承諾，而且甘願為了招攬顧客出錢出力。對此，我感到非常自豪。

堅毅執著，聰明的事最先做！

　　我勸大家必須走在時代尖端、戮力不懈，常有人問我是否曾經遇過瓶頸。

　　走在時代前端並不困難，但我總是不停地想新點子，有時會覺得不堪負荷，還以為天快塌下來，也必須跟「拖延」和「矛盾情緒」兩頭怪獸角力。或許層次比一般人高些，但本質上沒有不同。

　　有時面對那麼多選項，很難力求務實。倘若你有突破性的思維，儘管聽起來簡單又合乎邏輯，許多人仍然覺得難以明瞭，不易把握涵義，簡直像是無可名狀的東西，令人望而生畏。

　　我認為，最聰明的做法，就是先把事情分解成幾部分。

　　先來說說很厲害的工業鉅子施瓦布（Charles Schwab）。不是那個知名的證券商施瓦布，應該是他的高曾祖父，人稱美國鋼鐵大亨，受到另一位鋼鐵大王卡內基的栽培。

　　1920年代，有人介紹施瓦布與知名的管理大師艾維・李

（Ivy Lee）會面，後者大概是那個年代名聲最響亮的時間管理專家。據說施瓦布跟他談了半小時，忍不住抱怨：「我想做的事太多了，卻連一半都做不完，實在很挫折。日子一天天過去，總覺得做得不夠。」

於是，艾維・李傳授了一招給他，我也切實遵守了。

簡單又有效的方法，說穿了不值一塊錢！

雖然非常簡單，我卻認為簡單的妙招最能幫助一個人做更多事，每天都充滿成就感，各方面都大賺其錢。

艾維・李教施瓦布一個簡單的公式：「**首先，把要做的事情統統記下來，按照重要性排定順序，非做不可的放在最前頭。**」

「**如果今天只能做一件事，應該是哪一件，為什麼？如果能做兩件事，為什麼是這兩件，先後順序為何？如果能做三件事，會再挑哪一件事來做？假設沒有突發狀況，先評定重要性，今天非做不可的事情有哪些，擬出一份清單。**」

接著他說：「只要依照清單去做，別分心，也不要中途接其他工作。老老實實做完清單上的事情，列在第一位的先做。告訴自己：『至少我要做完這個。』然後去做。」

你一定不敢相信自己居然能做這麼多事，付出努力、採取行動，為此放下心上一塊大石。先前你總是焦慮沮喪，明知自己拖延太久，進度嚴重落後，以後你不想再延宕了。」

最後他說：「現在不用付錢給我，先試著照做一個月，到時候看你覺得值多少，再把支票寄給我。」

一個月後，施瓦布寄了一張兩萬五千美元支票給艾維‧李當做酬謝，**換算成今天的幣值，大約是三十萬。**他寫了一張紙條，大意是說：「雖然過程看似簡單，但我照做之後，在很短的時間內完成了許多事。」

我也照做不誤。也許還有更精確細密的做法，像是用電腦打出來。若你不想這麼麻煩，用筆記紙也無妨，把目前在進行的事情統統寫下來，再依重要性排定先後，從第一順位開始做，然後是第二、第三……

想像你正準備去冒險，既刺激又有趣！

若是不肯拿出冒險精神，很容易事倍功半或一事無成，甚至無法清楚思考，因為你凌亂無章。

你也會因膽怯而打退堂鼓。少了清晰的思考，就不可能謀定而後動。你無從發揮應有的實力，成就變得有限。**做什麼事都是半吊子。**

現在我要分享「戰勝拖延」的小秘訣。其實我一直有愛拖延的不良紀錄，後來情況越來越嚴重。於是我厲行上面提過的方法，克服拖延的老毛病。我嚴格遵守這套方法，搞不好對你們也有幫助，讓我再分享一些心得。

每天起床後，先檢查一遍清單：今天要跟哪些人聯絡、寫信、進行交易，有哪幾件事需要下決定。

先想好哪些事必須親力親為，哪些工作可以派給別人。再把待辦事項分成三類，第一類是「非做不可」，絕不能假手他人，再按重要性編號：1, 2, 3, 4……

劃入第一類的事表示既重要又迫切。接著，將可派出去的工作列為第二類，再編成號碼。第二類工作沒那麼迫切，暫時不會影響業務與生活，或引起任何變動。

現在翻開行事曆，分配好今日要完成的工作。最好先從困難或重要的事情下手，一一從清單上剔除，接下來就能從容搞定有時間壓力的事。

我記得從未好好談過這些，但是一向不怕捋虎鬚，勇於接受挑戰。我會定期舉辦研討會，錄製廣播節目，替不同的客戶撰寫各種複雜的程式語言、廣告、信件、報告等等。

做這些事情時，盡量抱著探索的心態，矢志做到最好。越難的事情越早動手，容易的事情晚一點再做。

於是你鬆了一口氣，因為你拋開膽怯畏難的心理，心頭不再沉甸甸。

晨型人比較積極，一心想做更多事

你會覺得自己的能力好到難以置信。

我盡量在早上處理完許多事情，一大早就致電客戶，很少拖到中午，因為午餐後要馬不停蹄地寫信、開會，總之就是快快快。

除了例行的工作期程，我同時有好幾項計畫持續進行，我稱之為「進一步交易」。對於愛拖延的人而言——包括我和你——這類計畫無形中成為最大的阻礙，因為它們多半是靈光一閃的念頭，或是想把生意做大的野心。

這類極其抽象的計畫在你心頭浮現，而你相信自己能使

它們成真，在現實世界中占據一席之地，這是真正的挑戰。若是需要他人助一臂之力，我會持續尋找外援，以完成這項計畫。

現在就來分享我的訣竅。

持續推動業務的訣竅

我先想像最後的成果。比如說，我想經營一家賺錢的公司，雇用多少人，每個月有多少進帳。**於是我把這個願景拆解成最小的基本單位，先從小地方著手。**

一般來說，第一步要做的是建立起公司結構。我把該做的事──不論是為自己或客戶──分解成合理的小步驟，一次只走一小步，日久見功。

以前我提過吃一頭大象的比喻：一次只咬一口，最好別從頭開始吃，而是從底下吃起。我不斷邁步向前，一天有一天的進展，而且順序是對的。

即使我這麼有才幹，仍然會把事情分解成小單位，一定要這麼做。你也一樣，先勾勒出最明確清晰的願景，再將想要達成的目標拆分成小單位，否則永遠無法有所成就。因為願景太抽象，充滿變數，如果不分解成小步驟，你永遠看不到具體成形的面貌。

如果你也深感挫折、壓力爆表，我建議你想像是營建商或建築師蓋房子：**先從地基開始**。找一塊空地，或是先夷平建物，拆掉屋內的擺設，才能開始打地基。地基是關鍵。

然後，他們先蓋骨架，再來是換皮或改造房屋結構，最

後只剩下收尾工程。**這是蓋房子的進度，做生意也是一樣的道理。**蓋房子不會從頂樓蓋起，而是先打地基，一層一層蓋上去。

我們總是愛把生命搞得很複雜、抽象、令人望而生畏，但不需要這樣。只要願意敞開雙臂擁抱它，用合乎邏輯的方式過生活，生命其實相當簡單又開放。

原則15：規則由你制訂，才有豐沛人生

我有一句座右銘，不只對訓練課程的學員提過，也私下傳授給客戶。

規則由你制訂！

沒有哪一條法律說，做生意一定要按照業界常規來玩，或是跟別人同樣玩法。絕對沒有這樣一條法律。只要本乎良知與正義，不做違法的事情。更何況，除了法律，大部分事情都是主觀認定。總之，沒人規定你不能用別種玩法。

你可以更改規則，愛站哪個位置就站上去，愛怎麼玩就怎麼玩。**你想換一種玩法就換，想喊暫停也可以。**不管是過去、現在或未來，控制權完全在你手上。

賺不到錢和經濟情勢無關，也無需把外交干預、官僚吃人、或政府管太多扯進來。

一切只跟你有關：你是否明白自己完全握有控制權，可以制訂規則，亦可改變規則，在任何基礎上跟別人競爭；若是不想繼續下去，不妨換個領域玩玩。

你可以說：「我不願像商品一樣任人搓圓捏扁，你們自己想破頭、擠進窄門吧！但我要當老闆，在其他領域高人一等，像噴射氣流一樣席捲地球。我不要和大夥兒競爭，讓你們看看我獨樹一幟的本領。」

別人怎麼做與你無關

你不必墨守規定，只要合法，怎麼做都行。**有那麼多機會和可能擺在你面前，隨便你嘗試。**若是這樣做行不通或不如預期，或者結果雖然還不錯，但你仍然想要更多利潤或滿足喜悅，一秒之內就變招，誰曰不宜？

這是你的權利，只是很少人知道如何行使罷了。就好像你說：「噢！超討厭這部車子。」為什麼不把車修好或乾脆換一輛？

自己才是最可怕的敵人，當你領悟到這一點，情況就可能改變。只要你下定決心，改變將隨之而來，因為「亟欲改變」無關乎成就，端視有無做出決定，不是嗎？我現在就要把你揪出來，請回答我：有多少事情是你渴望達成卻老是功虧一簣的？想要減重嗎？想變得更健壯、更有肌肉線條？想變得更有錢？想買輛新車或換間更大的房子？

搞不好這樣的心願有一百個，卻從未夢想成真，除非你下定決心去做。一旦下定決心，**就是答應自己要實現，就此化為行動。**

以前有位客戶做軟體設計，他們有一套售價昂貴的軟體老是滯銷。但是，這套軟體對公司極有助益，可大量製作各

式表格，最適合業務量龐大的公司，如保險公司，不必一一列印出來。

這套軟體約莫一萬五千美元，但這種價格很難賣出去。而且，必須先跟另一家公司買某種硬體組件，才能使用這套軟體；而這套硬體售價兩萬五千美元，賣掉可抽35％，大約是九千美元。這種硬體的用途很廣。

於是我跑去跟他們說：「你們這樣賣東西，豈不是捨本逐末？顧客跟你們買硬體，你們應該附贈那套軟體，告訴他們這套軟體還能用在28款應用程式上，這樣他們就有免費表格可用。你只要找一家經銷商來賣硬體就好。」

他們照做了，你猜怎麼著？

他們賺進了幾千萬！

我有個客戶來自澳洲，是石油經銷商，也開了附設加油站的便利商店。其他人也用同樣價格賣汽油。我觀察客戶的經營模式，發現大部分顧客進超商買東西，只會注意牛奶和麵包的價格，不太在意其他東西賣多少錢。

我們替他分析報表上的數字。我告訴他，只要用低於行情的價格賣汽油，來客數很可能激增兩倍。他們加油後進店裡付帳，多半會順便買點東西；店裡生意變好，他就能從每樣商品賺取三、四倍的利潤，汽油少賺一點沒什麼。

我要他先在其中一家店試辦，發現一加侖汽油只要便宜三毛錢，光是汽油生意就成長兩倍，而店裡生意會整整多出一倍，每個月營利多出九十萬美元。這全是因為……

他有狂熱的信念，願意試一試！

不過，我也告訴他，先在一家店試辦就好，若不成功就喊卡。

最大的差別在於，許多人覺得自家公司只不過生產一些小器具、小配件，談不上規模。**但是我認為，只要出來做生意，就是在本著良心的前提下，盡可能用各種方法賺錢，以長遠獲利為目標。**有時不妨把某樣產品當成引子，引出其他主打商品或服務，賺進十倍利潤。

以方才的軟體來說，不妨當成硬體設備的附加產品；如此一來，它就不僅是一件商品，而是你主動配套銷售。也或許你賣石油，卻不見得靠石油賺錢，而是以石油為引子，吸引顧客上門買麵包、牛奶、可樂、三明治，大賺其錢。

靠什麼賺到錢不重要，重要的是賺到錢。我認為，許多人擺脫不了「但我是一家石油／軟體公司」的迷思。假如你硬要劃地自限，原本無限光明的「前景」與「錢景」都將變得黯淡無光。

科羅拉多州的失業廚師一夕致富

某位科羅拉多州的失業廚師來找我，說他有個願景，是個很不錯的願景：替餐館業仲介臨時人力。

例如，你開了一間餐廳，今晚某個廚師或服務人員甚至領檯生病了，這時候麻煩大了。這位廚師想提供暫時性的人力派遣服務，於是來找我，問我要怎麼做才會成功。

我告訴他，要讓它失敗倒是有個法子：用最通俗的方式

去做，在報上登一則廣告，等別人打電話來找你。

　　若是想要成功，就必須主動向每一間餐館解釋，未來一年內，他們難免會遇到需要臨時找人幫忙的窘況。你並非要他們現在就利用你的服務，而是假使他們真的需要使用這類服務，一定會找你。

　　讓他們搞懂你的本意，請他們設一個服務帳號；當然希望他們有自己的支援團隊，永遠不來找你──但你也知道，若他們真的需要你，帳號已經設好了。

　　你打開了知名度，餐館之間口耳相傳，你知道業界的標準，手上也有人才，隨時能依照餐廳的類型、風格、服務等等，指派最能勝任的人前往協助，絕不讓他們失望。不過，要先設定好帳號才行。

　　但是，沒人這樣做，他們只是說：「嘿，我們有臨時人力喔，需要時可以找我們。」

　　我教他先設定大約一千個客戶的帳號，手頭上也有臨時人力的檔案資料，隨時可外派幫忙。說起來也是運氣好，幾乎每一間餐廳都需要人手，他一下子便經營得有聲有色。

　　找出被人忽略的地方。再說一次，服務的概念很重要。如果我對你說：「嘿！我提供這項服務，你想不想買？」

　　這句話不夠有力，倒不如說：「欸，我提供一項很不錯的服務，你現在可能不需要；不過，若是不先加入，萬一哪天有需要，就沒辦法馬上利用了。我來幫你設個帳號，搞不好哪天用得著。希望你不必用到，但若是有需要，我已經替你安排好十個人，能在貴公司各個重要部門幫忙，而且檔案

資料都很齊全。只要你撥一通電話，我立刻知道要找誰，用不著打幾百通電話才能找到合適人選。當然囉，希望你永遠不必找我。」

　　重點在於……

立場不同，結果便不同

　　關鍵在於，藉由跟別人不同的眼光與態度，審視你的業務，面對你的人生。態度是建立在為人服務、帶來價值和好處、使別人活得更好的基礎上。

　　我經常聽到的埋怨大概可分成三十種，**其中最嚴重的應該是被同業修理得很慘的人，他們深感挫折，被迫降格變成商品，最後只能削價競爭。**至少他們以為非這麼做不可。

　　或許，過去商場沒這麼多折扣戰，但我最好把話挑明了講。**依我的觀察，現今商場人士普遍不願承認，改變才是唯一不變的事物。**不管你喜不喜歡，改變一定會發生。一味盼望永遠停留在1982甚至1970年，對你沒半點好處。

　　無論如何都不肯承認商場上的情勢一夕數變，而且牽一髮便動全身，也不肯融入新潮流，老是像隻鴕鳥把頭埋在沙裡，繼續用那招早就行不通的招式，而且用得更猛，以為一定會比上次有效，這叫做「自欺欺人」。

　　我只想建議你明白一個道理：若不把改變當成盟友，它就會變成最致命的敵人。重點不在於改變，而在於你自己，端視你如何擁抱改變。此外，有人打算把你變成商品時，你知道要用不同的眼光審視全局。

我大概會說：「喏，每個人都被迫變成商品，而且以為一定要遵守遊戲規則才能玩。」

打破所有的規則

你最好瞭解，根本沒有規則可言。如此一來，你想要怎麼經營就怎麼經營，只要確定自己遵守法律，任何事都可以嘗試，無需顧慮業界通常怎麼做。

就算沒賣東西給顧客，也可以從他們身上賺到錢。例如你發明出某種技巧，把它授權出去，就能嘉惠另外兩萬五千人。總之，多思考自身最重要的技能與能力還能用在哪些地方，用途多的是。

你只要坐下來，稍微分析、思考，然後寫下來。**把你所做的每一件事都看成有利可圖的生意**，假裝自己是精明的商界強人，要盤算盈虧。商場上的強人不管做任何事，都會想辦法從中拿到最多報酬，你也要這麼做。

不論在事業上或生活中，把每一件事都視為有賺頭的生意，同時思考能否帶來更多的愛或幸福。你理應從每一件所做的事獲得最多的回報。

原則16：別讓自己變成一件商品

「你不必變成商品，而是握有主控權的老闆。」 你可以拒絕只賣一樣東西，轉而打造不一樣的生意，把別種產品或服務加進來，或改用另一種方式處理。商品不見得一定要單

獨出售，不妨再加上可以賣很多錢的專業技巧或忠告，廣為招徠。只要他們跟你買這項產品，就能免費獲得專業意見。

　　於是情勢丕變，你不再跟別人打價格戰，而是另起一座山頭。

　　有個朋友從事物流生意，和不同的郵購賣家合作，再把各種商品運送到全美各地。物流生意是每個包裹收取二或三美元不等，大致說來單價偏低，而且很難與客戶建立情感聯繫；基本上，不論規模大小，都只是冷冰冰地代為送貨。

　　然而，我朋友採用不同方式，客戶和他合作鐵定賺到，因為這家物流公司把你的產品當成自家東西，深怕有絲毫損傷。他們以高薪聘來專業團隊，與你一同思考如何讓產品賣得更好。

　　這家物流公司收到訂單後，保證一日內送達，因為他們知道只要多耽誤一點時間，身為賣家的你接獲客人抱怨或是被要求退款的機率也跟著增加；你的獲利會減少，付款能力也會變差。你遇到一家好公司，總是在替你想辦法改善做生意的模式，降低你的成本。**你看到完全不一樣的態度。**

　　這家物流公司的定位正確，即使貴一些也划算，因為他們替你分析找錯物流的成本是多少，也不像其他業者依照總重量計費，需要花費三週才能送達。

　　許多同業一週才運送一次，但這麼做會讓退款機率增加三倍；就算他們的運送費略微便宜，卻有高達兩成五的訂單被退。只能說定位完全不同。

光賣商品遠遠不夠，找出其他附加價值

以前有個客戶是一家牙科器材公司，販賣各式用品、器械給牙醫診所，諸如鑽頭、牙線、橡膠手套、漱口水、緩解牙齦疼痛的產品等等，價格只差幾個百分點而已。

我建議採取不同的立場，對他們說：「你瞧，其他人賣東西只考慮一件事，但你要知道，你是賣牙科器具給牙醫。**事實上，牙醫要煩惱的事情太多了，跟哪一家買器材是小事一樁。**」

其實，只要診所生意夠好，牙醫師通常很樂意多買一些工具器械，把賺得的錢留在身邊，例如更有效率地經營診所或少繳點稅。牙醫師也不想擔心員工流動率大的問題，希望他們表現出忠誠和耐心，病人也不要跑掉。

「若是能幫牙醫師解決這些問題，有效改善診所情形，他們絕不會拒絕跟你買。說真的，他們還比較想跟你買，搞不好還多買一點，因為你給了他莫大的價值和優勢。」

於是我設計出一種促銷方式，只要牙醫每月買到最低限額（好像是五百美元吧）的器材，就能獲得訓練課程CD，甚至免費參加研討會，親聆我們聘請的銷售、行銷、管理、稅務和投資規劃專家授課。上述專業知識為牙醫帶來的價值遠超過同業的3%價差，而且他們無需再付費。

所以，我為他們改變了做生意的模式，不再用類似的價格販售同樣的商品，而是努力幫助客戶更上一層樓，使其生意可長可久。只要客戶跟他們訂購器材，這一切全都免費。這樣聽懂了嗎？

就算只是商品，也能主動增加附加價值

有一次，某家看起來情況不太妙的公司來詢問我投標的事。由於競爭委實激烈，他們以為自己只能販售那種商品，別無選擇。基本上，參加競標的廠商難免看不清情勢，只會說：「好，投標吧！」

我叫他們別這麼做：「先看一下整個情況，投標之前是什麼情形，之後又將如何，投標過程中會發生什麼事。先搞清楚這些事，確定有足夠的利潤，再附贈一樣東西，但是價格不變。」

他們有書籍要找人裝訂，問你能不能投標，你就回答：「我願意投標，而且還贈送封面，價格一樣。」你搖身變成了具有主控權的老闆。

許多人總是等不到新顧客上門，為此深感挫折。**但挫折都是自找的，因為他們只顧及自身利益**，老是埋怨：「都沒人上門。」卻不問：「如何才能帶給別人更高的價值？」

原則17：循序漸進式行銷可望帶來巨額利潤

有件事一定要知道：現代人比以前更容易憂慮，充滿又愛又恨的情緒，性情多疑又冷淡。

換句話說，許多人都太早放棄了。唯有掌握循序漸進式行銷，才能贏得勝利。

這麼說絕非無的放矢。不論是販售高價奢侈品或無形商品、有眾多決策者的銷售計畫、我長久以來的實戰經驗，以

及研究與試驗結果，全都證實**唯有掌握循序漸進式行銷，才能贏得勝利**。

致電─寄信─致電─寄信，使關係逐漸增溫。

他們瞭解溝通要一步一步來，耐著性子慢慢對顧客說明和示範，證明自己是值得信賴的人，言出必行，心口如一，這一點非常重要。

意思就是，你先打電話後再寄信，接著撥第二通電話再次寄信，再撥電話跟進……時間拿捏要恰到好處。

最好確定每一次溝通內容前後連貫，各自包含重要資訊或知識，而不是只有一堆銷售話術，否則顧客理都不理。

每一次通話或信件都應該包括某種想法、訊息或見解，對目標顧客產生影響，不論是實質利益或智識利益都好。

最近有項研究表示，銷售高檔商品，大約有八成業績來自鍥而不捨的業務員。**他們每隔一段時間就跟進，至少聯繫過五至八次**，但大多數人被拒一、兩次就放棄了。

我也發現，我和他人最棒的關係取決於我願不願意多溝通幾次，拿捏好時間，不要隔太久，也別緊迫盯人。我發現寄信─致電─寄信，或者會面─致電─寄信─會面，是最好的做法。

數年前我還在銷售前線，發現需要聯絡七次才能成功說服對方。假如我有一百位潛在客戶，必須在八個星期內聯絡七次：致電─寄信─致電─寄信─致電。若是這麼做，大約12%潛在顧客會被我說動，但我永遠不曉得哪一位會在時限內被我說動。

如果我急著達成，想縮短這個流程，就永遠不會成功。然而，若是尊重這種做法，而且確保每一次溝通都傳達了新想法或新知識，提供新資訊，或是有可能派上用場的點子，獲利的機會就非常大。每個人都應該注意這一點，別太早放棄，因為……

原則18：做生意時，每個舉動都是過程的一部分

既然是過程，就表示可以量化，亦可設定底線，能夠在過程中大略粗估利潤或生產力，或是計算出足以代表最終結果的金額。

唯有真正著手評估、計算組織在過程中的表現，才能大幅改善目前的情況，因為你有了底線，是比較的基準。你知道這家公司有十名業務員，其中一名業務員每週接了十件訂單，另一名是一千件，就能找出後者的成功原因。

一個人的行為包含了什麼特質或原則，使得他能有如此優異的表現？試著找出共通特性，彙整後傳授給每一個人，如此便提高了底線。

我知道你的人生目標是把每件事做滿做好。行銷優化的意思是，你所花費的金錢、採取的行動、接洽的客戶、所有經銷管道，以及投注的人力資本（包括顧問、員工、團隊人馬、對外代表與顧客群），都將帶來最高效益，而且能發揮剩餘價值。

原則19：你應該選擇哪一項產業？

我強烈建議你考慮服務業。為什麼呢？因為服務業的業績會一直來，年復一年都有交易可做。一旦你的雇主（也許你就是老闆）拉到一名顧客，通常會回流，隔一段時間再度上門；若是運氣好，一年來許多次，甚至每個月、每星期都來捧場。

相較於只做一次生意，這好多了。對大多數公司而言，拉到一名顧客的成本非常高，你必須思考該怎麼做才能吸引他們再次光顧，但服務業自然而然讓人想一再登門消費。

也因此，服務業多半成本低、單價高，這樣才能養活員工、支付廣告費、各項開支與成本，在今日嚴峻的競爭環境下生存，營造一定的生活品味。

如果你也打算投身服務業，不妨先在休閒領域試水溫，也就是能讓消費者活得更舒適滿足、安全愉快。這麼說很籠統，但是你要自己去尋找。

如何開發做生意的機會？

其實，想做本地生意，上網查閱企業網頁就有機會。若是打算做全國性、甚至跨國生意，不妨查詢工商名錄。

你先查出所有服務業的公司，打電話給他們，說你打算入行，請他們惠賜意見，拋出一些問題問他們：

「好的一面是什麼，壞的一面又是什麼？」

「你認為在業界是否有機會，或貴公司有考慮合作嗎？

順帶一提，我打算創業，不知道你們是否打算賣掉公司，抑或你們願意跟我合夥，在另一個城市或地區開一家這樣的公司？」

只要不隨其他人起舞，不被業界規則綁住，眼前就有無窮的可能性。好比一張空白畫布，供你盡情揮灑，畫一幅你最想要的人生或生涯願景。

去追求吧，機會就在你心裡。

別看外面，要往內心去追求。

一旦你明白，只要主動詢問對方，有無可效勞之處或哪兒有機會，多找人聊天，搜集到足夠資料後審慎評估，再做出最明智的決定，你也能夠把握良機，成為他們的一份子。你也能給人生下訂單。

假如你甘於平庸，不肯戮力以赴，那就太丟臉了！

****

我知道，為我本人與夥伴贏得莫大成功的這19項原則，也必然為你開啟燦爛人生。只要你先仔細思量，並且在生活中積極實踐，矢志以赴，持之以恆。

沒錯，我講了這麼多，但講完並付諸行動後，真正的問題就來了。正如我朋友普拉克特（Bob Proctor）所說：

你相信自己能達成目標嗎？

或者換個問法：你的目標是否設得太低？

　　我早已注意到一點：大多數人不相信自己有資格出人頭地。這才是問題的癥結！他們誤以為自己找不到通往成功的道路。

　　他們心中缺乏願景，不相信自己能比現在多賺一百倍，能經營成功的事業，也不信自己比許多人還優秀，幾乎無人能敵；更加沒想到，現在是他們的黃金時期，只要好好幹，顧客和員工都會愛死他，他也同樣愛他們。

　　他們沒有這樣的願景。

　　他們看不到這個願景，也許他們是對的。不論你相信什麼，都是對的。你相信自己不會成功，你是對的。你相信你辦得到，你是對的。

　　我始終相信，也觀察到成功人士只選擇有價值的目標。他們認為人生有**更高的目的**，既然來到這世上，開創這份事業就是為了影響更多人。

　　他們認為，人生的目的是創造更多工作機會給其他人，給人們尊嚴，幫助客戶與家人建立穩健的未來。

　　他們覺得自己的職責是幫助供應商締造更棒的業績。

　　他們認為有責任接觸幾百名、幾千名、甚至幾十萬名顧客，改善他們的生活，影響他們的家人，提振他們的生意。

　　他們會說：「**我很有本事，也打造出很棒的局面。**」

　　我現在花時間寫這本書，是因為我相信寫作能幫助我達成目標。我想要影響更多人，而你現在正在讀這行字，我即將對你產生影響。

　　但不只是你。我要讓你看清楚人生的目的，你就要走出

去，進而影響上千名商界人士或顧客。你就要影響他們的生活，使他們遠離痛苦和煩惱，不再有壓力。

你將幫助他們活得更豐沛昌盛，而且有能力招募更多員工，使他們生活有保障，小孩都能上大學，全家人的命運就此好轉，全因你創造出工作環境，使他們得以在其間奮發努力，獲得豐厚的報酬。

你必須瞭解，人生有更高的目的……

你的命運和目的不僅僅是勉強餬口，或是看著人家做生意賺錢，徒然眼紅而已。要明白你有更高的目的，所做的一切都是為了達成這個目的。

以下是我非常推薦的一些資源：

讀好書、與大師共事，都使我獲益匪淺

有幾個人影響了我的思考。

首先要推薦拿破崙‧希爾（Napoleon Hill）和他寫的《思考致富》（Think and Grow Rich），確實很棒，雖然文字略嫌老派。

作者訪談了五百位二十世紀上半葉成功人士，歸納出放諸四海皆準的成功之道，在這本三百頁小書裡擇要敘述。只要花六美元就能買到平裝本，起碼要讀二十遍才夠，這本書深深啟發了我。

羅塞‧雷夫斯（Rosser Reeves）所著的《廣告界的現實》（Reality in Advertising）也有醍醐灌頂之效。書中提出「獨特銷售主張」的觀念，認為一家公司要將獨特優勢傳達給消

費者，建立起高於同業的地位，意思和定位優勢差不多。

我先讀克勞德‧霍普金斯（Claude Hopkins）的《科學化廣告手法》（Scientific Advertising），後讀《我的廣告人生：廣告巨人歷久彌新的行銷金律》（My Life in Advertising）。 霍普金斯率先指出，直接反應廣告是成功與否的關鍵，而透過印刷物、電視廣播或信件等方式推銷，最能發揮廣告的效用。雖然是透過大眾傳播，本質上卻是一對一銷售。

他勾勒出廣告的要義，在於示範、證明、比較、解釋、衡量，列舉理由說明為何A勝過B。他率先指出，廣告與行銷的原理在於說服。

我也讀大衛‧奧格威（David Ogilvy），深具真知灼見，著有《一個廣告人的自白》（Confessions of an Advertising Man）與《奧格威談廣告》（Ogilvy on Advertising）， 勾勒出廣告與行銷的背景脈絡，也告訴我們如何建立效果強大的廣告行銷，十分引人入勝，讀起來相當愉快。

與戴明（W. Edwards Deming）合作打開了我的視界，先前我從未想過最佳化（optimization）竟是生意成功的關鍵。我很榮幸輔導過約五十位頂尖訓練專家，包括管理、行銷、銷售、影響力、說服等等領域，多不勝數。

我曾經與羅賓合作過一年半，也曾經與霍普金斯共事，而我開設的訓練課程請來很優秀的老師和策略專家；但我認為，如此無遠弗屆的影響力，光靠個人是不夠的，必須有一套哲學。

本章對你有沒有幫助？我再提一個證據好了。

我協助建立的事業，超過市值40億美元

多年來，我從旁協助許多人取得非凡成就，或是激勵他們產生想法自行實踐，這是好的一面。

從壞的一面來說，在我幫助過的兩萬人裡，大概有五千人有所成就，另外一萬五千人只是紙上談兵。為什麼五千人辦到了，另外一萬五千人辦不到？

我花了一輩子思索這個問題，想瞭解為何結局大不同，最後總算找到有人卓然有成、有人一拖再拖的主因。

我的結論是，我們很愛自己嚇自己。我們不明白，成功一點也不難，而且追求成就的過程充滿愉快。我們耗費精神不斷思考各種可能性，覺得都很困難，為此焦灼不已，其實直接動手做還比較容易。

就像那句古諺：「怎麼吃完一頭大象？一次吃一口。」

直接開始，找到正確的位置就動手做，從最重要的事情開始。

最關鍵的概念是：**利用資源，以小搏大。**太重要了，請跟著說三次。很多事做了卻沒效果，不妨先緩一緩，或是派給別人做。

許多人事必躬親，不敢放手讓別人弄，怕他們做不好。

但真相是，我們連雞毛蒜皮的小事也不肯下放權力。更何況，就算接下工作的人只能做到八成，至少我們能專心處理重大業務，或是進行效益更驚人的活動，因而獲得更輝煌的成就。

所以我勸你一句：別想太多，做就對了！

2

看重自己的價值與貢獻

認為自己做的事情很有價值

首先，要認為自己做的事情很有價值，你必須從各個面向審視自家公司。

我主要教人如何賺錢，但不必侷限在這個範圍內。你要想想自己做什麼事最成功、最有效率、產值最高，比起同業或相關產業更游刃有餘，或者找出一項在各國都很熱門的生意來做。

或許，你網羅到特別優秀的人才為你效力。或許，你設計出每人或每小時達到最高產量的生產方式，或是效率特別高的製程。

或許你掌握了廣告策略，不浪費成本也能創造高收益。也或許，你的銷售技巧、電話攻勢或服務方式特別強大。

或許，你們公司達成的交易，很少有顧客違約或要求退費；即使偶爾有，你也能再銷售另一款給他。或許你的平均單位銷售額比同業高出三倍，或許你有更快捷的手工藝或機

械加工過程，也或許你設計出一套運送流程。

效仿成功模式

我遇過一個人模仿聯邦快遞的方式，發展出隔日到貨的貨運服務。他偷學聯邦快遞的技巧，稍加修正後，用在自家的貨運服務上。

也可能是發明出其他流程、某一種類型的生意或常見的交易形式，能夠改善公司的業績、效率、生產力，提升銷售額或利潤。是什麼並不重要。

一旦找到這樣的「東西」，**接著評估它能為其他人的事業帶來什麼好處**。換句話說，如果設計出一套流程，只需一半的時間、心力和金錢就能達到兩倍產量，你先把它量化，再計算這套流程對其他人的業務有多少幫助。

除非你改變心態，扔掉各種限制、障礙和狹隘的想法，換成使你更有力量的思維，否則你無法打造出更棒的人生哲學。你必須……

在看似不可能中尋找可能

而不是只看辦不到的事。

你必須看看別人怎麼做，對自己說：「**我是否學到了新技巧，可以套用在這裡？是要整個都學，還是套用一部分就好？該如何汲取別人的經驗？他們做了哪些事是我的公司或這個產業還沒開始做的？**」

除非你從造福客戶的角度來看，重新定義這份事業的意

義與目標，否則不可能產生更好的心態。

　　現在來談談何謂**從因果關係出發，找到更高的目的**。若是滿腦子只想著賺錢，或是自己能拿多少好處，將永遠到不了目的地。

　　你必須改變看事情的焦點，思考自己能在哪些方面為客戶做出貢獻、謀取福利、創造價值？

　　你必須開始思考能不能為顧客多做些什麼，同時審視長期以來所做的、以後打算要做的事，在哪些程度上改變了客戶的生活。如此一來，你瞭解自身的價值，也站在結果、獲利與保護的基礎上，評估產品或服務對客戶帶來的影響。你必須評估自身的價值。

為何不提高價格？

　　簡單說一件事，我有幾個比較花錢的嗜好，例如喜歡好衣服，每兩週剪一次頭髮。我找的那個人收30美元，但我付他50美元，因為我希望看起來沒有修剪的痕跡，希望他多花點時間，也希望他明白要是搞砸了，長期下來的損失會很驚人。他的技術很好。

　　但是，他不敢提高價錢。替男士理髮收25至30美元，女士則是收45美元。我常對他說：「幹嘛不提高價格呢？對顧客說你現在就要提高價格，如果他們從此一次也不來光顧，你就提高更多。」我認為他手藝極佳，他的巧手使許多人變得美麗、英俊又性感，無可挑剔。但總有人缺乏辨別力，完全不懂得欣賞。

他說：「這樣會流失掉一些顧客。」但我告訴他：「如果收兩倍價格，只要流失不到一半顧客，就有更多時間空下來好好替顧客服務，而這些人會介紹更有水準的顧客給你。到頭來，你至少多賺一、兩倍。」但他就是不敢漲價。

你知道嗎？

許多人比較尊重索價高昂的服務

許多人比較尊重昂貴的服務，而非低廉的服務。也許你從來不讓這種心理現象浮上檯面，但其實相當有趣。

有時候，你尊重自己的工作，讓市場知道你的想法，結果會截然不同。當然，也不全與價格有關。如果你給顧客更多聯繫管道，讓他們容易找到你，就能贏得更多出場機會，或是縮短銷售週期。

要賣東西給醫生很難，我手邊就有個例子。

「免疫實驗室」來找我諮詢，我跟公司裡的四位執行長分別面談，每一個都談了四到六小時。他們的確花了好幾個小時向我說明繁複冗長的過程，但是我很快抓到重點，只需幾分鐘就可以轉述給你聽。

其實是他們經營了23年，發現竟有高達九成五的民眾對日常食物過敏，叫做「第二階段中毒反應」或「過敏原抗體反應」，也就是免疫球蛋白之類物質。

什麼是「第一階段中毒反應」？比方說，你特別容易對草莓過敏，吃了草莓後死亡，就叫做「第一階段中毒」。有些人立刻知道自己不能吃某些食物，我有個朋友絕對不能吃

蟹肉，因為蟹肉含有某種化學物質，就是會在他體內引起不良反應。

要等到食物分解後進入血液，第二階段中毒反應才會出現，可能招致兩種結果：在體內完全融合，抑或體內的抗體把食物當成毒，發動攻擊。

實驗室團隊發現，這種中毒反應可能導致50種慢性病，像是關節炎、頭痛等等，但他們能在三天內緩解。你有過頭痛吧？通常是食物中毒引起的。腸躁症也是。

我認識一個全部成績很好的學生，運動也很棒（就是我女兒），但是她胃痛一發作，就只能整天躺在床上。我們想醫好她，帶她去找專科醫師，在她身上東敲西敲、掃瞄、做各種檢驗，只希望治好她。

「是腸躁症。」每當他們找不到病因，或者你什麼問題也沒有，他們實在不曉得原因，就說是腸躁症。

嗯，我現在知道那是食物中毒。

上回我聽說免疫實驗室研究了20萬個個案，發現有九成五的受試者體內都有中毒反應。他們是如何發現的？

很簡單，他們用盤子來做試驗。盤子表面有115個凹孔，大概跟隱形眼鏡鏡片一樣大，這115個凹孔代表了大部分日常食物的混合方式。之後再幫你抽血，滴在小盤子上，放在顯微鏡下看，會有兩種結果：一、食物與血液相融；二、抗體對食物發動攻擊。

讓顧客瞭解產品或服務的價值，漲價絕不是問題

聽聽下面這句話是否很給力：

只要一分鐘，就能治好糾纏你25年的痼疾！

他們治好了50多種久治不癒的頑疾，無效全額退費。他們就是這麼有把握！

這家公司多半向醫生推銷，但是很可惜，大多數醫師不怎麼相信替代療法，而他們的試驗便屬於這類範疇。上面說到帶我女兒去看醫生，醫生開了腸躁症的藥，吃過藥胃痛得更厲害了。

大多數醫生很愛開處方箋。事實上，美國各州一年共開了20億張處方箋。我為什麼知道這種事？因為我們做了一些市場研究，發現了很多醫生從來不曾想過的事。後來我們開了一家以行銷為導向的公司，發現醫生的痛苦指數很高。現在他們還是一樣嗎？當然，只要他們仰賴納入醫療保險的管理式照護，痛苦指數絕不會下降。

事實上，我們發現醫療專業人士無不越賺越多，只有一種人例外。你猜對了，就是醫生。因為醫院和醫療保險大賺其錢，而行政人員和護理人員薪水上漲，唯有醫生被壓榨。

連續四年，美國醫生的年收入不停往下掉，從16.6萬美元掉到12萬左右。**事實上，現在一般醫生每小時薪水跟老師差不多，一小時40美元。**換算成時薪，是因為醫生的工作時數比大部分老師高得多。

你拿這些數據給醫生看，他就開始冒汗。然後我們告訴他，只要一天給四名病人做試驗，一年可以增加250萬收入，

而且無需多花一毛錢。哪個醫生聽了不動心？

重點是，我們研究市場的概況，發現醫生處於水深火熱之中。這是很驚人的發現，完全改變了免疫實驗室的策略。

以前的做法是，等醫生造訪實驗室，後者就跟他交換消息，順便告訴他有關試驗的事，之後半年追著醫生跑，努力說服他。也許醫生願意先替一名病患試試看，等他發現真的有奇效，逐漸回心轉意，或許願意替第二個病人做試驗。

但是，免疫實驗室改採另一種策略：「抱歉啊醫生，並不是哪個醫生來做都可以。我們有一定的標準和規則，你必須統統符合才能做試驗。」

你也知道，大多數醫生自視甚高，自我意識超強，一定會馬上說：「那我要怎麼做，才能通過標準？」情勢丕轉，現在是醫生主動想加入！

改變實在太驚人了！以前要花半年時間求醫生幫忙，如今他們一天願意替四名病人測試，因為我們預先設立了購買標準。這就是策略與戰術的不同。

覺得自己很棒，自然有好收入

兩年前，我花了很多心力協助不動產經紀人，大大影響了他們，他們的收入從十萬美元增加到二十萬、甚至三十萬美元，而我們發現影響最大的因素是自我認定的個人形象。**他們原先只把自己當成一件商品，或許你也有同樣問題；**只把自己視為其他人可以利用的對象之一，靠他們來賺佣金。但你必須讓別人看見自己深具價值，獨一無二；在拉攏顧客

的過程中，能帶給顧客更美好的生活。這是極大的不同。

　　問題在於，你不明白自身價值，不認為自己值得過更好的人生。許多人來問我：「好，如果我是商品，說說你要怎麼把我銷售出去。」我說：「不，不是這樣玩，是你要想辦法把我賣掉。我已經知道自己的概念有用，能應付任何突發狀況；但我不知道用在你身上是否有效，不知道你能不能貫徹到底，也不知道你是否真的會去做。」

　　你必須相信自己的典型，不能只是對著市場夸夸其談。內心相信什麼就說什麼，但不是用傲慢無禮或自以為了不起的態度，吹噓自己多厲害或計較每一分利益；而是深信自家產品或服務在市場上的價值，能改善別人的生活。

與人交易要不卑不亢

　　幾年前，我把諮詢費調高到每小時五千美元，說起來仍然偏低，想想客戶從我這兒獲得的寶貴資訊和忠告，人生起了多大的變化。

　　我也知道有些人光聽不練，沒照我的話去做，根本是浪費錢，但這不是我的問題。他們向我求助，說一定會貫徹執行，我說我會給他們價值好幾百萬美元的忠告，我有做到。

　　如果他們沒按照我說的去做，我對他們仍保有尊重與同情，但絕不會因為他們沒堅持到底而煩心，因為無損於我的價值。我依然相信，客戶花在我身上的每一塊錢都值得，因為只要切實做到，均有成效。

　　你必須從交易帶來的價值來思考，重點不在五千美元；

只要你提出好建言，一點也不貴。許多人免費給客戶建議，最後客戶跑去跟其他同業購買，你也碰過這種事嗎？

　　聽我一句話：珍惜自己的價值。你有兩種選擇：讓我替你規劃，擬定通盤策略，你再決定要不要成為我的客戶。聘我當顧問，每小時要付四百美元，大約需要25小時，總共一萬元。

　　假如你決定變成我的客戶，我會將這套策略規劃納入總銷售計畫，一併給你。然而，如果你選擇了別家，那也沒關係，我會給你折扣，只要付八千美元就好，而且你會相信這麼做是值得的。事實上……

一定要相信自己能活得富足又美好

　　倘若你不相信自己能活得更好，對自己缺乏敬意，又如何期待別人能尊敬你，相信你的價值？同樣的道理適用於別人引薦、訂價、買回，或負起指導顧客的責任：不是購買想要之物，而是買到真正需要的東西。

　　怎樣才能提供最棒的服務給客戶？主要是心態。達到一定價格贏得顧客的敬重，也產生一種心理現象。

　　有了心態，要有原則來輔助。我能傳授給你價值好幾百萬美元的突破性創新法則，只怕你什麼都不做，或因為施行的方法不確實，成效不彰，因而感到不爽，從此不再嘗試。所以，你認為我什麼也沒做，而你白白浪費錢。

　　如同前面提到的房地產經紀人，**你不能只把自己視為商品**。必須看出自己的價值與獨特性，在過程中獲致更棒的成

果。你要學會推估這筆交易未來發揮的效益，知道你為他們做出積極的貢獻。

盡可能讓客戶以略高的價格多購買一些。或許你會這樣想：「好像在剝顧客的皮。」我反對這種說法。索取合理的費用，就有足夠的金錢投資在知識與教育上，改善產品或流程，給予員工更豐厚的獎金。你只多收他們5~20%，日後給他們的回饋卻多上好幾倍。因此，你一定要……

記得你創造的價值與貢獻

永遠記住你們公司、你的善意和人脈所帶來的價值。

舉個例子，有些人找我合資開一家公司，打算利用我手頭上的通訊名單。他們說：「喏，我會給你這個跟那個。」我回答：「不，你最好知道我做出了什麼貢獻。」

我花了15年建立起這份清單上的人脈，在他們身上投資了幾千萬美元。這些人一共花了數千個小時向我諮詢，現在要我把這麼好的人脈交給你，把這麼多管道送給你？不，你一定要付我錢，要不然我一定分潤最多。

這麼做不是故意刁難，而是因為我相信這些人脈非常值錢。若他們願意補貼我這15年的時間和數千萬美元，嘿，我非常樂意和他們利益均霑。

我想到一個好例子。多年前我們利用這種概念，使某家公司的業績增加六、七倍。這家公司只有兩、三個人，卻因為推出兩個很屬害的商品，賺了很多錢。

他們把運動服、健身衣賣給健身房和運動俱樂部，但

必須在諾德斯特龍百貨、襪類零售店或平價超市如凱馬特設點，大約有三千個經銷商。他們的兩大商品人氣日趨下滑，於是前來問我有無突破的方式。

我說：「你們這些人搞不清自己真正的資產是什麼，不是產品，是經銷管道啊！有三千個暢貨中心相信你，有一個買運動衣的買家相信你，靠你的產品賺大錢。

現在，你們只要去全美各大城最受歡迎的健身房看看，每一間健身房都有附設商店。同時，某些本地藝術家專門設計很酷的東西，委託一、兩間健身房的商店代賣。

只要找到那位藝術家，買下他設計的產品，不要在健身房商店販售，而是賣給其他暢貨中心，這樣不就建立經銷管道了嗎？」

這幾個人聽了之後說：「但我們不想吸別人的血。」我說：「那就不要啊！給他們權利金，分5%給他們，但你有權複製並銷售。」

改變遊戲規則，怎麼玩由你決定！

多年來，我的人生哲學之一，就是活在現今的世界有兩種選擇：你可以和其他人一樣當個乖乖牌，從不標新立異，找一份社會大眾都認可的工作。

你也可以事先劃下底線，決定想要的立場，果斷地說：「我們不打算這麼玩，準備要改變規則；只要是我們覺得正確合理的事，就會去做。」

沒錯，也許不是每個人都想跟我們做生意，或是按照我

們的規則玩。不過，只要我們有眼光與願景，設計屬於自己的人生，也知道該如何使力讓夢想變成現實，最後一定會找到願意配合的客戶，同時吸引到更棒的協力夥伴，建立更愉快的合作關係。

客戶如何改變規則，創造出巨大價值

我有幾位客戶運用這種概念後，得到非常豐碩的成果，有時簡直是誤打誤撞。

用窯爐烘乾木材

這家公司的老闆舉辦研討會，說明他們的技術有助於減少木材生產過程的浪費，製造出更高等級的木材，每一材積單位的木材賣到更高的價格，一年能多出一百萬美元。他把這項技術賣給其他公司。

他先寄信，但沒人打電話來。之後，他主動撥電話給潛在客戶，心想或許客戶不敢先打給他。經過打電話、後續追蹤、詳細說明、寄送傳單之後，才搞定一筆交易。他辦這場科技研討會，先要求收五萬美元，之後提高到八萬元，後來又漲到25萬元。

日間托兒所

每星期收取固定費用，儘管看起來比其他日間托育中心便宜，最後卻收到更多錢。因為不管小孩是不是天天去，都

一定要付費。

研討會

　　調高費用之前，不少人報了名臨時不來。後來他們提高費用，不僅出席率上升，也找到更多優質客戶。既然吸引到優質客戶，他們就再度提高研討會費用。

產品銷售

　　這家公司原本和同業一樣，每一套程式賣795美元。其他公司賣不出去時會壓低價格，但他們反而漲到1,095美元，銷量還成長一倍。因為他們發現，重點不是賣多少錢，而是產品背後的理念和信念。

當鋪

　　這間當鋪在櫥窗裡擺出一把舊式柯爾特45自動手槍，標價125美元元，一連兩個月乏人問津。老闆有點火大，撕去標籤，調高到175美元。他說：「**搞不好要調高到450美元才賣得出去咧！**」

鄉村俱樂部的高爾夫課程

　　這間俱樂部的候補名單很長，有時必須等上兩年。俱樂部想要改善這種情形，決定把入會費從兩萬五提高到四萬美元。**結果候補名單變得更長，要等上三年半才能排進去，想加入會員的人數激增一倍。**

牙科器材公司

　　這家公司與競爭對手不一樣，站在不同的角度看待牙醫師的生活，以及他們經常遇到的問題。他們設定了「獨特銷售主張」，大意是：「我們竭盡全力，只想幫助你成長壯大，擁有更美好的未來。只要你買到基本量，價格就不會往上調，搞不好還往下掉，而且我們會持續提供各種計畫或課程。我們有CD課程，教你如何行銷或進行內部管理，也網羅了各領域的專家，包括會計、牙醫稅務規劃、牙科診所管理、行銷等等。」額外費用突然變得不重要了，因為上述課程每年能替牙醫師省下二到三萬美元，或是賺進更多錢。

電子經銷

　　這家經銷商原本用一分錢買進一萬個零組件，再以兩毛錢賣給同業，而同業一轉身就以25美元賣出。他們眼睜睜看著競爭同業從一千萬到兩千萬，再變成擁有兩千五百萬美元資產的公司。

　　於是，他們學會採用同樣模式做生意，如今業績蒸蒸日上，不必只看著別人賺錢。

高爾夫球教練

　　這群教練先前的費用是授課半小時25美元，後來他們只開一小時課程，還特別為商務人士安排高爾夫日，讓不同的公司彼此交流。之後，他們開始把這項規劃納入三次一小時課程的優惠方案，大致上反應不錯，開始有轉介紹過來的客

戶，不必再爭取案源了。

理財專員

　　這名理財專員為客戶解決問題時總是不嫌麻煩，比別人多收一倍佣金，留下來的客戶大約五成。因此，他的收入沒減少，卻多出不少時間尋覓優質客戶。

玩具專賣店

　　這間商店撕下所有絨毛玩具上的29美元標籤，改貼49美元標籤，一下子就賣光了。

郵購活動躺椅

　　「開始做這一行時，我們一枝獨秀，如今大概有十五家公司來搶占市場。有幾家蠻有規模，有幾家賣一張199美元的椅子，我們公司的椅子則是500美元起跳。

　　那麼，我們的銷售情況如何呢？其實變好了，只因為我們增加了價值。如果跟著削價競爭，一旦銷售量減少，一定會倒閉。但公司絕不能倒，因為我們有妻小要養，還要照顧一批員工，所以我們是這樣因應的。

　　我們保證六十日內不滿意退費，躺椅調整功能的保固期從一年延長到十年，但是不主動打折。當然，如果他們開口要折扣，打折也沒問題。

　　你會一次買兩件商品或兩年服務嗎？若是他們想議價，我們可以堅持原價，他們也可以多買一件。現在我每次都用

這一招。

培訓一名業務員要花的成本非常高，問題是，培訓完之後，他們就去其他地方賺更多錢。我們現在跟業務員簽約，若半年內離職，必須賠償一部分培訓金額。

等我們訓練好業務員，把他們分成兩組：主要客戶組、直接行銷組。我們在主要客戶組設一個虛擬市場，分成企業和政府機關，不同類型的客戶需要不同類型的業務員。

想要快點拿到訂單的業務員，不適合負責主要客戶的業務，這樣年營收會變少。只要拉到一個主要客戶，每個月進帳更多，年營收數字更漂亮。」

加油站附設小商店

這家超商的油價幾乎只收成本，牛奶和麵包的價格也很有競爭力，因為顧客會仔細比較過這兩樣商品的價格才決定要不要買。所以，這家超商把其他商品的價格統統調高，因為客人很容易一時衝動便買下，而且匆匆買完就要離開，不太會注意熱狗是50分或1.95元。他們旗下所有商店的營業額不到半年就增加90萬美元。

美國南北戰爭期間的報紙

「我們把它們統統買下來，每份賣兩百美元。也有其他人持有南北戰爭時期的報紙，但是，國會圖書館收藏的報紙只有我們有。獨一無二，我們握有獨占權。」

珠寶店

　　這家店的土耳其玉和銀飾銷售慘澹。老闆赴外地出差，留了張字條叫夥計以半價賣出每一樣東西，最好統統出清。**夥計沒看懂字條的意思，反而把價格調高一倍，老闆回來後賣得一件不剩！**

電力承包商

　　「我們把價格提高兩成，撥出授權電話加收兩百美元；授權電話的業績下滑三成，所以我們的空閒時間變多了。整體來說，是把奧客趕跑，這種人老是把我們搞得雞飛狗跳，又賺不到錢。他們嫌我們太貴，不要了。如此一來，我們有更多時間給高水準客戶，營收整整成長了一到兩倍。」

修繕業務

　　「我們最大的問題在於服務速度，而非費用。過去我們用低於同業的費用，提供更快速的服務。三個月前，我們提高了四成費用，結果每個月營收增加五千美元。」

企業訓練課程

　　「某位我一向尊敬的前輩對我說：『壓低價格才有更多生意可做。』我壓低了價格，客戶人數沒變，收入卻變少。於是我按原價提高一倍價格，客戶人數還是一樣，收入卻大幅攀高。」

激勵計畫

「以前我為有形產品訂定價格，現在提供無形服務，從中發現了兩件事：1) 要推行一項好計畫，必須先瞭解這個組織；2) 以前做這個都不收錢，經常花上許多時間向他們證明我的專業能力很強，卻沒收取應得的費用。

現在我規劃一次要收五千到兩萬美元，卻沒有任何客人跑掉。我必須習慣這麼做，**必須重新評估自己的價值，問自己：『我為客戶帶來什麼價值？』在我改變思維的那一刻，這樣做就不再有心理負擔了。**

如今我已駕輕就熟。前不久才跟一家跨國公司會面，開誠布公地對他們說：『我能為你們完成這件事，也打算這麼做。你們必須付我多少錢，考慮一下再回覆我。』隔日他們打電話告訴我，打算交給我做。」

激流泛舟

「八年前頂下泛舟生意，那時沒人比我們更便宜，於是我們馬上調高價格，從一人50美元調高到65美元，變得比其他同業還貴。我們請五星級飯店接待員居中牽線，**這是很棒的洞察力，抬高價格，客戶相信會得到更多。**而我們也不負所托，提供最高等級的服務。」

舞蹈工作室和舞蹈服裝零售

「我們經營了25年，從沒漲過價。後來我們從每月28美元調到30美元，沒遇到任何阻力。」

法律事務所

「我們寄信給客戶，信上說：『我們將於十日後漲價200美元，但是，若您在十日內致電本所，便能省下210美元。』我們因此賺進三萬美元。似乎真的有價格天花板這回事，到頂很難再往上升。我遵照傑的教誨，開了兩家法律事務所，收入超過四百萬美元，以一家新公司來說還滿厲害的。」

環保淨水過濾設備

「剛開始當業務員推銷時，那位客戶已看過很多廠牌。我跟他報價一千美元，心想已經夠高了，他卻問我設備有什麼問題，因為其他廠牌售價三千至五千不等。我原本想辯解幾句，卻突然想到顧客永遠是對的，於是改口說是我報價錯誤，應該是三千美元。他買了兩部！」

講稿撰寫人

「我能為客戶量身打造，於是調高一倍費用，他們眼睛眨都不眨一下。他們不接受每小時報價，但一場能激勵六百人採取行動、重新聚焦的演說，這篇稿子可以讓他們連續用二十年。」

工業塗料

「我們碰到一個問題：把油漆賣給承包商，但某些人很不老實，有時半途接下數百萬的訂單，就說我們的油漆品質不好。你告不了他們，畢竟已經晚了四個月，他們沒錢，再

換一家供應商就好，但我們平白損失一名客戶。

方法很簡單，就是用一種配套模式來解決問題。10%有爭議的金額可灌入未來的帳單內，就算真的有問題，他們也不得不繼續跟我們合作。而我們翌年可提高價格，沖銷這筆損失。」

珠寶店

「我發現，有些舊式耳環售價大約介於295到795美元之間。我拿出上好的盒子重新包裝，以20年庫存當做招徠，售價統統調到大約995美元，不到一個月就賣出九成存貨。」

緊急應變計畫暨訓練

「我們彙整了一部危險物質管理法規，打算販售39.95美元就好。準備出版時，定價是49.95美元，之後又調成89.95美元，賣出了幾千冊。後來，我們贊助一場研討會，報名費是129.95美元，有30人到場。當我們把報名費調到379美元時，就爆滿了。」

為安養院提供記帳服務

「最初，我們在安養院記帳服務的研討會上索價兩百美元。後來我試著調到兩千美元，沒人抱怨，這麼做吸引到更優質的客戶。之後我們又調為五千美元，業務很順利，客戶更珍惜我們提供的服務。」

陶藝展

「我們把定價翻漲一倍，統統賣光。我想，那時應該一口氣翻三倍才對。我們為一名來自日本、現居紐約的知名陶藝家辦展，原本一件藝品的定價是16,500美元，銷售得很差；小件藝品則定價幾千美元，比平常賣得貴。我們也有畫作，用價值兩千到三千美元的畫框裱好，然後每件以五萬至十萬美元售出。」

健康中心販售頸枕

「頸枕零售價是89美元，淨賺40美元。我們不太想賣得這麼貴，但每個月都能賣出30個。」

****

如何確保財務安全，發揮最大潛力

想要達成這個目標，必須先做到幾件事。首先確認一件事：**安全來自你對自己深具信心，始終堅信一定能做好。**

其次，你需要調整心態，瞭解你的佣金、生命與事業的價值不在於花了幾個小時，也就是與時間無關，而在於對社會、事業與個人做出多少貢獻。

一旦瞭解到這兩點，就表示你不再抱殘守舊，準備踏上新舞臺。

一定要跳出框架

多數人一輩子耗在科層化組織裡，可能是企業也可能是工廠，領取固定薪資。而他們的思考模式被這種體制箝制，亦即跳不出框架，總是以為：「一天必須工作八小時，一小時領時薪20美元，需要有人領導，你只是其中一段鏈條。」大致如此。

但是，你必須跳脫框架，告訴大家：「我能夠……」

首先，你應該說：「我能使其他人的生意或生活更有價值，協助他們改善現狀，拯救人於水火之中，或是提振某個流程的效率。」從現在開始就要這麼想，因為企業老闆和專業人士就是替其他人增進業績或改善生活品質，進而長久經營，不是嗎？

綜觀全局，接下來應該仔細評估兩件事：機會與錯誤。

許多人猶如在撐竿跳，試圖一躍而過，這是最常見的錯誤。我想，應該有較安全的方式，好比電扶梯緩緩往上升，不容易出紕漏。

你問自己：「做什麼最可能成功致富？」

我用心理架構（矩陣圖）來說明，卻仍視你的人格特質與職業而定。我總是先勸客戶，仔細審視眼下的情形、目前或過去的就業狀態，然後問自己：「我還能在哪一方面努力提升價值？」

你必須先釐清價值何在，也許是提高生產力，或是增加安全性。

論件收費或按比例抽成

　　剛開始提供諮詢服務時，我教許多人去找雇主、前任雇主或同一產業的人，幫助這些人使用更有效、更經濟、更適當、甚至產生更多利潤的方式，執行同一流程，向他們索取一次性費用或按比例抽成，皆無不可。

　　然後，帶他們投入不需急迫現金流的生意。

　　舉個例子好了。我認識幾位頂尖業務員，比公司內其他業務員的平均業績高出兩、三倍。

　　我分享秘訣給他們，要他們去找公司或競爭同業、抑或任何銷售類似產品的人洽談，然後將推銷技巧或方式傳授給對方，索取單筆費用，或日後按比例抽成，或者兼採兩者。

　　以往他們只知道支領薪水或佣金，是我教他們向雇主、競爭同業或其他人收取費用，名目與方法不一而足。

　　我也認識幾位管理長才，為公司效力，替公司節省許多不必要的開支，卻只能領薪水度日。當公司走下坡時，他們可能被迫接受其他職位，或因為薪資太少而鬱鬱不得志。

　　我教他們先去找公司談，說自己打算辭職，但可改用收費方式，或收費加上紅利獎金，為公司提供同等服務。

　　若是公司不肯聘他們，我也教他們去找競爭同業，或思考自己的專業能否為其他產業的類似面向增加優勢。

一直做熟練的事，收入也能成長三倍

　　再舉一個例子。某人懂得如何減少電話費，公司為此付他五萬美元。我教他去其他公司或類似產業毛遂自薦，但不

是以受雇員工的身分，而是只收基本費用，之後每隔一段時間以抽成方式結算，最後他大發利市。

有一次，某個任職於目錄公司的男人來找我諮詢，他在公司的表現不錯。這家目錄公司規模頗大，市值上億，但是他每年只領八萬美元，為此非常憤懣。

經我一查，有一千家小型目錄公司很想獲得他的技能，付不出八萬美元，卻很樂意付他一萬美元聘用費，若能按月分期付八百或九百美元更好。

我要他找二十間公司談聘用費，以獲取他長年做這份工作累積的智慧。**他馬上從薪奴搖身一變為獨立自主的人，省下一半時間給自己，還賺進25萬美元，比以前自由十倍，而且備受尊敬。**

這是看待一己專業技能的方式，大多數人不明白自己擁有極大的知識與技能。當你為某人工作時，情況變得很有意思。公司承認你的功勞，卻不希望你明瞭自己對公司有卓越的貢獻。

事實上，這個時代的受薪族都為公司帶來極大的價值，因為現今的公司最會精打細算，絕對不願意花錢養不做事的員工。

長期領薪水的人大多面臨一個問題：過度低估自己的技能。此外，恐懼感作祟是另一個問題。

別低估自己的技能

或許你擁有超乎想像的價值，但是不光要明瞭這一點，

最好還要問自己兩個問題：「**我能找到願意付我兼職費用的伯樂嗎？**」「**我想知道自己究竟值多少錢。**」

也許你真的搞不清楚，所以害怕自立門戶承包案件。

我一向給諮詢客戶好幾種選項，現在就提出數種策略供你參考。我會給客戶幾顆風向球，他們不妨盡情嘗試，無需擔心失去目前的安定。當然，倘若他們是受薪族，所謂的安穩不過是自欺欺人罷了。我先假設讀這段文字的人若非薪資優渥，就是目前無業或退休，或處於人生的變動階段。

第一點，我要特別警示大家：若是對自己毫無敬意，沒人會尊敬你。因此，我總是先拋出幾個問題，幫助他們找到真正重視其價值的雇主或公司。我叫他們回頭審視一己的專長，然後寫下來，**思考這項專長能帶來何種具體利益，變成交易的利基。**

比方說，多年來你負責製造業的品質管制，我就會先提出幾個問題幫助你深入思考，是否已發展出一套系統或全面的知識，讓公司減少生產過程的浪費。

下一個要問的是：先前在哪方面有浪費？我會要你仔細想過一遍，好讓你明白自己的貢獻：「我為公司減少8%的浪費。」

你的價值遠比自己想像得高

我將帶你逐一思考公司在原物料或元件上所花的成本，好讓你明白公司目前每年花一千萬美元購買原物料，卻在雇用你之前每年浪費8%，也就是八十萬；多虧你設置新系統，

每年替公司省下六十萬美元。

我會幫助你瞭解自己每年貢獻公司六十萬美元，如此一來，你就知道自己一年只領五十萬美元猶如被生吞活剝。

接下來，我會讓你明白，不光是能改善眼前在公司的境遇，其實大部分公司**若能省下六十萬美元，都會急著花錢聘你；除了付你一筆費用，或許還加上未來一段時間的利潤所得，也許是一年、五年，甚至終生與你分享利潤。**

我將帶著你走一遍心理矩陣圖，協助你培養自信，相信自己能為其他人的事業持續帶來影響力。

做完矩陣圖之後，我會依照你的性格給你忠告，或是推薦適合你的方向，甚至引導你做一些嘗試，試試其他產業的水溫。

換句話說，假如你在電子製造業工作，卻具備各行各業都需要的技能，我會替你選一個與本業有些關係的領域，再叫你用信件或電話溝通，或是跟對方見一面。

倘若你不夠珍視自身價值，就算我早已證明你的功勞甚大，我還是會建議你找第三方，亦即代理人，來代表你。

代理人代替你發言，負責與外界談判。等到一切安排就緒，覓得合適人選，向這些人大致介紹你的計畫，也討論到某一個程度（所以，你不必承擔推銷自己的重責大任），才是你露面的時刻。

行銷你自身的價值

有些人很懂得推銷自己，另外一些人具有絕佳專業，在

公司內居功厥偉，卻不懂得行銷自身的價值。不過，這不是問題，只要找人替你行銷，再分一部分利潤給他就好。

好萊塢經紀人就是這樣替人打點，若是讓演員、製片、導演自己去談，這些動輒上億的拍攝案大概就石沉大海了。

如果不請經紀人，一名演員大概只能領個一萬美元，導演也無法施展創意手段，各方都談不攏。經紀人主要是為他人增加價值，他尊重你的價值，竭力為你爭取到好價碼。所以，若是真的有需要，我總是敦促客戶請個代理人或經紀人比較妥當。

然而，有一點我很堅持：你要自己制訂規則。業務員到處都是。

業務員其實是製造商的代理人，這算是比較高的抽象層次……

你的產品剛好是無形的，可能是價值或專長。我想到一種可能，就從這兒開始吧！

若是具備某些能力……看看顧問公司，這就是你的價值所在，可以給予客戶更棒的意見。一直以來，顧問公司或會計師事務所都有帶動革新的人，也就是出門尋覓潛在客戶的業務員。他們極力鼓吹公司的無形價值，談妥交易，接著就輪到專業人士出場。

讓某人替你出面，有何不同？你可以稱他為代理人、代表、經理或業務代表，這不是重點。

關鍵就在這裡，兩件事不妨一次搞定，找另外一個人當你的代表。不過，許多厲害的業務員也有我們剛才提到的問

題：他們不瞭解，真正的資產是他們的銷售能力，而不是產品本身。他們都搞混了，以為自己需要超級棒的產品。事實上，多虧有他們的推銷長才，好產品才變得炙手可熱。

若是不善推銷，找個超級業務員！

所以，找來一位或幾位業務員，最好已經在業界占有一席之地，而你也具備該領域的知識。你請他們當代理人，把你的價值宣揚給更多人知道。

必須搞清楚一件事：**你銷售的不是技能或知識，而是專業能力為別人帶來的結果：具體可感、產生意義與利益的成果。**或許你能替別人減少兩成庫存。嗯，對一家持有三百萬美元庫存的公司來說，你能幫他們減少六十萬滯銷貨，讓資金流動，算得上頗有價值。

也許你能為某一套流程縮減人力，若中、大型公司的人事管理費用能夠縮減15~20%，長此以往可謂價值非凡。

首先你必須瞭解，自己的專門技術或能力能為公司帶來哪些生意上的獲利。在此我要大聲疾呼，你不是只有一門技術或知識，更多時候身兼數種技能，只是自己沒發覺。畢竟二十年來都做同一件事，一定有相當程度的專業。

有些人的技能或知識在其他產業比較吃香，談判籌碼較高。這些人的嗜好或天賦就是專業技能，許多人願意付大錢買下。

我認識一個人精擅分類與組織，他從未受過正式訓練，做起事卻井井有條。我介紹他去指導其他人整理家居，他以

此為業，收入還不錯；雖稱不上富有，但他沒興趣賺大錢，只想做自己愛做的事。

重點在於找出那樣東西，不論是你的老本行、平日的嗜好或愛做的事，甚至獨門天賦均無不可，找出能夠傳授給別人的方式。如果不太願意推銷自己，不喜歡嚷嚷你的天分或技術能大幅改善他人的生活，只需找個人替你發言。系統就是這樣運作的。

九成老闆不懂推銷

觀察一下美國甚至全球的企業，你會發現高達九成的企業主不曉得如何推銷產品或服務，都是很彆腳的業務員。這就是他們要培養優秀業務團隊的原因。

底下是個例子：

某人很想跳槽，先假設他蠻喜歡目前的工作，也挺滿意工作成果，但是他不喜歡組織文化妨礙他追求更高的目標。

假設他一向厭惡保險，這輩子從沒兜售過保險。我的老天，他還是賣點別的什麼好了。但是，真正令他反感的是企業文化的限制、佣金制的某項規定或其他原因。

現在我們在談某個熱愛工作的人。重要的是，他很想找出一種方式，既能做一心想做的事，又能獲得更高的佣金，擁有更多時間，而且不必被令人唾棄的企業體制綁住手腳。

也就是說，他不打算繼續做討厭的工作，你也不打算叫他後半輩子繼續做討厭的事，而是找出喜歡的方式來做這份工作。

你以為別人付錢是買你的時間，一旦拋下這種想法，就會明白每單位時間的生產力才是重點。譬如你一小時生產十件小工具，他們願意付錢買下你十小時的生產力。我們身處在結果導向的世界，不是嗎？大家花錢買的並非時間，而是成果。

首先必須搞清楚一件事：從你的技能和幾項專長（每個人都擁有數種專長）來看，你在哪一方面最擅長，在公司、業界或全世界首屈一指？不一定限於工作，但不妨先從工作開始。你做過什麼努力？

或許你改做其他工作，但是你另有專長。或許公司一時昏了頭，不讓你留在適合的部門，為公司統籌開支，一年能省下一百萬美元的成本，卻把你調去毫不相干的單位，讓你深感無力。

但事實是，十年來你替公司撙節了一千萬美元，現在有許多企業想知道，如何在未來十年省下高額的經常性開支。

找出熱情所在，只做這件事就好！

不過，你必須回頭看看，告訴自己：「也許我厭惡四分之三的工作內容，但剩下的四分之一我很厲害。」從你擅長的部分開始，首先我還要指出一點，很可能前雇主或現任雇主都低估了你的貢獻，不知道實際上你替公司省下多少錢，搞不好連你都不知道。

如果你不能據實說出：「我知道先前是我達成了X／省下X／透過X減少經常性支出／生產時間／倉儲成本／隔著長

距離經營，因而每年節省X元。」如果你自己都講不出來，坦白說，很難指望現任或先前的雇主會這麼說。

除非已經掌握自身的價值，而且能明確評估這個價值的相對優勢，否則你沒立場要求最高的佣金，也絕對不可能獲得。一旦體認到這一點，全世界猶如你的囊中之物。

大多數人必須先培養一種冒險心態，才有辦法這麼想。他們幾乎不敢有這種念頭，反而打從心底相信：「也許我領得太多了，搞不好一旦確認自己的價值，就會發現根本沒資格領這麼高的薪水。」

有一點是他們沒想到的：公司絕不可能付你一小時五美元，只拿回五美元的產值。如果他們花一美元雇用你，就必須拿回二至三美元，畢竟他們不是做慈善事業。

別被薪資騙了，你絕對值更多！

所以，一個人必須知道他的價值絕對遠高於每月薪水。尤其公司不但要生產力，還需要避險和一大筆利潤，基本上用來保護其利益，所以不可能付太高的薪水。

你應該知道，目前有許多野心勃勃的企業在世界各地如雨後春筍般成立，儼然已經成為美國本地公司的勁敵。

打個比方，我多次與遠在印度的工程師進行網路面試，這些人有工程碩士的學位，英語堪稱流利，有些人的母語就是英語。

這些具備工程長才的工程師，願意接受每月四百至五百美元的薪資。而認為自己值年薪五萬美元的美國工程師，如

今由於電子通訊技術，面臨來自其他國家的嚴苛競爭，也迫使許多大公司、首屈一指的企業、美國《財星》公布的五百大企業不斷縮減員工編制。

這些人沒能仔細思考自身價值，預先採取行動，並且開發兜售專業能力的新管道，是受害最深的一群。一定要在被解雇之前，理智評估自己在公司內的價值，毅然採取有創意的行動：「我必須為我的專業技能找到其他買家，確保自己持續有收入，最後不必再靠薪資過活。」

這是更理性的方式，畢竟尸位素餐的員工逃不過公司的法眼，一定會被解雇，因為每個月都有成千上萬誤以為自己高枕無憂的人被開除。其實，他們猶如危卵，而這正是今日的危機。

我認為，許多人因自我形象低落，或是因長期在漠視其價值的企業體制下工作，否定自己的價值，對自身、雇主和整個社會均極為不利。他們以為薪水還可以，變成了薪奴，但事實並非如此。

勞資雙方都沒試著釐清「真正的價值」。業務員算是最接近的一群人，但是，就連他們也不清楚真正的價值。因為大多數人只能配合老闆提撥的佣金制度，而佣金結構無法反映出真正的價值。

10%佣金就夠了嗎？其實你可以多賺20倍！

我要許多傑出的業務員別待在公司領10%的佣金，去外面找生產更優質產品的製造商，把自己當成品牌來經營。基

本上，就是放棄10%，賺進210%，也就是多賺20倍。

　　他們只需找到願意挹注資金的金主，對金主說，他們能提供專業。**他們對同一批對象做同樣的事，收入卻一夕之間翻漲20倍，之前只是自我形象低落罷了。**

　　我覺得這種現象簡直滑稽，不禁想到小雞。心理學上有個案例，拿小雞做實驗，明明籬笆在後面或旁邊，小雞就是跨不過去。認為自己無法逃出牢籠（其實根本不存在），造成了心理上的癱瘓，等於讓自己被妄念限制住。只要拋棄錯誤的想法，從過去、現在到未來都能握有十足的控制權。

　　我要說的是，只需跨過這些年的心理障礙，思索自己究竟值多少錢，很可能比現在的微薄薪水高出許多。

　　你有多少價值，誰懂得珍惜？而且，不光是此刻價值幾何。這些年來，我不斷運用這些技能，將其融入每一次商務經驗，在實務中求進步。

　　大多數人一旦換新東家，就把上一份工作學到的好處忘卻得一乾二淨。**回過頭來，花一個下午甚至整個週末，仔細審視你長大以後碰到的人事物，重新建構你的人生。首先是職場經驗，其次是嗜好，細細回想每一件事。**

發掘自己的強項

　　或許你的副業是替非營利組織募資，而且成效卓著。或許你只想為公益盡一份心力，然而，如今卻有成千上萬個非營利組織提前夭折，只因為募資有困難。你能使他們財庫充盈，對他們來說是極其可貴的服務，搞不好願意付一大筆錢

拜託你幫忙。

　　想清楚你的專長是什麼，能帶來什麼樣的影響？能廣泛運用在哪些地方？除了目前的雇主之外，還有誰會珍視這項技能，願意付錢購買？這些問題有助於刺激思考。

跟著我做，必能提升你的價值

　　我非常懂得行銷自身的行銷能力，許多人只是學到我多年經驗談的一點皮毛，就賺進了不少錢。

　　現在回頭說說，當初我是如何開始這一切的。

我是這樣開始的……

　　按年代順序是這樣的：

　　首先，我十八歲時成家立業，不到二十歲就有了兩個小孩。**二十歲的我過著四十歲男人的生活，但這個社會並不關心。**我不是在抱怨或批評，其實這是非常棒的成長機會，使我保持正面態度。我很快換了好幾份工作，都待在沒替公司賺錢的支援部門。

　　沒多久我就明白，除非能讓部門替公司賺進利潤，不然老闆一定會想方設法壓低你的獎金。當你轉而替公司賺錢，老闆看在獲利的份上，也就不會計較付你多少了。

　　因此，我嘗試過各種不同的職務，待過行政、營運、業務、行銷、顧客支援、營利、現金產生單位等部門。

　　這些工作分屬不同領域，範圍極廣。大概經歷過二十種工作後，我發現一件驚人的事：想到自己做過各式各樣的工

作，舉凡化學、金融服務、郵購、不動產、搭機旅遊、聯結服務、肉類包裝、代收業、零售業、乾洗、小型家電、廣播廣告業……

每次換新跑道，就多學到一些有趣的事。我瞭解到，在先前的工作學到的東西，只要是涉及客戶招攬、營運方式、銷售或行銷、建立顧客關係的過程，不同產業都有不同的行規，很難一概而論。

也就是說，A產業、B產業與C產業各在不同的基礎上經營。如果研究一百種產業，九十種產業有自己的方式，儘管都是業界認可的有效方法。

我常發現所謂的「短視」現象，亦即「隧道視野」。大家似乎只知道自己懂的事情，從同一行的雇主身上學來的，這好比近親繁殖，非常危險。

向成功人士取經

我能直接套用先前在毫不相關產業學到的技巧，大多只需幾個月到一年，就能替公司賺進驚人利潤或提高其地位。**然而，我不過是把其他行業的流程或成功法則，複製到目前這一行。**

也因此，我發現許多人只曉得行規，其餘一無所知；對我而言，這絕對是絕佳機會。我成天想著如何跟其他人、其他行業取經，把每一件事都學起來，包括不一樣的人如何思考、如何做事。

對於其他事的評定或詮釋，我拿來套用在前來諮詢的客

戶身上。**截至目前為止，我已經促成許多上億元的成交案，幫助客戶成為業內的佼佼者，使得生意轉虧為盈，或是增加更多利潤，多不勝數。**

這一切全憑藉有意識地運用過往經驗，有時結合好幾種經驗，套用在新計畫、目前的雇主或客戶、或其他交易上。不過，據我觀察，大多數人卻反其道而行。

因為他們只做其中一件事。

我喜歡講一個故事：有位女士正在處理一塊肉，打算放進烤箱。她先生瞧著她拿出刀子把肉的前後兩端切掉，於是問她：「親愛的，為什麼要切掉兩邊的肉？」她回答：「我媽都是這樣弄的啊！」

但是，他忘不了這個問題，因為實在想不通為什麼要切掉，難道烤起來會更好吃？更何況切掉真的很浪費。

碰巧當晚岳母來共進晚餐。等大家都在餐桌前坐下，太太端出烤肉，先生便問：「為什麼您要教女兒去掉肉的頭尾呢？」

高齡九十的可愛岳母回答：「喔，那時我們剛抵達這個國家，住進一間小公寓，烤箱也很小，一整塊肉放不進去，只好切掉肉的頭尾。」

很多事你都會做，只是自己不知道

大多數人習慣切掉烤肉的頭尾（當然只是個比喻），因為我們看某人這麼做，有樣學樣，而某人則是向另一位前輩學的。這絕對不是最有效率、最高明的方式。

投身新領域時，總是一下子把過去學到的扔在一邊，或以為A產業和B產業之間的知識技能無法互通。其實，相互觀摩才是最棒的特點或價值。

也許大多數人早就學會更有效的做事方式，或自然而然知道怎麼做，卻沒把這項能力用在目前的職位上。

說來有點悲哀，因為他們無法帶給雇主更高的生產力、利潤和效率，在成本控制、組織分類、內部管理上仍有待改善，也沒好好撙節開支或貫徹更高的目標。他們得過且過，有做就好。

應當先明白一點：你對很多事情極為嫻熟，只是自己不曉得。你早已學會許多事，這就是人生歷練。

一般人想都不敢想的事，我一馬當先去做，而且覺得非常愉快。我也幫助許多人培養獨立與確信，獲得人生的掌控權與自由；更棒的是，幫他們建立起更強的自尊與自信。他們長大成人後總是畏首畏尾，如今再也不會了。

沒必要冒太大的風險

我手上有一些成功案例，客戶切實履行我的忠告，也冒險一試，但我認為沒必要冒太大風險。我比較想跟你分享一些降低風險（甚至趨近於零）的成功故事，找出兩者之間的關聯。

先說清楚一點：我是用不同的哲學在經營，覺得沒必要冒奇險。許多人聽不進忠言，拋棄安穩的現狀或抵押房屋，把貸到的錢統統投入不一定保證成功的事業，太過任性。他

們根本不該這麼做，因為完全沒必要。

利用專長賺大錢

第一則故事是關於在北卡羅萊納州開鋸木廠的傢伙，他發明了用窯爐烘乾木材的方法，烘乾效益增加了一倍，還能節省四成能源，減少廢棄物達80％，至少比九成以上的鋸木廠都來得環保。

其他鋸木廠也想知道這個流程，每年光靠授權金和訓練費，他們便賺進兩百萬美元。

有一家洗車業者很會促銷汽車打蠟，另加升級服務，客戶人數多出三倍。他把技巧傳授給另外兩千家洗車店，賺到比洗車本業更多錢。還有一個深諳廣告技巧的乾洗業者，將他的訣竅授權給五千家乾洗業者。

如今這些人已經獲得技巧，我們就要切入正題。他們雖有技巧，卻沒搞懂如何行銷。我的意思是，如果你有技巧，我敢說有興趣的買家絕對不只一個。

我訓練過大批顧問，發現他們最大的問題在於，不懂得利用專業創造出具體成果與實質利潤。

換句話說，就算你是很厲害的電腦作業員又如何？重要的是，你能不能告訴我：「我知道如何提升電腦效率，能省下七名員工的時間和心力。你可以叫他們離職，或是調到其他部門。假如一名員工的年薪是三萬美元，這麼做就省下七個三萬，再加上其他津貼。換句話說，往後公司每年都能省下這筆錢。」

用這種方式說明，是不是非常令人振奮？

從生意人的角度來看，節省物資人力猶如有人額外挹注了兩百萬美元，你把它存入獲利率10%的基金，每年都有利息可拿。你也能用這筆錢添購設備、雇用業務員、清償債務，皆無不可。

再強調一次，我需要客戶一起參與。或許是花五個鐘頭解釋如何說服別人交易，但是在他們投注時間和資金之前，我會先要求他們想清楚自己銷售的是什麼、先前工作做的是什麼、是否有其他技能——不拘嗜好、經驗、天分或與生俱來的能力——勝過業界大多數人，甚至首屈一指。只要具備一項，全世界一定搶著付學費給你。

讓顧客知道效益何在，你就成功了一半！

此外，我要他們試著說出效益在哪裡。如果你把它傳授給某個人，或是替某個人或某單位完成此事，你能保證什麼樣的成果？

你必須做到這一點，否則就談不上珍惜自己身而為人的價值，沒把自己當成資產或創造價值的個體。事實上，不論你承不承認，每個人都在創造價值。

我們活著便是在為其他人創造更多價值。和某人結婚，你必須給對方帶來好處，使其倍感安穩；或是在知識層面上相互激盪，增加對方的價值感，才能維繫這段婚姻。

是不是真的很棒？我們都有辦法創造價值，卻捆綁住自己的手腳，不相信自己能為其他人謀福利或打造業務實績。

不僅過去能，現在能，未來還能給更多。

我花了多久才想出這一點？

其實，多年來我隱隱在思索此事，到了1970年代末期才驀然想通這個概念：明確說出有多少價值。沒人想要虛無縹緲的東西，這個社會只注重結果。

也就是說，身為消費者的你，會給自己或公司買東西。**但是，你不是在有形或無形的層面上購買東西；你要的是結果，是這些東西如何改善你的情況。**

想通這一點之後，一切幡然改觀，非常有趣。原來大家買的不是東西本身，而是結果。那一刻改變了我對人生一切事物的觀照。

我懂了，一切在於你如何衡量某樣東西的價值，也就是它如何改變人們的生活。

那時我還不到30歲，此後建立起無數功業，全因我打從1970年代起，就是一個拋棄成規與定見、什麼都敢試一試的業務員。

大翻轉

1980年代，既然已體認到這一點，我的表現、貢獻、人際關係、自信心開始上揚，越來越精於世故，整個人脫胎換骨。因為我知道，我必須先瞭解某樣東西的價值，說出它能為別人帶來什麼樣的效益、優勢、保護或價值，增加多少收入或幸福感，才會有顧客上門。

而且，我不光是指現金報酬，還包括人生和人際關係。

除非能讓最親近的人或朋友瞭解，與你交往有什麼好處或價值，否則沒人願意尊敬你。

因為每個人都是從自身利益出發，這絕非壞事，人是自私的動物。你一定要讓對方知道能獲得多少具體的成效，而且是長長久久的。

每個人都有人生故事，但是許多人不擅長說故事，怪不得始終表現平平。他們只跟少數人說，也說不清自己打算要做什麼。

分享生命故事

我從未遇過毫無技能或專業的人。任何人只要仔細省察或重新建構，一定能找到自己的專長或天賦，甚或人生經驗累積而成的獎賞。我把它稱為「還沒開的大獎」，你有責任明白這一點。

但是，沒人規定我們一定要自我宣傳。我知道怎麼代表別人寫信，證明他有能力擔任某個職位。假如那個人自己可以寫，就不必找我了，不是嗎？

不過，某些技巧可以學。只要在你身邊待上一段時間，讀過你寫的信或是廣告文案，他們就會想到：「等等，我也做得到，至少可以挑一些故事來講。」

就算他們找不到厲害的經紀人——不是每個人都有經紀人——大多數人至少對自身和自己做的事感興趣。例如，每當我跟另一名生意人聊天，尤其不具同業競爭關係時，要讓他開口講經營之道再簡單也不過了。

　　他們喜歡談論這個。人們常說，若是想要浪費一下午，最有效的辦法就是開口問作者：「你的新書在講什麼？」他一定鉅細靡遺從頭講到尾，你不想聽都不行。

　　大多數人都有故事可講，尤其在出類拔萃的事情上更是如此。但實際上，大多數人都講得不夠好，無法達到廣告或行銷效果，很難令人信服。

　　我親身體驗到這一點：搞清楚我能提供何種價值，不是你的責任，而是我的機會。**我越能以清晰生動的方式來證明自己提供了多少價值，你願意給我越多回報。**

　　回報不一而足，也許是終生的摯友或值得一輩子效勞的雇主，也許是更多錢，或是更深厚的愛。

做出貢獻，財富自然跟著來

　　我已經體認到，必須把握機會證明自己有能力，因為這不是你的責任。倘若我不看重自身的貢獻，別人何必要看重呢？但假如我希望別人珍惜我所做的一切，不要露出傲慢自大、盛氣凌人的派頭，而是展現謙卑與敬意，就能得到想要的一切。

　　假如你看過我的生活方式，就知道我很幸運。我蒐集了很多好東西，過得舒服愜意，一切應有盡有，全都按我的意思安排妥當。我必須為其他人的生活或事業增添價值，但其實我們早已這麼做，只是自己沒察覺或不夠珍惜。

　　若是有人來聽我簡報，我一定能不讓他遇到風險，由我一力承擔。

讓別人免於風險

我很早就瞭解一個道理了：先承認自己的價值，接著對自己坦誠：「我真能為眾人提供這項價值嗎？」答案只有兩個，如果是否定，就不要戀棧。

說到自信心、內心的平靜與安全感，尤其是安全感，是建立在你的能力之上，你必須對自己坦誠。

正如《哈姆雷特》的波隆尼爾所說：「對自己誠實。」或許你辦得到，或許不行。**如果做得到，你非得幫助別人卸下風險不可；只要有人與你攜手同心，你就能一肩承擔。**

換句話說，如果一切順利，而你願意把生意交給我，讓我來打理其中幾個環節，你退居副手，完全配合我的方式，但我卻未能交出一些成果，那我就沒資格收取費用，就算拿了錢也該退還。

假使你把我當朋友，我卻出賣了你，那我不算真正的朋友，沒資格保有這份友情。配偶之間也是一樣，若丈夫或妻子不肯付出關愛與敬意，給予另一半支持，就不算是稱職的另一半。

相對來說，假如另一半恪盡職守，你也相信自己有能力做到，就不該讓對方承受風險，否則說不過去。

一旦對方承擔的風險越高，就越是沒興趣跟你交易。雖說在商言商，但做生意也講友情；你希望它是什麼，它就是什麼。這樣懂了嗎？

掌握自己的強項，盡力發揮所長

我特別精通某些事，只要不被人硬生生打斷，通常能開給對方難以抗拒的合作條件。只要他們不來扯後腿，我願意負起全責把事情做到最好。

其實我們早已這麼做了。**每個人在每一段關係中都有應盡的本分，無論是經商或謀職、對兄弟的義氣或與其他人的交情，只是沒明說而已。**

若是我有能力，卻沒盡力做好，就無法與任何人培養好關係。於公於私，大夥兒都對我不滿意。

反正不管怎麼說，我都有一份責任，只是從沒有人願意替其他人承擔風險。我決定挺身而出，全盤托出或淺顯或隱晦的道理，人生從此截然不同。

我想改做有具體成效的事情，說服別人不要把辛苦賺來的錢投注在空殼事業上。先瞭解他們的強項是什麼，不管此人是失業、離婚、退休，抑或待在不適合的職位，需要重振旗鼓，只要來找我談，我會叫他們做到以下幾件事。

掌握市場情勢，知道自己要什麼

首先，我要他們先想想有哪些產業與目前的行業息息相關，抑或有哪些願意關照的好主顧，但他們卻沒有跟好主顧多做些生意。

找到適合的商機（市場上到處都是）之後，不妨替兩家出售同質性產品或提供相關服務的公司牽線，從中獲利。

比方說，找一家專門零售高檔廚具的公司，而你知道會

買頂級廚具的應該也是愛吃美食的老饕。

此時你去找專門販售美食的商家，把廚具公司的現有顧客群拉進來，向他們推銷高品質美食。只需善加利用廚具公司早已建立起來的網絡、顧客群和經銷通路，就能賺進大把鈔票。

如果有人打算開一家零售商店，便忙不迭地簽妥長期租約，拿付清貸款的房子去抵押，使自己深陷險境，我一定會叫他們先上網查詢工商名錄，然後問自己幾個有趣的問題：

從以前到現在，一般人向誰購買這類商品或服務？以後會向誰買？

問完這些問題後，你已經知道如何把生意做大，而且在經營及獲利上都游刃有餘，最棒的是不必多花一點資金。

道理是這樣的：你確定要投入哪一項產業，販售什麼都行。一般人要買某樣產品，無非是它符合需求，或同時有其他商品要買，順道一起買。

其他人也在銷售類似的產品或服務。

別讓自己變成孤島

大多數人是以「孤島思維」在做生意，只賣拼圖的一小塊。顧客跟你購買這一小塊，必須再去其他店家買下另外一小塊，瑣碎得要命。

你不妨去找其中一間店家，他們的顧客若是知道能一次買齊所有物件，一定會很高興。你可以把大家串連起來。

打個比方，我們去找裝潢業者，他們除了重新裝潢，還

要搞定許多事情,像是鋪地毯、買家具,通常再加上庭園造景;對了,還要粉刷。

所以,我們去找銷售窗戶或擴建房間的業者,說動他們接案時將鋪地毯、買家具、做庭園造景、蓋游泳池等工作交給我們負責,因而賺進一大筆錢。大部分客戶購買了其中一樣,免不了再買另外一樣,這是非常合理的推斷。

其實很簡單。你想做生意,我要你先上網查詢,掌握工商名錄,再擬一份清單,把顧客可能會購買的商品統統記下來;不管是購買某項商品之前或之後,或者同時購買。只要一股腦兒寫下所有產品或服務就好,不必分類。

上網查詢時,我要你仔細看看這些產品的供應商和協力廠商,逐一聯絡他們,談妥獨家代理的條件;如此一來,你就能與某些管道簽訂合約,代為販售。

幾年前就已提過中間人,如今你搖身一變成為中間人,而且是其中的佼佼者。只要串連起買家與賣家,跑一些文書流程,就有一定的金額入袋。**整個市場的每一家公司都可以考慮,隨你愛做多少筆交易都行,不必出任何一塊錢。**

廣蒐情報,促成更多交易

舉例說明:你去找客製化窗戶業者,因為你知道,若是打算更換新窗,大概還有好幾樣東西要換。

於是,你去找地毯商與家具商,分別談妥了獨家販售的條件,從中獲取一筆可觀利潤。因為你逼他們瞭解,是你替他們找到經銷商或銷售管道,是你替他們找到前所未有的新

財源。

　　所以，即使他們跟你五五拆帳也很划算，因為這些都是平白多出來的利潤。

　　你跟他們分頭談妥獨家代理權，再去找窗戶業者，請他們同意由你為客戶鋪設地毯、添購家具、重新裝修、做庭園造景，以及其他衍生出來的產品或服務需求；可能是必要的設備，也可能是額外的裝潢。

連鎖加盟的重大瑕疵

　　我常勸人先想清楚下述情況，再考慮是否加盟：**大部分加盟總部都有重大瑕疵，或許營運還不錯，銷售系統卻不太靈光。**

　　也就是說，若是成為加盟店，總部會一五一十告訴你如何經營，提供倉儲管理電腦系統。但是總部不會教你如何吸引顧客、刺激銷售、建立現金流，因為他們自己也不知道。

　　所以，我常勸大家在加盟前必須先上網查詢，找出全美三十至五十座大城市的工商名錄，稍微看看你打算加盟的產業在做什麼，也就是加盟總部說他們會提供給你的資源。

　　打給本區或本市以外的店家，必須是獨立經營，不能是加盟店。介紹一下自己，提議付一、兩個小時的諮詢費給老闆，在電話中討論或是親自拜訪，聽聽他們的意見，然後問他們願不願意讓你學習店內的系統。

　　仔細聽對方的意見，他們一定懂得加盟總部不懂的事，因為影響加盟成敗的關鍵不僅在於營運，還包括銷售與吸引

顧客的技巧，讓生意上門。

　　大部分加盟總部缺乏這套技巧，因為真正的好公司早就被收購。因此，你考慮加盟的公司若非表現普通，就是成立沒多久，羽翼未豐，尚未建立能吸引顧客的銷售系統。

　　如果沒有足夠的現金流，支付加盟金、雜項開支與員工薪水，就算你是世界上最棒的店經理也沒用。所以，當你掏錢加盟一家新企業，一定會落得進退兩難的局面。你賺到的錢比員工的薪水還低，卻無法抽身，因為沒人想購買業績慘澹的店，更何況還要繳一筆權利金給加盟總部。

競爭對手也願意分享可貴的情報

　　假如我打電話給從事新聞通訊的朋友說：「諾斯先生，我打算做新聞通訊，但是跟經濟或金融無關，不會跟你打對台，也不會從你這裡分走一毛錢，我會白紙黑字寫清楚。

　　你做這一行已二十年，懂得許多眉角，知道如何行銷，知道行內的秘辛，會寫文案，也會撙節成本、吸引顧客、建立人脈，而我什麼都不懂。

　　我可以向你購買兩小時的時間嗎？我會寫一封信給你，信末署名保證絕不會從你這裡搶走一塊錢，一定選擇另一個領域來做。我只想從你身上吸取一些知識。」你覺得對方會首肯嗎？

　　很多人都會同意吧，而且還會覺得受寵若驚，願意免費傳授經驗。**不過，許多人的毛病就是沉不住氣。**他們以為某人手中握有萬靈丹，但事實絕非如此。

　　多年前，從一名專門教人買下出租物業的客戶身上，我學到寶貴的一課，而且是放諸四海皆準的原則：看完一百間房屋，再做決定也不遲。那是1970年代，租屋行情正看俏。

　　他說，許多人只看一、兩間房子就下手，以為不買太可惜。他常勸人要看過一百間房子，經過比較才能看出價值，敲定更好的條件，找到更棒的增值機會，以更划算的價格成交。要有耐心才能逐一比較，但是多數人太沉不住氣了。

要做功課！

　　我的看法亦復如此。假如你在加盟前先與一百間類似的獨立商店面談，就很有機會發現，其中幾間商店具備更健全的銷售系統，搞不好連營運系統都比加盟總部還厲害。

　　你可以跟這幾家店商議權利金，或是洽談合資，搞不好能談到低於加盟金的價錢，而賺錢的機會高出三倍，甚至更多。畢竟他們很可能更擅長營運，只是從沒想過找人合夥或加盟。

　　假如你問他們：「你們是否願意訓練我，而我把前三年或五年的銷售額按百分比分給你們，同時簽約保證，絕不會在距離你們店面兩千公里內開店，這樣好嗎？」他們應該願意想一想。

　　許多人飢不擇食，一味衝動。他們以為天快塌了，以為某人生意做得不錯，什麼都該聽他的。

　　此外，至少先跟二十個老闆私下聊過，向他們提出四個問題，再來考慮加盟的事：

1　你賺到錢了嗎？

2　公司有健全的銷售系統嗎？

3　如果再選擇一次，你還會投入這一行嗎？

4　如果答案是否，你想改做哪一行，為什麼？

先別急著拿出資金

但我已經賺了很多錢，**而且只靠把握機會就能賺錢，很少需要投入大量資金**。許多人折損太多資本，這是最嚴重的錯誤。我從不認為要動用那麼多錢，危及自身財務狀況。我想，不妨利用其他公司原本就有的開支，為他們增值。

市場上有許多公司沒有充分利用生產設備，或是把握銷售的好機會。

我先前找過這些公司，希望借用他們價值數百萬美元的生產設備，利用冷門時段製造自家產品，再銷售出去。

當今之世，能夠找出點與點之間的關係更形重要，可惜大家都忽略了。每個人都在找更好的設備，伺機大展身手，但大多數人卻被今日的經濟與社會情勢嚇得亂了方寸，甚至動彈不得。

若是為兩者搭起橋樑，就能獲得權利，做他們沒做到的事，證明給他們看：只要做目前正在進行的事情，就能賺進更多錢，撙節成本及開銷，減少投資金額與人力，卻獲得更大的效益和成果。

人們願意付出高昂費用，但是誰真的想過如何致富？要做生意，簡單法子多的是，不需投入積蓄、花錢購買設備、

抵押房子。我常鼓勵大家尋找各種替代方案，其中最糟糕的一種是……

太多人只想要一份工作，一旦他們被人取代，就以為最好是再找份工作。但是，你不該這麼做。

如何讓其他人相信某項生意是聚寶盆

你應該問自己：「**就我所知，有什麼能增加巨大價值，我又要如何向他人清晰說明此事，保證一定能達到這樣的結果，若他們不想要就是傻子？我該如何讓他們按照一定比例付款給我，最後達成這個結果？**」如果你能自問自答，這個世界就是你的囊中之物。

這是個顛撲不破的道理，而且我認為，大多數人最大的問題，不論是經營公司、打算退休、被迫退休、被排擠、離婚，就在於他們很容易感到無助、迷失方向，似乎被整個世界、社會和體制耍得團團轉。他們不知道自己擁有非常大的力量，每一個人都有無限的力量。

借重他人的長才或資源

我認為，一定要運用所有人的資源；當然，出發點必須是良善的。仰賴自己單打獨鬥，愚不可及，極少人握有足夠的資本和時間。舉目環顧周遭，從各種生意、各行各業尋找資源、能量、資金、經驗、設備，以及多年來付出的心血結晶，盡可能納為己用。

如果你也這麼做，一定能夠以小搏大，不必多拿出一塊

錢。你只要動腦子想一想，然後花時間去進行。

懂得欣賞別人，別人就會欣賞你

　　所以，如何發掘自己的價值？以下是個簡單公式，可以算出你在重要的人心目中的真正價值，無論對方是配偶、男（女）朋友、子女、雇主、顧客或供應商。

　　對我而言，這道公式出奇好用，能套用在人生各方面，不管是公事或私下的人際關係，我非常樂意分享給你。

　　等式有兩邊，一邊是欣賞，另一邊是被欣賞。

　　我們都希望被人欣賞，但我發現，想要被人欣賞，最佳方式就是先欣賞別人。這意思是說，我們都渴望他人承認我們的價值，但他們也有同樣的渴望，因為我們都是凡人，想得到愛、欣賞與看重。

　　只要願意先花一點時間欣賞你的顧客、情人、配偶、子女、員工或雇主，就一定會有全新的視野，而對方也會用不同的眼光看待這段關係。你要怎麼做？

　　發自內心尋找這段關係的美好與滿足。面對太太，你問她：「這段關係中，最棒的地方是什麼？」

她同意與你共度一生，全心付出

　　首先，這個女人願意與你共度今生，全心為你付出。她認為你有能力給她支持、保護和鼓勵，悲傷時讓她笑，遇到困難時給她慰藉，而且能夠啟發她，當她有所成就時，和她一同慶祝。多麼不可思議的人生禮物！

　　她全然信任你，賦予你重責大任。多年來，她給你幸福滿足，默默支持你，在情感上與經濟上給予支持。也許她為你生下健康可愛的子女，當你人生路途不順時，是她在一旁給你鼓勵和啟發。**她是你人生的目的和理由，有了她，活著才有意義。**

　　假如妳是某人的妻子，那也是同樣的道理。他追求妳，希望妳跟他一起走過人生。為了妳，他努力精進，認真工作賺錢，打造一個家。他想跟妳建立家庭，生兒育女。他只想跟妳分享事業有成的喜悅，以及喜怒哀樂。多麼不可思議！

　　子女也是一樣。你把子女帶到這個世上，有機會塑造他們的性格，影響他們的人生，培養他們的價值觀，看著他們成為身心健康、性情穩定、經濟獨立的成年人。每個階段都是父母想都沒想過的。**你的子女跟你猶如同一個模子所刻，擁有你的道德觀、靈性和哲學觀。**

　　雇主也是一樣。他們創立事業、提升價值，照顧其他人的生活，公司好像一座聖殿，置身其間的員工領到薪資，得以站穩腳跟，養活一個家庭，追求自己喜歡的生活方式。

　　他們為顧客提供產品或服務，出發點是為了改善顧客的生活品質，減少危險因子，帶來更多金錢與快樂，提供更大的安全保障。而你也是其中一份子，光是這一點，就令人相當興奮。

　　若你是雇主或主管，員工或下屬就是協助你達成目標。倘若少了他們的投入、努力、熱情、確信和穩定，日復一日做出貢獻，你不可能有今日的局面，公司不可能蓬勃成長，

而你也無法讓家人過著如此優渥的生活。

朋友也很重要，他們是人生非常重要的面向。少了真心關懷你的人，還有誰能與你分享喜悅、承擔悲傷，希望你一切都很好。他們不求回報，只要你的友誼。

你必須懂得欣賞……

首先，你必須懂得欣賞別人，珍惜他們的付出與貢獻。

我可以花上幾個小時，針對好友之間、夫婦之間、勞雇之間、公司與協力廠商之間的關係，細細分析。多虧有協力廠商，你才能提供原料給生產線，或是出貨給零售商或展示中心。多虧有員工，你的公司才得以順暢運作。總歸一句，多虧有眾人之力，你才有今日的成就。

有時候，職場競爭太激烈，我們身為專業人士，上有主管，下有部屬，難免看不清全貌。因此，第一步是培養更全面的眼光，重新與他人建立關係。珍惜每一天，也珍惜每一個人從以前、現在乃至未來的貢獻。少了他們，日子應該會多麼黯淡啊！

若是少了他們，日子一點也不黯淡，我認為你該慎重考慮改變人生的步調。假如無法欣賞上司或下屬、同住一個屋簷下的家人、好朋友、甚至子女，若不是你的價值觀有所偏差，就是他們的價值觀出了問題。問題若是在你身上，你可能需要放緩腳步，看一看人生有多美好。

生命就是要付出貢獻、利益與價值

此處並不是說顧及自身利益，**因為我們越是考慮一己之利，就越是不容易有所成就**。我把一項計畫命名為「你比你想像中更富有」，因為你確實如此；在金錢、親密關係、安全感與自信心各方面，都比自以為的更富有。

第一步是欣賞每一個人，再來是瞭解你在各方面做出的貢獻。

若是為某人工作，如我稍早所說，先分析你的貢獻在哪裡。你的努力、產出、每日進度，為公司建立起什麼樣的人脈，帶來多大的效益？你促成了哪幾項成果，後續的影響又是什麼？

換句話說，如果你是收銀員，替公司結了一千筆帳，就是在代表公司與顧客連結。你應當知道自己功不可沒，當然不應為此自大，但是要為自己一直以來有能力貢獻——未來也將持續為老闆付出心力——感到高興。

你要確定老闆也明白你的貢獻。絕非要你得意洋洋，而是用一種謙卑感激的態度來表示。不妨這麼說：「你知道，我先前從沒想過，但我每天都有機會為一千名顧客服務，跟他們從陌生到熟悉打好關係，既開心又自豪。」

假如你是老闆，開了一家公司，養活四十名、甚至四百名員工，你也要瞭解自己有功勞。假如這家公司讓兩萬名顧客的生活更方便舒適，你也應該明白這一點，為此自豪。這份自豪要持續分享給顧客和員工，好讓大家更進一步欣賞彼此，感謝其他人的付出。

瞭解並珍視自身的價值

你必須先確定生命裡的其他人、家人、你的事業或工作有多少價值，才能掌握自身的價值。

所以，必須先欣賞他們，其次欣賞你自己。接著，承認欣賞是互相的，有來有往。一定要讓其他人明白你有多麼看重他們，同時以謙遜的態度讓他們明瞭，你有不可抹滅的貢獻，帶動了公司業務。

但是，切莫自大，這一點很重要，也不要顯得自滿，或是用上對下的口吻說話。一定要展現謙卑與敬意，你知道能為他人做出貢獻有多麼幸運。

找一天這麼做，你一定會很高興地發現，當你坦然說出自己的價值時，每一個聽到的人都會感受到這股力量，煥然一新。

一大早先跟另一半說，也可以跟子女、為你泊車的人、替你按電梯的人、接待櫃檯的服務員、你的主管或下屬、職位最低的同事或大老闆，說說這句話。

若是能照我說的去做，一定會變得更壯大豐沛，你的財源和身體健康將會增長十倍，一生受用不盡。

你將會每天過得更充實，在人際關係中獲得更大喜悅。你不再無望，而是充滿希望，淡淡的喜悅變成歡欣鼓舞。你將廣受愛戴，眾人無不承認你的優點，感謝你的辛勞，而這一切只因你先欣賞別人，承認對方的價值。

其次，要明瞭一件重要的事情：**你能夠也應該讓自己和身邊的人，從每一筆投資拿回更高的報酬或紅利，獲得更多**

回饋。

如我所說，重點不在於你認識了傑・亞伯拉罕，我一點也不在意你要不要來上課，或是找我合作。你要思考更深一層的問題：

給我最棒的回報，否則免談

若你對自己要求不高，不要求每一分鐘、每一塊錢、每一個決定、每一封信、每一次溝通與對話、每一個人脈或經銷通路、每一篇廣告文案、每一筆資金或人力資本都達成最高的回報，誰會有所損失？

當然不是我，我每天照樣過得開心；也不是你的競爭對手，他們從你手中搶到更高的市占率。

誰有損失？當然是你有損失。

算我幸運，很早就明白這一點。若你也明白有許多方式能輕易從投資中獲利，打造輝煌業績，贏得更多報酬，而且在過程中獲得更多快樂，那麼，到底為什麼要碌碌終生，永不出頭？

為何你終日辛勞，只賺取蠅頭小利，卻仍感到滿足？對你自己，以及替你效命的人，交代得過去嗎？

有一種哲學是激勵其他人往上跳得更高、再高一點的跳板，說是槓桿也可以。關鍵在於，大多數人老是愛抱怨沒人珍惜他們的付出，毫無感謝之意。

然而，假如他們對自己缺乏敬意，不看重一己的貢獻，不願費心經營人際關係，贏得主顧或潛在客戶、老闆或下屬

的敬意和感謝，不先對他人表示尊敬，當然無法期待不同的
結果。

我上了寶貴的一課

有一陣子我待在澳洲，某一件事讓我獲益匪淺。有個男
人深深影響了我，我很想說他是我的學生，但其實他教了我
很多。他是個牙醫師。澳洲的牙醫師每週平均工作60小時，
年收入大約4.5萬美元。他們鞠躬盡瘁，收入卻不高。

但是，這名牙醫師每週工作23小時，年收入大概40萬美
元。他辦到了，只因為他改變了牙科的遊戲規則。

大多數牙醫師對病患來者不拒，牙醫診所的收入是可以
預期的，但是他偏不這麼做。

先前他在一般牙醫診所執業，對四分之三的病人都看不
順眼。他們令人討厭，不按時付錢，也不經常來看牙，總是
有了問題才來，而且總是過了約診時間才姍姍來遲。他不想
替他們看牙，覺得瑣碎又麻煩，實在不喜歡為這些人服務。

他不做他們的生意，要做到這一點，需要極大的勇氣。
他只替真正喜愛的病人看診，因此立下看診標準，病患必須
至少符合一點：一、相處起來特別愉快；二、按時繳費，看
診不遲到，而且願意做預防性治療。他只收治這兩種類型的
病人。

於是他改變看診的流程，從第一關做起。他拆掉一般診
所都有的候診室，改建成五間沙龍，很像餐廳裡的雅座。他
另外雇了計算鐘點費的廚師，每天早上替他烤麵包、馬芬和

蛋糕捲。空間變得舒適宜人，空氣裡飄著香味。

　　有人來求診，他就和新病患談十五分鐘，大致瞭解病患是否對牙醫有適當的期望。這主要分成幾個方面：

1 他們應該期待牙醫師安排時間，並且準時。
2 他們應該期待牙醫師比病人自己更關心口腔健康。
3 他們應該期待牙醫師展現絕佳專業和頂級牙科工藝，絕不崩壞。
4 他們應該期待牙醫師絕不使他們感到疼痛，而且態度溫和有禮。
5 他們應該期待牙醫師視病如親。

　　族繁不及備載。他勾勒出藍圖，重點在於病患對牙醫師的期望。

我期望你做到……

　　他一舉扭轉頹勢，告訴病患：「以下是我身為牙醫師對病患的期望。」

1 如果你要找我看診，我期待你珍惜自己的牙齒，重視口腔衛生，並且尊重一個事實：我們倆一塊努力讓牙齒陪你一輩子。
2 我期望你跟我一起排定時間，定期做預防保健。
3 一旦約好看診時間，我希望你別遲到。此外，我提供符合

你預期的服務，也希望你立刻付款。我不想寄帳單給你，也不想花時間煩惱這些事。

4 我希望和你維持友好的關係，希望你也同樣關心我。而且我不希望我們之間只有專業的醫病關係，也能像哥兒們彼此關心。

5 我想瞭解你的生活及家庭狀況，想知道你有什麼夢想或希望。總不能每次想到你，都只有你的口腔問題。

6 如果你對第一次療程感到滿意，希望你能在一個月內至少介紹三個與你價值觀相似的病患給我。你常和他們往來，我希望能替這樣的人看診，拜託你介紹案源最合適。

7 當我請你介紹客戶時，並不是把名字給我就好。你要打電話給他們，誇讚我的優點，**催他們打電話到診所，排進預約名單**，因為我們真的有預約名單。要是你沒替我介紹，我會提高收費，因為我必須花費更多心力和金錢做行銷。

　　就這樣，他改變了整套規則。

　　我最好告訴你，我在每一場收費昂貴的訓練課程——從五千到兩萬五千美元不等——開始前，都會先說這個故事，希望點醒各行各業的人，明白推薦介紹非常重要。

有人願意介紹你，就是最隆重的讚美

　　不動產業最適合採用這套流程。

　　某些人經由我的協助，原先從不託人介紹，後來介紹率提高到80%，只需花費不到10%的心力與成本做行銷；同

時，銷售與獲利率翻漲了四倍。

　　中心思想是：必須先尊敬自己，並且擺脫常規舊習，改成從交易角度來思考。

　　審視你的所作所為對其他人造成了什麼樣的影響，就能明白自己的價值，知道自己的確值得尊敬。

　　以牙醫師的案例而言，他不光是銷售牙科專業，而是提出一項事實：「如果你來找我，我願意盡力保護你的每一顆牙齒，一輩子健康無虞。你不必戴假牙，還能擁有最迷人的笑容。

　　一旦出現任何問題，我會竭力保持你的容貌，讓你看起來永遠那麼出眾、充滿自信、風采翩翩，因為你知道自己總是那麼好看、神清氣爽。要是有問題，我一定徹底解決，保證一勞永逸。我會像對待自己家人那樣幫你解決困擾。」

　　仔細審視手上的業務，告訴自己不要淪為平庸的商品，相信自己能為別人創造價值，甚至讓他們改頭換面。你必須問自己：「**若能妥善運用我的產品或服務，將為其他人創造什麼樣的效果？**」

　　我曾經請房地產經紀人說說，自己曾經帶來何種影響。**他們大多缺乏自信，只把自己當成業務員或代理人**，買賣房產，列出清冊，代表不動產所有權人談條件。

　　但我說：「你做的遠不只如此，因為你改變了另外一個人的人生。你協助買方搬到更好的地區，享受更棒的生活方式，握有更多主導權，活得更愉快。

　　你給客戶機會，為自己打造有增值潛力的資產，或許還

能利用房子的價值安享晚年。你使他們的家人在更能啟迪心智的環境中生活，活出成功與快樂。你做了好多事。

也許在過程中，你幫客戶談到更棒的價格，比他們原先預期的還便宜五萬至十萬美元，他們原本打算用那樣的價格買下。現在，省下的十萬美元足夠支付搬家費用，替子女繳大學學費，以三十年房貸計算，每月少繳一千美元。**以上是你值得尊敬的理由，你帶給其他人的影響的確值得敬重。」**

這項原則適用於一切有形產品與無形服務。**你必須先對自己的工作抱持敬意，相信自己改善了他人的生活──這絕非泛泛之言，而是從交易、生活和其他面向來看──才知道如何自尊自重。**

若是只把自己當成商賈，就無從獲得充分的自信。如果認為自己販售的商品能改善人們的生活，幫助他們繼續邁向更好的生活，一切就變得很有意思。這樣明白了嗎？

和帕迪・隆德對談

很榮幸請到神秘嘉賓，你們運氣真的很好！我可不是隨口說說，也絕非言過其詞，而是有真憑實據。

稍早我提到澳洲有位了不起的牙醫師，他名叫帕迪・隆德（Paddy Lund），就是那位特立獨行的牙醫師。

一般牙醫師時而軟語央求，時而卑躬屈膝，用盡各種手段招攬客戶，但是他只靠老客戶介紹。他對自己充滿敬意，還請了一位廚師，診所裡有四間餐室。

他的診間大門總是鎖著，門上掛著小牌子：

如無預約或未經介紹，請勿進來！

他名滿天下，對自己充滿敬意，給自己訂下非常高的標準。我在澳洲開設訓練課程，其中一堂就請到他現身說法。

底下是錄音檔的逐字稿，想瞭解如何透過「介紹」做生意的人，都可以聽聽看。或許你膽量不夠大，不敢只透過別人的介紹來篩選客戶，但是希望能給你一點啟發。

傑：我要向大家介紹，這位是我的客戶帕迪·隆德。他是一位牙醫師，深具個人風格，而且他的介紹人制度改變了兩千多位老闆和專業人士的思考方式與立場，這些人是我在全球各地的客戶。

澳洲的牙醫師每週平均工作60小時，年收入大約4.5萬美元。他們辛勤工作，收入卻很微薄。不過，帕迪·隆德不一樣，他每週工作23小時，年收入40萬美元，而且比任何一位牙醫師都還享受工作的樂趣。

聽我們對談時，請記住，這不只是有關牙科專業，而是與你切身相關，可以套用在你的業務或專業上。仔細聽！

帕迪：我只看轉介紹來的病人，一開始是託客戶介紹，很恐怖，開口拜託人家：「你可以幫我問問……」

傑：也蠻尷尬的，不是嗎？

帕迪：很尷尬，不太敢說出口，覺得自己很卑微。我忘了是從哪兒聽來的，忘了是誰提出這個點子，總之謝謝有人對我說：「你幹嘛不請對方幫你介紹客人呢？」

要找我看診，必須介紹客戶給我

傑：如果把這個當成找你看診的條件，怎麼樣？

帕迪：沒錯，客戶上門時，我就坐下跟他們談：「嘿，在你正式找我看病之前，咱們來做個小交易如何？首先，你願意成為我的客戶，我欠你一份人情，永誌不忘。其次，既然已成為我的客戶，你也欠我一份情，所以你必須介紹三個跟你一樣高水準的客戶給我。」

傑：因為你提高客戶的門檻，只收一小群人，而不是一般大眾。你的客戶都是社會菁英，對吧？

帕迪：他們很特別，因為都是其他客戶介紹來的。

傑：物以類聚。

帕迪：對，物以類聚。所以我說，成為我的病人之前，先介紹客戶給我。第一次說出口的時候，其實還蠻怕的，若是有一半成功機會就不錯了，但最常見的反應卻是：「可以只介紹兩個人嗎？」我覺得滿有趣。

傑：你認為他們會有那種反應是因為不懂規則嗎？如果你堅持這是規定，他們會怎麼說？

帕迪：我顛覆了他們看牙醫的概念……

傑：告訴大家，你是怎麼辦到的？

帕迪：嗯，一般人開業時，會模仿前人的做法。

傑：為什麼？

帕迪：因為大家都習慣這麼做……

傑：沒有硬性規定，對吧？

帕迪：我想沒有，但是在澳洲，大家以為這就是法則，

非得照著其他同業的方式不可。我偏要反其道而行，就是不信邪。

於是我決定改變做生意的模式，顛覆客戶心中的金科玉律。其一，我把大門鎖上，客戶不得其門而入。情況變得有點不同，對吧？

傑：他們要按電鈴嗎？

帕迪：一定要按鈴，門上還掛著小告示牌，寫著：「謝謝您來，目前營業中，但是您必須透過熟客引薦才能進來。如果您是老客戶或是有人介紹，請按電鈴。假如兩者皆非，而您很不舒服，我們會想辦法找人幫您，很抱歉無法為您看診。」

包裝成專屬客戶的權益，大家都搶著要。很怪，對吧？這是秘訣之一。

傑：這一點正是我想說的，現在我再提出另外一點，你就是最好的明證。我經常說，如果不尊敬自己，沒人會尊敬你。帕迪，你同意這種說法嗎？

帕迪：百分之百同意。

傑：但是，你必須不慍不火、雍容大度，巧妙展現值得敬重的一面。若是不充分展現優點，其他人也無法尊敬你，不是嗎？

帕迪：當然不行。如果我們不愛自己，其他人也很難愛我們。沒錯吧？

傑：真的很棒。帕迪，謝謝你。

愛上你的顧客

絕大多數人愛上的，是自己的公司或產品，卻沒有愛上顧客。

當然，這麼做恰恰與「成就卓越的原則」背道而馳。你一定要愛你的顧客，才能找到屬於你的定位與人生目的。

大多數人想：「**我要怎麼講才能說服他們購買？**」其實應該這麼想：「**我要給他們什麼？我能提供什麼好處？**」

你想傳達的訊息是這樣：你很重要，我很重視你的健康與快樂。

要做到這一點，必須相信自己是為了帶來更高的價值，不是只想賺顧客的錢，而是透過這場交易，帶給他們更美好的成果。自身的利益暫且擺在後面，全心全意為顧客的福祉而努力。

如果你想充分運用機會，在工作、事業或人生上獲得更滿意的成就，關鍵就在於「從因果關係出發，找到更崇高的目的」。

全世界一點都不在意你能獲得什麼，為什麼做這件事，或者你想不想致富。

每個人只在意你能不能帶來更多好處。如果他們決定不跟別人交易，只跟你交易，能不能過得更富足豐沛，累積更多優勢或報酬？

越是明瞭這一點，致力於提供最佳結果，成就越是不可限量。

因此，我總是說服前來諮詢我的客戶，重新省思因果關係，找到更高的目的，並且愛上顧客（以及潛在顧客），而不是只愛自家商品與服務流程。既然顧客選擇與他交易，便該竭盡所能，讓顧客過得更好。

給顧客忠言與保護，過得更便利舒坦。一旦從這個角度來看待銷售一事，焦點將會完全不同。

不論做什麼，都從顧客的最佳利益出發。但是，**「顧客的最佳利益」**很可能是更常向你購買更多的產品，因為好商品讓他們享有更優裕的生活。買得越多，用得越多，領受的回饋就更多。

然而，你必須相信自家的產品或服務能幫助其他人活得更豐沛暢美。不光是區區的小工具而已，而是使用之後，生活上有何變化？有哪些方面受到了影響？像是保護更周到、生活品質更卓越、利潤更令人滿意？

你能掌握的最佳無形資產

必須仔細觀察顧客用過你的產品或服務之後，在業務或

生活上有何變化，才知道自己握有的資產是什麼。

在當今社會，這是**每一家企業擁有的最強大無形資產**，但前提是你必須懂得好好利用。

還有一件事：有快樂的顧客，才有快樂的老闆和專業人士。然而，現今最教我擔心的是，許多企業家、老闆、經理和專業人士對工作充滿矛盾情緒或冷漠以對。

其實大可不必如此，因為你確實能讓顧客愛上你和你的公司所代表的一切，其間的分別只在於──

大多數人所犯的最大錯誤是：他們很愛這份生意，卻不愛顧客。

只要你不再滿腦子只想著快速擴充業務或技術流程，轉而思考自己的公司能為客戶的業務或生活增加多少價值，彷彿就能清楚看到他們未來的生活變得更寬廣、更豐富，為此喜悅無限。你會更積極投入工作，因為實在太有趣了。

聽起來或許微不足道，但當今之世，生活品質比賺錢重要許多，這一點是關鍵。

因為真的很重要，請容我再說一次：**大多數人只愛自己的公司或產品，卻不愛顧客。**仔細想一想！

請看清楚事情的因果，除了致富，人生還有**更崇高的目的**。不見得一定要發展最精確的技術，但一定要為客戶增加利潤、提升優勢、加強保護，使他們過得更多采多姿──總之，拿出有價值的東西給客戶。

坦白說，若是無法愛上客戶，那表示你入錯行，或是還不瞭解公司業務或自身價值。若是知道價值所在，但你的團

隊還不瞭解，你最好愛上這個團隊，用溫柔卻無比堅定的態度（也就是不達目的絕不罷休）讓他們跟你一起愛上客戶。**團隊必須與你一起耕耘這段感情。**

這段話絕非故弄玄虛，我是認真的，委實不可思議。

我給你的致富秘訣，不僅遠遠超乎你的想像，也一定讓你荷包滿滿。你會用截然不同的心態看待業務，明白做生意就是與其他人互動，幫助他們過得更健康快樂。

它將會完全改變你看待事物的方式，這麼說絕非言過其實。我認為，大多數人仍不明白心態改變能帶來多麼深遠的影響。我只盼幫助你建立更廣大的連結，不是嗎？

「你必須為客戶服務，而且只提供最優質的服務。」這句話雖然令人佩服，卻了無新意。換個說法好了：你深信要愛上顧客，並且切實去做，從而體認到以此為目的，事業的版圖將更加寬廣，生生不息。

許多人總是想著：「**我要怎麼講才能說服他們購買？**」不，你應該想：

「我要給他們什麼？我能提供什麼好處？」

跟銷售騙術或伎倆一點關係也沒有，只跟一件事有關：你要給出什麼？你能提供什麼好處？

我只想教你們**創造價值、產生益處、做出實質貢獻。**你提供越多價值給客戶，表示他們的生活因你而越發豐饒。大致上如此，卻也視情況而略有不同。

你越常這麼想，事業越加成功；隨著事業版圖擴張，你和客戶的關係越發緊密，客戶對你也越來越忠心。

聽起來很玄嗎？這段話的內在邏輯一聽就懂，沒必要逐一細說。道理很簡單，發揮出來的力量卻是優雅又強韌，你不覺得嗎？

而且我向你保證，就算有一千個競爭對手，也沒人懂這個道理。他們口中唸唸有詞：「優質服務、優質服務……」但是，你只想告訴顧客：「你很重要，我非常重視你的健康快樂。」

只要是人，都厭惡失去控制權，也討厭混亂的思維。到處參加各種訓練課程和研討會等活動的人，最大的問題是沒有清晰的思維。

若是幫助他們釐清思緒，等於把控制權交給他們。我從不想扔一堆規定和原則給你，控制你的想法；只想證明給你看，你的生命由你作主。

如果你也認為這一點無需贅言，就有機會證明給團隊和客戶看，他們的人生主控權也掌握在自己手上，由此解開了他們的束縛。把自由還給他們，因為你給他們越多控制權，他們越是衷心感謝。你必須是……

帶來改變、創造價值的人

大多數人很少將事情視為一段過程，寧可看成一項有頭有尾的計畫，覺得這樣比較容易理解。就算你聰敏過人，充分掌握人生的整體性與流動性，其他人大概會覺得你在幫倒忙，因為大家都喜歡有個開頭和結尾。

替他們把事情分解成簡單的步驟，每次只走一小步，卻

能帶來極大的改變。若是用這種方式引導客戶,很可能成效驚人,因為你比我更瞭解業界做事的程序。

我訪問過許多成功人士,發現他們不僅貫徹這個信念,還發展出一套做法,有時觀察形勢,找出更好的立足點。**他們下定決心擺脫庸碌,不論是事業或人生都追求出類拔萃。**

我認為,你應該把這個訊息具體傳達給其他人,因為沒人甘於平庸。也許你現在覺得日子過得挺好,有貼心的另一半,和子女相處融洽,搞不好銀行存款比我還多,又有自己的事業……但你仍然不喜歡平庸的感覺,對吧?

你的心底非常清楚,人生應有更高的目的、更豐富的感受,履行更多任務。其他人跟你有什麼不同?不管是團隊夥伴、供應商、另一半或子女、鄰居、替你除草的少年、收垃圾的清潔隊員,難道就不會這麼想?

沒人甘於平庸。若他們不再感覺庸碌,一定對你死忠到底,因為太暢快了!

我曾說過:「世界猶如一場3D電影,我有一副獨一無二的眼鏡。」你是否也這麼覺得?其實真的很愉快。

你也可以將這份歡欣(簡直有點得意忘形)傳達給其他人。想想看,你跟其他人分享你的人生見解,使他們變得更有力量,多令人高興啊!

當我想到自己能改變你們每個人看待人生的方式,就覺得高興極了。我分享給你,而你分享給十個、二十個、三十個團隊夥伴,他們再觸及其他人,一圈圈往外擴散。真的太棒了,因為這就是意義所在。

你的命運就此開展

如果能把手上的每一件事做得有聲有色，你的目的就會變得如此明晰，不可更易。一定要將事情推展到下個階段，或是轉移到其他夥伴手上，否則是自找麻煩。

不管你認不認識傑・亞伯拉罕，都不要緊，你已經做出決定。你們每一個人都已經付出了誰曉得到底是多少年的艱辛歲月，接受訓練與栽培。

你的命運、生活方式、收入、退休計畫、終身保障與人生目的，以及身為一個人的價值，即將開展。

週一大清早進辦公室、打開大門也帶動工作氣氛的人是你，確認每一筆薪資如實支付的人是你，負責繳房租、車貸或器材租賃費用的人是你，經常出國採購的人是你，一邊揩汗一邊跟銀行主管洽談的人是你——無論你認不認識我。

我認為你這一生應該收穫豐碩，自己當家作主，而不是任人擺布。

說到這裡，假如你覺得有道理，而且深受鼓舞，不妨想一想，若是換成你跟客戶談，對方會有什麼反應？很令人振奮，不是嗎？對我來說是如此。真相是……

直接替顧客解決問題才是王道

我不斷修正對業務與人生的看法，逐步建立起人生與事業的版圖。過去我總以為策略是一切的關鍵，至今依然相信策略非常重要。如果你研究過歷史上的重大成就，一定會發現，無論在商業、政治、藝術、戰爭或運動等方面，勝利往

往屬於實力較弱的那一方，大衛打敗巨人歌利亞不就是最好的例子嗎？

但是，他們懂得善用策略。如果你問我，銷售技巧和策略何者重要，我一定說是策略。

以撰寫文案的課程為例，大家都說：「我想知道好廣告有哪些特點。」我會說：「隨便寫寫。」

用概念來包裝一件商品或提案，強調它能為買家帶來多大的價值。只要觀念是對的，文案寫得再差也賣得出去；假如概念是錯的，世上最厲害的文案也救不了它。策略若是對的，亂寫一通，少掉幾個步驟，全都行得通；策略若不對，再怎麼妙筆生花也沒用。

舉辦研討會，有時助理會被我搞到抓狂，因為我從不擬出施行大綱，照本宣科，但我知道要採用哪一種策略。我要幫你替自己設計出最棒的計畫與流程。

不過，做法會變，所以我不太喜歡按著細部大綱走。我只在意策略、整體概念、正直真誠、全心投入、做到最好。

強烈建議你，無論經營人生或事業，只有技巧還不夠，結合策略與概念才是王道。

人們要的是解決方法，不是策略；說得更精確些，不光是策略而已。

他們是你的客戶，需要有人為他們規劃更健康快樂的生活。如果你認為自己最能改善他們的生活、伸張權利，那是他們沒善加運用權利，沒把握機會。

他們跟你一樣劃地自限，不去追求更輝煌的成果，品味

更甜蜜的人生，體驗更豐饒的樂趣，達成更穩固的保障，因為沒人讓他們知道如何追求。

你有權利，也有機會與責任告訴他們如何追求。

人們懂得用理性的方式追求健康快樂，做決定時很容易意氣用事。你應該問他們也問問自己：「有沒有哪件事的做法可以幫助客戶改善？」

有次訪問一個人，他經營一家執業界牛耳的顧問公司。他原本應聘進去，老闆卻給他很多股權，要他經營公司，沒多久業務蒸蒸日上，而自己的顧問公司也成長得很快。此人非常聰明，對行銷很有一套，在某些情況下比我聰明得多。

他說：「大部分顧問業界似乎覺得，要推銷的是人；而為了把人推銷出去，就必須讓客戶覺得你的專業很厲害。」但是他卻不這麼想。

帶領客戶過更好的生活

他想提出合理有益的想法，讓客戶與他合作之後，過著更好的生活。他不在乎自己是不是英雄，反而希望讓他們當英雄。對他來說，客戶就是英雄。

他覺得大多數人想要具體成果，所以你必須提出細節，而非抽象概念或泛泛空言。另一方面，他認為最棒的報酬都是無形的，因此你也要針對這一點而努力。

他覺得他的業務和客戶之所以能矯矯不群，最關鍵的一點在於他們明白，「做給我看」比「告訴我」更有力量。

如果我在研討會上自顧自地解釋某個概念，用一種自以

為權威、優越感十足的口吻發表演說，或許你會尊敬我，但我敢說你絕對不會採取行動。

然而，假如我示範給你看，讓你看到這個概念是以何種形態在別人的生活裡扎根，產生效果，一切如此活靈活現、如此真實，你就會想要親自擁抱它，因為看起來具體可行，成功機會很大。

不要替客戶下結論

我從不直接說出口，而是給客戶充足的彈藥糧餉，讓他們自己做決定。**只要我善盡引導客戶的職責，他們自然會做出同樣的決定，還以為是自己下了結論。**

這就是我想要的結果，**因為你自己想出結論，比我直接告訴你更具力量。**要是我把想法借給你，永遠都不是你的。但若是你自己孕育出某個想法，細心呵護它，把它生出來，照顧它成長茁壯，它就是你的。你把它當成小孩，對它有責任，而且感到自豪，相信它會好好的。它是你的一部分，是你的延伸。

上面提到我的動機，你應該仔細思考我說的每一句話，融會貫通。我沒打算操控你，恰恰相反；我是在分享自己做事的流程和方法，幫助你瞭解這是怎麼一回事。

如果覺得有效，感覺很不錯，就表示你已經完全掌握每一個元素，也知道如何套用在自己的業務上。

永遠不要替客戶下結論，因為你要他們採取行動，保證全力以赴。你給予他們的承諾，永遠比不上他們自己許下的

承諾那麼堅定。

我有過一次很可怕的經驗。某一年，我開設一項課程，每人要繳兩萬五千美元。我只想把最好的訓練和策略統統給他們，傳授他們成功之道，但幾乎沒有一個人採取行動。

我已經累積了幾千個難以置信的成功故事，這些人奮發自勵，但我想幫助其他人嘗到成功的滋味。

那次研討會約六十人參加，大概有四十人連上課傳授的東西都不肯嘗試一下。我這才明白，他們若是沒打算成功，逼迫也沒用。

我想跟你們分享我學到的道理，不但脈絡完整、真實可靠，而且一定有幫助；對於每一個願意相信、付諸實踐的人而言，都非常有效，你會因此變得強悍無比。**但是，如果你不想要成功，最好記住你要繳租金或房貸，也要付薪水給員工。你的燦爛人生正要開始，你渴望在公司有更棒的發展。**

在此，我想分享真實的經驗，先前我已經證明過，我能引出你內在的成功特質。

換成是你，也是同樣道理。如果顧客沒打算成功，你強迫也沒用。你的工作是幫助他們想贏得成功。

要是他們不肯採取行動，就不可能有力量。許多人主動放棄「賦能」或「培力」的機會，若不瞭解它的真正意涵，就只是一個無意義的字眼罷了。

讓客戶擁有主動權

真正意涵在於，你啟動了客戶的意識與力量，讓理想成

真，讓客戶擁有主動權。否則，客戶一定在心裡嘀咕：「不要出一張嘴，做給我看啊！」

必須讓客戶贊同你的主張，否則就沒有贏得這位客戶。思考一下，這不是智識上的戰爭，而是要與客戶一決輸贏，對吧？若是沒有咄咄逼人，看似輸了，你贏得了什麼呢？最怕的是你太過積極，硬生生要他們嚥下你說的話，因而失去客戶。

我必須同意你的主張，否則就會對你缺乏敬意，甚至摒棄你。所以，如果我不承認你說得對，即使你是對的也是枉然。差別就在這裡，這也正是為什麼許多人試圖要別人接受他們的主張，卻發現其實辦不到。

別只顧著證明自己比客戶聰明

想讓人們接受一項主張，一定要讓他們自己徹底想通。我以前有個客戶，頭腦靈光，很有想法，但他就是不明白我方才講的這些話，我們經常開玩笑似地爭辯。

他是投資領域的高階主管，事業很成功。他知識淵博，深知任何來自經濟、金融或社會政治層面的干預，或是經濟問題，都將影響投資、金融、貨幣走勢與物價。他真的非常聰明。

但他自視過高，心想：**既然大家都這麼尊敬他，只要他說出結論，所有人都會乖乖照辦。**

他可能坐下來寫幾行字給客戶：「你要做這個跟那個，接下來會發生○○事。」我說：「你這樣做不對。」他說：

「不不不，他們就是需要這個。他們根本不想知道一大堆細節，太麻煩了。他們要的只是事實。」我只能順著他，他依舊用他的方式跟客戶溝通，但是反應不太熱烈，甚至得不到回應。

此時我問他：「要我試試看嗎？」

他很不情願地同意了，於是我示範給他看，**如何帶著客戶瞭解基本事實；我們認為這些事實代表的意義，為何符合他們的情況，為何我們覺得A比B好，最後引導他們自己達成結論**。從邏輯和情緒兩方面來看，這種闡述方式比較容易讓人明白。最後，當我陪他們走完這段路，也帶著他們達成了結論。

我的方法總是獲得更多迴響，幾乎沒有例外。但他依然自行其是，因為他想跟客戶對抗，讓他們瞧瞧誰比較厲害。

放任自己這麼做，將會付出代價：結果不如人意，人脈難以建立，利潤變低，成功更遙遙無期。若你願意付出這種代價，加油吧！但你必須瞭解，這種行為造成了多少損失。

人們不喜歡某些說法，他們較想導出結論。光是說「事情就是這樣」，對他們毫無裨益。從方才開始，我不斷耳提面命到了滑稽的地步，希望能幫你瞭解這麼做的後果。

如果我只是提出明確的說法，卻沒解釋清楚事情背後的原理和豐富意涵，你認為你還能像現在這樣完全瞭解、進而擁抱這個概念嗎？道理不言可喻。

我訪談過的成功人士都認為，他們的職責是鼓吹客戶的觀點。所以，不管他們說什麼，都會讓客戶感到：「他瞭解

我，知道我目前的情況，也明白我是怎麼過來的。」

人們覺得「我討厭被控制」，你也有這種感覺嗎？處處受限，廣告很愛騙人，老是跟不如你的人競爭，發現顧客只把你當成一件商品，受夠了這些，對吧？

如果我是你，我一定受不了，這就是我不願這麼做的原因，而你也不需要這麼做，因為你握有主控權。你不是被控制，從未被控制過，卻拱手讓出人生與事業的主導權。你必須做的是……

卸下客戶的心防

這些成功人士完全瞭解，自己的工作就是減少障礙，也就是卸下客戶的心防，使他們不再抗拒，因此他們說出客戶內心的慾望和挫折。

每個人都默默在意——即使未必清楚意識到——自己能否脫穎而出，是否獨一無二，是否得到別人的關心。你不也是如此？難道你不希望別人深深關心你？

事實確乎如此，我希望你能感受到我關心你的福祉，絕不是只想讓你掏錢出來。

當客戶知道你非常關心他們的利益時，會覺得很窩心。而且，你不只是想替他們守住財庫，或是增加銀行戶頭裡的存款；你關心的層次更高，思考人生的意義。你的確應當如此，因為這麼做會讓你的事業與人生更加輝煌，帶來更深刻的滿足。

這些成功人士覺得，大部分競爭對手沒能給顧客多購買

的機會，是因為他們不瞭解產品的優勢。因此，他們想跟客戶建立更好的關係，幫助他們充分掌握身邊的機會，提高生產力，變得更加富有，打造更充盈的人生，創立更輝煌的事業，過著更有意義的人生；不論想要改善哪一方面，都可以辦到。

他們覺得，大多數競爭對手逼得顧客只買一點點，其實顧客想買更多。重申一次，我不曉得他們是否完全正確，我只知道，他們至少比競爭對手成功五倍以上，多出十倍的利潤，因此多少有點道理。

大多數人覺得許多觀念太難，不願相信。所以，不要紙上談兵，必須舉例解釋事情如何運作。就連我也經常犯這種錯。請記住，我並非好為人師，而是為了大家好才肯出面傳授。這些年來，我一次只收六、七個客戶（雖然現在已經很少接了），就是這麼教他們。碰到什麼樣的客戶純屬偶然，我替他們規劃，基本上以此維生。所以別把我看成老師，因為教學不算是我的強項。

但是，接下來要說的話對你至關緊要。如果你能先舉出身邊的例子，引起聽眾共鳴，再稍加解釋，聽眾會比較容易瞭解。以前我也喜歡裝得很有學問，最好別學我；現在我先提出概念，加以解釋，示範如何運用。

換句話說，如果我給你一個淺顯的例子，例如告訴你：「你知道嗎？每次去麥當勞買一個漢堡，他們就會問你要不要薯條、可樂，這就是向上銷售，說服你多花一點錢購買套餐。」於是你有了一個參考架構。但我並非每回都這麼做，

不要學我。

　　你一定要記得這麼做，先提出某個參考架構，再對客戶解釋緣由。我很慚愧有時懶得費事，即使知道這麼做最好，但我不是完人；如果我是，未免太可悲。**這世界並不完美，正因如此，我們才有機會不斷求進步。**

　　我引導的方式大致如下：「**讓我示範給你看，我們在做什麼，我們的體系如何運作。如果你覺得適合你，就成為我們的一員吧！**」讓他們自行摸索出其中的道理。

　　就我所知，我是唯一一個認為有必要站在人們面前，不斷地帶領他們感受眼下的過程，讓他們知道我在做什麼，為何這麼做，其間有何意涵或後果。因為我深信……

帶你走一遍流程，你會更心悅誠服

　　我不見得一定對，但我不認為我有錯。我認為你現在應該更信任我、更瞭解我、更珍惜我，明白這些金玉良言對你有好處。我想，你可以把這些要素直接套用在工作上，一定能發揮效果。

　　大多數人不曉得怎麼做，否則他們早就已經做了，不是嗎？所以你要明白，他們不懂得怎麼做，甚至連自己不懂都不知道。就算內心知道，他們也不敢面對或羞於承認。

　　你應該用溫和、尊重、不厭其煩的方式幫助他們瞭解，更大的成功絕非不可能。

　　大家都希望做出更明智的投資決策，想出更有利的商業點子，規劃更美好的生活。請你替他們解決問題吧！

　　翻開字典查查「顧客」或「客戶」的意思吧！「顧客」是向你購買商品或服務的人，「客戶」是指接受他人照顧與保護的人。

　　想要徹底扭轉你跟客戶的關係，就要展開羽翼，給他們最好的庇護與照拂。

許多公司都愛錯了對象

　　據我觀察，大部分來找我諮詢的公司都有一個最大的問題，就是愛錯了對象。他們都希望是業界成長最快、規模最大、最受好評的公司，被《財星》雜誌選為五百大企業。他們想成為超大型組織，影響力擴及全球。

　　今日，若想獲得無與倫比的成功，就必須把你對產品、服務或公司的熱情，轉而投注在客戶身上。

　　只要客戶常在你心，你念茲在茲努力幫助客戶變成最富有、最厲害、最有生產力、獲利最高、最享受人生、最啟發人心，致力於提供第一流產品或服務，就一定能在業界奪得盟主地位，因為其他同業看事情的角度不同，只關心公司夠不夠大。

　　你還需要與三種等級的客戶維持關係：一種是付你錢的人，另兩種是拿你錢的人。

也要愛你的團隊夥伴

　　最好愛上你的團隊夥伴，希望他們也能夠成就偉大。你看著他們每一個人，想到他們有家人，體認到是你給了他們

富足安定的生活。你想像他們的孩子上大學的情景，想像許多人的生命變得更豐富——你功不可沒。

對待你的客戶也是一樣。你要知道，他們的業務昌盛、人生美滿、諸事順利、健康無虞、日子更有保障，全是拜你的產品所賜。**如果你無法預見這一切，就失去了力矩，很難轉動。**

聽起來似乎有些自我本位，但原意並非如此，只不過我總覺得我有更崇高的使命，不甘心只當一個小齒輪，理當有機會改善周遭的一切。

但是，為了做到這一點，我必須有地位；而我從不害怕往上爬，經常想方設法跟陌生人攜手進行有意義的事。我是這樣想的：「反正我本來就是一無所有，有什麼損失呢？」

若是打電話，我會聊得更歡欣。我想，要是在機場裡隨便找人聊天，一定被當成厚臉皮，搞不好會惹惱對方，畢竟他們不認識我這個人。但有什麼關係呢？我百無禁忌，卻把他們的利益放在心上。

剛踏入這一行，那時候電話推銷或行銷尚未蔚成風氣，我們已經開始利用廣域電話服務打電話給每一區的客戶。我發現自己真心相信，不管推銷什麼，我都能為別人的事業帶來決定性的影響，使他們更上一層樓。

我一向喜愛與人相處，現在依然如此。每次看到有人終生勞碌，每天十二個小時，一星期七天，勞心勞力只為賺取一份薪水，卻不明白自己的產值遠大於這份薪水，從沒想過換個方式做生意，資產必將大幅增加，我就會想：「一定要

有人騎著白馬，開闢一條道路，領著大夥兒往前衝。讓他們知道，只要花同樣的力氣、甚至更輕鬆，就能有不同凡響的成果。」

先說一件事：個性討人喜歡很重要。雖然聽起來是簡單不過的道理，但許多人似乎總與他人格格不入，又有多少人一點也不愛客戶？

有多少人接到電話時，明知旁邊有其他人，也不肯主動問候：「先別掛斷，讓我跟他們聊幾句。」又有多少人每天開車上下班，卻不肯利用空檔撥電話給客戶敘敘舊？

大多數商場人士愛錯了對象，一心盼望公司快速成長，或變成業界最大；最好是這樣，最好是那樣，對公司的發展興奮不已。但這是……

最嚴重的錯誤

再說一次，這是錯的。訣竅在於愛上你的客戶，把他們視為天底下最重要的人。你活著，是為了使他們心願得償，生活更悠遊自在。

大多數人的業績無法成長一倍、兩倍甚至更多，並非他們不想，而是**因為他們不知道該怎麼做**。

我的工作就是教育你。

我知道若能幫助更多人得到更周全的保護，或是活得更豐沛多姿，你的事業就能大幅成長。對其他人而言，你提供了保障和娛樂，使他們視野更寬廣，生命能量更強大，你應當為此而活。

一定要做到這一點。如果你是冰淇淋小販，你知道自己給某人帶來小確幸，獨自享受二十分鐘的童稚時光，再回去面對這個幾近瘋狂的世界。若是從事保險業或金融業，就是為客戶的家庭提供生活保障；就算客戶活到耄耋之年，也能充分享受退休後的生活，衣食無虞，而且悠然自得。

如果你是不動產經紀人，知道某人從你手中買下房產，因而得到增值的機會，而且搬到更好的地區，擁有令人稱羨的生活方式，變得更加快樂，還經由更多管道累積財富，讓子女有機會過更棒的人生，好處不勝枚舉。

若是不肯在工作上採用這樣的思維，你要感到羞愧。唯有這麼想，才能夠卓然自立，幫助身旁的人成就不凡。

點燃熱情一點也不難

我要分享最近跟好友安東尼・羅賓的談話。羅賓的人生哲學和我極其相近，他用兩個字來概括：「熱情」。你一定也能從他的想法中獲得啟迪。

傑：我想請教什麼是熱情，專注的熱情。我認識的大多數人，我敢說你也是，對任何事情都缺乏熱情。顯然他們覺得自己是商品，又好像無法從牢籠逃出去。後來我聽到一句話，我的看法就此改變。

有人告訴我一句很棒的話：「**大多數人只愛上自己的事業，卻沒有愛上顧客或客戶。**」我想請你濃縮成一句話，告訴我有什麼方法能夠培養熱情及專注力，打好堅實的地基，再把熱情像水泥一樣澆灌進去。

安東尼：嗯，我想，我非常欣賞剛才第一段話，也就是有熱情的人太少了。大多數人好像走在無人島上，在那裡實在不快樂；但是，這份不快樂又沒有強烈到讓你痛下決心做點改變，所以你毫無動力。

動力與熱情的來源只有兩種：若不是使你興奮莫名，便是教你氣憤難當。它具有兩種層次：極度的痛苦與極度的愉快。這就是翻開字典會發現passion（熱情）同時指涉痛苦和愉快的原因。

熱情是一股非做不可的動力

一旦具備動力，也就是有充分的理由去做某件事，你自然會想到該怎麼做；但是，你必須有動力。動力類似飢渴，一個人最重要的是培養自身的飢渴。一旦事情不順利，假如我們餵養痛苦，或者應該說試圖緩和痛苦，就是在扼殺這股飢渴。

我來舉個例子：某人事業觸礁，或生活某些方面出了問題，非常惱怒，姑且稱之為「情緒門檻」，意思就是「他受夠了」。

因為你現在非常痛苦，「改變」就會變成「應該做的事情」——大多數人都有好些「應該做的事情」——「我應該堅持到底」、「應該減輕體重」、「我應該跟小孩談談」、「我應該多花點時間弄好這個」、「我應該要報稅」，太多了。他們並未真正改變，就像我所說，只是在「應該做的事情」上做點表面功夫。

　　所以，當他們身歷無比痛苦，衝破了「應該」的門檻，是時候採取行動了。那麼，一旦採取行動，猜猜看怎麼了？情況開始好轉。

　　舉個簡單的例子：假設你體重過重，真的很胖，於是你說：「我受夠了，絕對不再胖下去，接下來十天要節食。」你真的很火大，深感挫折無奈，瀕臨臨界點，於是採取激烈行動，一下子改變飲食習慣。你堅持了三天、四天、五天，大概瘦了兩公斤，搞不好只有一公斤。

　　嗯，體重開始往下掉，情況略有改善了，你不再急著改變，於是說：「嘿，情況好一點了。」過了一陣子又掉幾公斤，或許只達到目標的一半，但已經比先前好很多，於是你不再有動力。沒多久，因為不再有壓力，你完全故態復萌。

　　想要解決這個問題，是不再被情況追著跑，不再把「外在壓力」當動力，而是「主動去拉」。這句話的意思是……

你必須滿腦子只有這件事

　　找到一件讓你興奮莫名的事，為之心潮澎湃不能自持。每天一早起床，搞到很晚才睡覺，驅策著你不停往前。你奮力不懈地完成，並非因為不做會感到痛苦，而是因為太想要這個結果。

　　源自痛苦的動力只能持續一陣子，情況變好就會消失，於是你又故態復萌，不再努力行銷。

　　或許情況的確大為好轉，所有朋友都不如你發達，熟識的企業家就屬你賺得最多。你的動力稍微減弱，不再興致勃

勃，只做喜歡做的事，不再留意生意上繁瑣困擾的事。

那麼，要如何重燃你的熱情？首先，換一種方式行動。聽起來太簡單了？但是，你的生理狀況，如何呼吸、走動、體內的生化現象，都是改變心態的著力點，最後會帶來不同的結局。

我們都有過這種時候，發生某件事後驚呼出聲：「噢！真不敢相信自己居然講出這種話，幹這種事！太蠢了！」

我們也有過這種時候，同樣是驚叫出聲：「噢耶！這是我做的，太棒了！不曉得我是怎麼完成的，真是挺厲害，我成功啦！」**你進入哪種狀態，事情自然而然就發生了。**

你還是同一個人，結果之所以不同，與能力無關，而是取決於你的狀態。所以說……

熱情是最純粹的狀態

若是想獲得熱情，就要改變走動、呼吸、說話的方式，因為人的情緒是被行動左右的。

有些人試圖改變心態，默唸肯定的話語，努力為自己打氣：「我很快樂，很快樂，真的很快樂。」不過，大腦的反應是：「胡說，你一點也不快樂！」

你不要從心改變，要從身體改變。如果你看過我在研討會上的樣子，聽到我目前說話的速度，就知道我對這些主題充滿熱情。

若是有熱情，說話速度一定會加快，連珠炮般地講話。即使是一派溫和的人聊到喜愛的事，也會忍不住手舞足蹈。

　　與其等待熱情被點燃，不如讓自己處於那樣的狀態，想法自然跟著來。要是你不確定該怎麼做，我建議你多跟熱情的人相處，好沾染一些熱情。

　　若是來到充滿熱情的環境，慢慢會發生兩件事：一、**你渴望熱情，因為你會說：「這才叫活著嘛！」**

　　其次，身處沾染熱情的位置，環境開始影響你思考與感受的態度。人會模仿周遭環境，**於是你變得較活潑，這樣才跟得上談話。**

　　有許多工具或管道能幫助肢體更活潑。等你開始融入環境，就必須問自己：「好，我的熱情在哪裡？我愛做什麼？討厭做什麼？有什麼能使我振奮？」

　　如果有人不清楚該怎麼做生意，如何規劃生涯方向，我會對他們說：「先告訴我可怕的公司是什麼樣子。」

　　「先告訴我，什麼是最恐怖的職業生涯，什麼樣的工作環境讓你避之唯恐不及，什麼樣的人讓你絕對不願意共事，什麼樣的業務是你絕對不碰的。只要是你想得到的，統統告訴我。」

　　你知道嗎？對喜愛的事情不夠積極的人，一提起厭惡的事，興致都來了，因為你要花力氣咒罵。一旦進入情緒，就有力量；一旦有力量，就算是負面的，至少有活力。

　　而我寧可要一個常常生氣卻活力充沛的人，引導他們往好的方向發展，也不要找一個死氣沉沉的人。

　　所以我說：「嗯，你已經形容過最恐怖的工作、親密關係與業務是什麼樣子，現在把相反的情況寫下來：什麼樣的

工作、生涯發展或業務宛如置身天堂。」

　　你有一份理想，足以使你為它動起來。現在要預見未來的願景，為了你自己，讓理想變成現實。你必須進入狀態，讓夢想成真。

　　我常叫人站起來做個練習，雙腳併攏，伸出手指放在面前。我說：「右手食指往前伸，頭往順時針方向轉動，但雙腳雙腿不能動。」

　　於是他們雙腳併攏，手伸直，眼睛望著前方，頭盡可能順時針方向轉動。

　　我接著說：「現在做一個很簡單的練習。閉上眼睛，做一件最簡單的事，誰都做得到。只要在心中想像同樣一根手指豎直，整整拉長一倍，想像這是真的，彷彿你真的看到，親身去感受。不必做出來，在心裡想就好，如同在眼前，感覺好真實。再做一次！」（我叫他們做五遍。）

　　然後說：「現在張開眼睛，盡量在舒服範圍內大幅度轉動，但雙腳維持不動。」每個人都至少多轉30%的幅度。

　　我又問：「你們以後都能轉這麼大的幅度嗎？」「呃，可以吧……」「那為什麼以前不行？」因為真相是……

好事壞事都源自於你的信念

　　信念分成兩種：一種是真心相信自己做得到，一種是理智上認為能做到哪種程度。若是想要改變，不必改變你的潛力，因為潛力就在那兒，也無需積極採取作為。

　　你必須改變信念，唯一的做法就是事先改變結果。這

意思是，你必須清楚地看到結果，感受你想要的結果，彷彿全是真的……即使沒有發生，即使現在沒有人力或資金，統統都沒有；**然而，你必須竭力想像它是真的，直到大腦說：「完成。」**

好了，大腦會引導你去找到所需的資源，把工作完成。

這有點像你買了一套服裝或一輛車，忽然間發現滿街的人都穿同一款衣服、開同一型車。其實這款衣服或汽車本來就在你身邊，是大腦中一個「腦部網狀刺激系統」（Reticular activating system, RAS）教大腦注意某些事物。

當你說「辦成了」、「這很重要」或「這是我生命的一部分」，大腦就開始看到、察覺、尋找你未曾注意過的一切。

灌注全部的熱情

所以，找到屬於你的熱情，進入狀態；也就是說，你必須善用肢體，像是來一場激烈的跑步。我這樣做，改變了我的人生。戴上耳機，好好跑個幾圈，回來後寫下反感至極的人事物，以及衷心嚮往的一切。

然後我說：「上面每一件事，我要專心做哪一件？結果會是什麼？為什麼想要這個結果？初步行動計畫是什麼？馬上就動手！」

下一步是：**多跟充滿熱情、全力以赴的人在一起，突然之間，你的作戰計畫會全盤改觀。**

成就卓越的策略

邁向卓越是一段漫長過程，你逐漸擴張版圖，同時讓業務團隊瞭解，他們的目標不是操控客戶，或硬是說服他們做任何事。

他們應該以顧客的利益為首要考量，竭力提供最好的服務與意見，並且引導顧客做出明智的決定。假如你的業務團隊能提出最周詳的忠告，幫助顧客用最有效的方式使用公司的產品或服務，得到最令人滿意的結果或優勢，就不需絞盡腦汁說一些好聽話了。

四、五年前開始來上課的學員，一定聽過我談成就卓越的策略。一言以蔽之，成就卓越的策略是用嶄新眼光看待你和市場的關係。

贏得客戶完全的尊重與信任

把你自己、公司以及公司裡的每一名員工當成專業受託人，有責任與義務提供最明智的建言，讓客戶享有最有利的

短期與長期結果，贏得客戶的信賴與尊敬。

　　一旦開始考量他們的利益，提出恰如其分的忠告，就無法容許他們買得太少（不論是數量或種類），接受太低的品質或次一等服務，或者隔很久才購買一次。**你不再等待顧客主動上門。**

　　長期以來，我腦海裡經常縈繞著一種想法，不算多了不起，但我很想知道其他人如何看待人生，具有何種價值觀與心態，有什麼樣的經營準則。羅賓稱它為「組織原則」，我投注了大量心力去鑽研。

　　一位紳士在全美最成功的某家企業擔任總經理兼總裁，公司營收幾乎是其他競爭對手的四倍，過去五年內業績成長了十五倍。

　　這家公司的獲利高出十倍，不管觸角延伸到哪個領域，一定是業界第一。公司氣氛和樂，比我見過的任何一家公司都還穩當，堪稱無敵。

創新可以致富

　　如果你在銷售某項產品，不妨立刻改變規則，組合成套裝商品。把另一項商品當成主打，也許是輔助產品，或許性質完全不同。

　　最好找出一種方式，讓它變成看起來附加價值很高的產品。咻一下，你手上就多了一個無與倫比的高質感產品，價格卻很便宜，沒人可以跟你競爭。

　　還記得奧斯朋（Adam Osborne）領先同業，推出了迷

你電腦K-Pro嗎？K-Pro是把產品當成禮物的好例子（沒錯，K-Pro已經停產，但原因出在創新能力與快速變遷的科技，不影響這個例子的有效性）。

那陣子，第一批個人電腦甫問世，你必須另外購買軟體和螢幕，價格極高，但是K-Pro率先推出組裝完成的電腦。

當時，電腦還是必須放在大桌上的笨重物品，但是這套電腦僅約公事包大小，軟體和螢幕均是內建，售價卻只要一半，更無需費事組裝。K-Pro創下了上千萬美元的銷售佳績，不是嗎？

後來這家公司因內部問題倒閉，不過這是另一回事，是管理和創新出了差錯。在K-Pro賣得如火如荼那一陣子，奧斯朋宣布即將推出新機型，所有消費者不再購買目前的機型，等待新品上市。但是，因為零件、船運、庫存等問題，新機型無法如期推出，現金流耗竭，他還要養工廠員工，所以公司很快就倒了。

一家懂得創新的公司倒閉，實在令人傷感，但我要說的不是這個。奧斯朋不打算跟傳統電腦分一杯羹，也不願只做軟體或硬體。他決定**統統放進去，弄成套裝，價格卻僅有原價的幾分之一**，結果銷售得非常好。

你必須積極思考，還能在哪些方面為客戶創造出更多價值，提升生活層次。

你開始思考是否有哪些方面仍需加強，但不忘省思自己從過去到現在所做的一切，以及日後必須繼續努力的方向，使客戶的生活有所改善，從而瞭解自己的價值，明白公司的

產品與服務為客戶帶來更棒的成果、更高的利潤、更周全的保護。

你要珍惜自身的價值。

你必須銳意創新，才能重新定義這家公司或手上業務的最崇高目的。撇開其他因素，創新就是「增加價值」。從行銷人的角度來看，我對創新的興趣只在於，它能不能為終端客戶創造足以察覺的明顯優勢，讓客戶心懷感激。

突破性思考的心理機制

突破性創新能提升公司的競爭力與生產績效，打造可長可久的深刻價值，使公司持續成長茁壯，維持能見度，甚至成為業界霸主。不過，最驚人的突破性創新極少源自本業，往往受到其他產業的啟發。

光纖最能說明這種情況，一開始由航太業發明，但是電信公司發現可以借來加以改良，也就是把這種創新科技導入電信產業，運用在更實際的用途上，創造更活絡的商機。

你必須隨時掌握各行各業的脈動。

打造強大且系統化的「行銷漏斗」

行銷漏斗幫助你監控自身產業以外的最新動態，例如管理、行銷、純粹創新、科技、宏觀策略等領域的發展概況。

不妨看看美國運通卡公司如何運用策略，收購會計師事務所。如果能直接買下會計師事務所，為什麼要浪費錢買廣告（再加上其他花費）？想一想兩者合併經營以及產業生態

改善，皆有助於提前獲利；更何況，會計師事務所是強大的後端，必定帶來極其可觀的利潤。

如今你有了更多客戶，開始有企業展望，建立起潛在客戶名單，無需花錢打廣告，而且開始有一批忠誠的顧客。現在你打算在幾乎不必增加成本的前提下，利用另一個產業早就擁有的穩定資源來增加公司業績。

此時，你必須改變策略。首先要瞭解各行各業的現況，知道其他產業在做什麼；接著從你身處的產業來詮釋這一波趨勢，調整成你要的形式，推測它可能帶來的交易價值。據我所知，很少人懂得這麼做。

不要再沉湎於昔日的榮光，得過且過。你必須採用有系統的方式，開發新的業務模式。**一旦成功，就必須在短時間內使其最大化，原因有二：**

1 **新的成功模式無法持續太久。今時今日，成功模式的週期比以前短得多。**
2 **必須盡可能多賺錢，快速累積資金、找到市場定位，吸收新顧客。**

等到新策略不再奏效，業績日趨下滑（過了某個時間點一定會下滑），你已經知道如何有系統地避開風險，善用機會、市場定位與資本去發掘新商機，以同樣模式再賺進一筆財富。

人才庫，亦即我們的員工，是現今極其可貴的寶藏。不

妨叫他們「知識工作者」，因為就算是薪資最低的人，至少也有一項專長或技能足以贏過你我。

他們具備一些優勢，在今日的環境更有談判籌碼。他們可能選擇離開，也可能把他們自身、甚至是你的專門知識攜出公司大門，恐怕你也拿他們沒轍。

激勵員工做出最佳表現

你因應時勢與需要，成為廣受敬重、善於折衝權衡、號令下屬的主管。知識工作者未必只為了金錢工作，儘管他們跟你我一樣，也需要維持生活，**但他們真正的動機在於自我滿足，最希望能為別人的生活與成果帶來影響。**

所以，你必須給他們激勵，讓他們在類似慈善部門或非營利組織的環境裡工作，因為他們來上班不光是為了賺錢，而是為了給世間帶來益處。

另外，還有一些事必須了然於胸。你過去採用的管理方式，很可能不再適用於職場；現今的管理方式更活潑，強調互動。

有些資深員工需要擁有完全的自主權，更能與客戶坦誠溝通，快速解決問題，進而與客戶建立起強而有力的緊密關係。與此同時，資深員工必須向負責監督他們的上級回報。

然而，大部分管理階層從沒做過這些工作，既不瞭解職務內容，也抓不到重點。問題多到不勝枚舉，方才提到的只是犖犖大者，你每天都會遇到。

你是否致力於創新

你的態度要整個改過來。其實，產業之間大同小異，如果只是在業界尋找新點子，熟讀本業的雜誌，持續觀察其他同業的做法，甚至在別的公司布下眼線，窺探同業的一舉一動，可能會害死自己。

若是想要飛躍性成長，希望生意長久興盛，在業界搶得先機，甚至成為霸主，**你只能向其他產業取經。**

多年來，彼得‧杜拉克在這方面提出最具獨創性的高明見解，頗受大型企業經理人與企業家推崇。此處引用他說過的一句話，十分接近我提倡的概念主旨：

「公司的目的是為了吸引顧客，所以一家企業只有兩項功能：行銷與創新，別無其他。行銷與創新才能產生成果，其他都是成本。」我同意杜拉克的說法。

現在就來仔細看看行銷與創新。

他還有一句名言：**「（成功的）企業家總是尋求改變，因應變化，將變化視為開創的契機……創業需要系統性方法與管理，最重要的，它建立在重大創新之上。」**

現在談的是系統性創新

系統性創新是指，有組織地一同尋求改變，並以系統性方式，分析這些改變將帶來哪些社會或經濟上的創新。系統性創新的第一步是進行市場機會分析，前往其他產業尋找機會，向其他行業討教，仔細聽他們怎麼說。

很久以前我就發現，「創新」一詞容易誤導人。其實，

它不一定是高科技，當然高科技很棒。創新是指，為你的目標對象、客群、市場或客戶帶來「察覺得到」——重點是對方察覺到——的好處、優勢或結果，不管是什麼。

如果你能給他們更大的優勢、好處、保護或成就，而他們也知道這一切對他們的業務或人生有多麼重要，為此深表感激，這就是創新。高科技創新固然很好，卻也可能是其他方面的創新；有時候，價值甚至變低。

新事物要簡單，只針對其中一點突破，才有可能成功。成功的創新從小地方開始。

如欲利用創新賺錢，所有策略都必須由公司內部的領導階層發布下達，否則等於替競爭對手製造機會。

創新需要四項條件，分別是：

1 創新是工作，需要知識與獨創性。
2 創新者必須發揮自己的專長。
3 創新是對社會產生效應，永遠都要貼近市場，關切市場脈動，毫無疑問是市場導向。
4 成功的創新者都很保守，不喜歡冒險，致力於尋找機會。

關於廣告，很重要的一點就是誠實無訛。基本上，「誠實」應該是廣告與行銷策略的一環，一定要達到廣告裡宣稱的效果。

底下這段話出自十九世紀一名了不起的企業家沃納梅克（John Wanamaker）之口：「我們做廣告，一定要符合事

實。如果他不瞭解這項產品，就坦白告訴他產品的品質，別拿不經用或一看就很醜的東西敷衍顧客。難道你不知道他家裡的女人很愛挑剔，一定唸到他也覺得不滿意嗎？他以後不會再上門了。」

行銷到底是什麼？有多麼重要？日本長期經濟繁榮，正因為他們做生意時把行銷視為首要之務。

真正的行銷從顧客開始：他屬於哪個人口族群，生活狀況如何，有何需求或價值觀。不要只是問：「我們想要銷售什麼？」也不要說：「我們的產品或服務有這個功能。」應該要說：「顧客需要這樣的滿足感，他們一直在尋找，找到之後會珍惜。」

你必須決定手上的新產品或服務要銷售給誰。問自己幾個問題：這項產品適合心中的顧客使用嗎？他們會想要購買嗎？或許一開始沒有答案，不妨運用市場研究方法，或是請外面的顧問公司協助。

不過，最好的方法卻是拿起電話，撥給每一個在這項計畫中出力的人。若是想要免費獲取資訊，這麼做最好。

然而，一輪電話打下來，你可能接收到許多負面意見。大多數獨創商品或突破常規的新事物，都與標準化市場研究扞格不入。新概念難免飽受批評，但你仍要努力創新，即使譏誚的話語不絕於耳。

請記住，突破性創新能提升公司的競爭力與生產績效，打造可長可久的深刻價值，使公司不斷成長茁壯，維持能見度，甚至成為業界的霸主；然而，最驚人的突破性創新極少

源自於本業,往往受到其他產業啟發。

你必須隨時掌握各行各業的脈動,打造強大、系統化、可長可久的「行銷漏斗」,幫助你監控自身產業之外的最新動態,瞭解管理、行銷、純粹創新、科技、宏觀策略等各個領域目前的發展情形。

以亞馬遜書店為師

亞馬遜書店早已發展出「大策略」的概念。他們的看法是這樣:**「我們從不煩惱賺多少錢,只擔心有沒有提供第一流服務給顧客,是否給他們最美好的價值,是否建立起客戶群。如此,當其他事情塵埃落定後,我們就能搶得先機。」**

這就是他們的大策略。不見得與管理技巧有關,也不盡然是因為官網有創新設計,或是初期採用了哪種行銷策略,或目前是否運用行銷策略讓消費者奔相走告。統統不是。

先來說幾件陳年往事好了。你們當中有人堅定奉行我的人生哲學,或許成為我的盟友或顧客,或許對我讚賞備至,或許參加我的課程或其他活動,或許認識我很長一段時間,都知道下面這件事:

就我所知,沒人像我這樣變化不同身分,激勵大家持續進行突破性思考,或是想出更多賺錢管道。早期我認為突破性創新最重要,自己力行不輟,盼望帶來最大的利益。

後來我發現突破性創新已經變成陳腔濫調,於是我不再說,轉而提倡更新穎、帶來更高收益、以小搏大的概念,幫大家尋求快速成長的可能性。我大半輩子就是在做這件事。

但我試著尋找節省成本的方式。有些人聽到我們傳達的促銷話術就不高興，或是就此卻步，但我的確與許多私人企業合作。

我的確有這種能力，因為我依照每家公司的實際情形，以及他們的客戶與競爭同業的關係，思索這家公司如何建立銷售與行銷機制，順暢運作。我的確憑這個賺進不少錢。

因為我拿了這麼高的報酬，所以一直想把這副致富秘鑰傳出去，將我私下傳授給企業的金科玉律傳達給更多人，幫助他們用最有效、最省成本、幾乎沒風險的方法追求成功。

最別出心裁、引人入勝的實驗性課程

為了實現上述目標，這些年我努力推出各種有趣的實驗性課程，變化之大絕對超乎你想像。在此，我沒時間也不打算一一詳述，免得你覺得無聊，我只想提提我學到的教訓。

首先，讓志同道合的人為相同目標聚在一起，有三大好處：一、我可以很快瞭解他們的心思，因為他們更進步、更文明，尤其擅長抽象思考。

二、如果讓一定數量的人聚在一處，我是在向他們證明「集思廣益」累積的智慧有多驚人。

有些課程容納較多人，也許有一千人，每位學員平均有二十年經驗，加起來便是兩萬年的集體經驗，每一個人都能從中汲取智慧。

基本上，我會先拋出一個概念，劃分成幾個層次加以說明，提出幾個最重要的元素，接著帶領每一個人挑戰自我，

質問自己：「**如果真的要拿來使用，這個概念對我而言代表了什麼？**」而不是：「很不錯的概念，但是對我沒用。」

對你而言，這種創新概念有什麼意義，如何直接或間接影響了你，最適合套用在事業的哪一面向？聽取大家的見解後，我會帶領各位在團體內分享，而我在旁督促著每個人討論，適時鼓勵大家互動。這種討論過程非常有幫助。

我們改良過討論模式，也已經施行甚久。這類討論讓大家有更清楚的視角、更廣泛的理解，很快就培養出周延的思考力，提出創新思維。

三、我主持團體視訊會議約有十二年，包含團體互動、團體面試、團體諮詢與訓練。我主持過兩千場以上課程，至少累積了六萬人次。有些課程包含某個產業的高、中、低階人士，有些課程只供專門產業進修；只要你想得到的課程，我們都有。

我發現視訊會議很能派上用場，只要規劃明智，既可用來互動（問與答、解決問題或彼此挑戰），也可以切入諮詢模式。

但我也在視訊會議上分享計畫或建議，要求線上的每一個人各自說出打算怎麼做，要他們保證離開舒適圈，去其他產業看看再回來，跟大家分享他們在不同產業如何執行這些想法，學到了什麼教訓。我逼迫他們在短時間內建立更多人脈，說明內心的想法，示範怎麼做，再與同儕互相驗證，真的很有效。

千萬不要滿足現狀

我非常失望地發現，許多生意人只是受到幾小時或幾天的啟發，就妄想業務量大增、業績一飛沖天且保持長紅。

只要我問他們，敢不敢長期奮力向前，把握住每一分機會，許多人——不是全部，但真的很多——就退縮了，又回到現狀，陷入日復一日的泥淖裡。

我們開了許多課程，參加者在課堂上舉起手向所有人保證，未來將用系統性方式處理事務，絕不推延，主動分享，並且書面回報。

但是，過去的經驗告訴我，除非你必須對某人負責，或是別人給你壓力，或置身於必須定期回報工作（包括工作內容、搞砸的事、進度、退步、推搪的藉口等等）的環境裡，否則多半不會完成任務。

需要回報並不是要給你批評或責難，只是要重新引導並啟發你，讓你的成就最大化。若沒有這個流程推你一把，你無法達成目的、獲得成果，擁有無與倫比的熱情和豐收。

我不再要求（早年會要求）聽眾起立鼓掌，給我肯定。

人們實踐他們的想法，持之以恆進行，這才是我要的肯定。我希望他們不只是為了發一筆小錢才努力一陣子——許多人就是這樣——賺到五萬、十萬或一百萬美元，或是業績成長40%就覺得滿意，然後回頭過平庸的生活。

我希望人們跟我真正有共鳴，致力於**讓自己更優秀，用系統性方法改善業務和生活，百尺竿頭更上一層樓，始終奮力不懈**。一旦某件事成功了，把它轉換成一套系統性方法，

可以反覆運用，一次又一次建立成果。

　　我一直在尋覓志同道合、想追求更高成就、嚴肅認真、能夠長久努力的人，激勵他們獲得應有的成就，但這種人實在很少。所以，我不禁要問：

事業只是差強人意就滿足了？

　　為什麼會把生意搞到只有今天這樣的局面？**為什麼花費了這麼多努力、心血、機會、大把資金與人力，結果只是差強人意，後勢也不看好？**

　　你不是故意的，只是不曉得有其他方式；一旦學會了，你就懂得理論。接著，你需要進入一段過程，繼續將它最大化，盡可能臻於理想，持續達成最滿意的結果。畢竟你付出極大的努力，用掉許多資金和開支，利用這麼多次機會，得到許多人協助，包括經銷商和協力廠商，甚至你的競爭對手和他們的顧客也都幫了你一把。

　　我知道怎麼做。當聽眾被動灌輸知識和統計資料時，他們很高興有智識上的刺激。的確，吸收新知蠻好的；但是，他們回到日常生活完成一、兩件事情後，就恢復成老樣子，我真是受不了這樣。

　　某些人有很棒的管理架構，某些人卻沒有。有些人善於謀略，有些人則否。

　　你們每個人的事業都是獨一無二的，具有個人風格，採用不同的方式來因應市場的力量，包括突破性思考、應用方式、主要業務領域——從行銷到管理，乃至創新——都大相

逕庭，每一個人都將面臨關鍵時刻。

然而，若是持續針對上述各方面盡可能努力，累積的成果必然驚人，這就是你的功績。**這叫做不可思議的領土，又叫做：「對手們，認輸吧！」就是這麼一回事。**

這並非一蹴可及，如同鑽研某項知識或專長，需要長久的努力。比方說，你喜歡打網球或高爾夫，但除非你是曠世奇才，不然頭一回一定打不好。你必須加把勁練習，一開始很差勁，慢慢掌握基本訣竅，逐漸接近一般水準，然後越來越得心應手，持續有進步。

我的目標是陪你一起進步，想盡辦法獲得更高的收益，逐一拼湊出商業拼圖。我們同心協力創造更驚人的進步，你將會改頭換面，成為最具突破性思維的人，在思考、領導、執行、創新方面領先群雄。

也許你從未有過管理經驗，不該一下子管理太多人，必須慢慢來。也或許你在管理方面已經很強，但是亟需強化行銷技巧。

負起責任為何很重要？

最近在英國做了一項實驗，我在那裡開設訓練課程，大約有一百人參加。並不是光由我每個月講一個主要概念，讓他們離開本業的舒適圈，嘗試這個概念再做回報（有些人會回報，但其他人只是隨口搪塞）。這次，每個人都分配到一位導師，每個月打電話跟他們聊兩次，一對一回報。

成效實在太驚人了！以往回報結果都很差，這次表現出

色的學員人數上升了四成，至少在課程進行期間，約有八成學員真的辦到某件事，著實令人滿意。

我這才領悟到，我們都需要對某人負責。大多數人害怕擁抱新事物，或是挑戰更高層次。我們或許沒說出口，內心卻反覆迴盪一個問題：「**憑我也能達到這個目標？**」嗯，我認為這是完全不正確的問題，你應該問：「**我只能達到這樣的目標嗎？**」

你必須擺脫上述念頭，下定決心追求突破的可能。針對創新，我已經鉅細靡遺談過了，就是為客戶創造優勢——當然，客戶察覺到了，而且十分珍惜。

或許只是增加一項很簡單、再平凡不過、技術性不高的價值，但是你要知道，只要在對方眼中有價值就好。反之，你認為有價值的事物，客戶不一定會看重。

如何運用致勝心態

思考創新策略時，下面這幾點是思考的關鍵：

創新和改變，通常是從客戶的問題開始。

你最好明白，客戶付錢給你，是要你解決問題，但他們很少把問題挑明了講。第一個說出客戶想要什麼結果與好處的人，就能獨占這個市場。

但是，你收錢解決問題，就要替他們解決。想想看，誰不是呢？誰不想要更大的安全保障——這是問題。誰不想要更高的生產力——這是問題。誰不想要更棒的性生活——這也是問題。

告訴你自己和客戶要相信預感，但是，要設定能夠控制風險的環境。對許多熟知業界動態的人而言，預感通常頗有道理。然而，你不希望失控，因為你也知道75%的決定不會成功，甚至是有危險的。你想用偏保守、低風險的方式來測試預感，培養預感的準確度。

商場上絕沒有獨占權或所有權，成功的產品、流程、科技或策略都可以也一定會被複製。**想要跑在最前頭，只有一個方法：不斷地精益求精，力求創新。**仿效是可以的，但是剽竊不行。創新很棒！

我習慣讓其他人驗證某個新點子，花幾百萬元執行，但他們往往不知如何將創新變成市場上的巨大優勢。行銷和策略給你更棒的眼光。

最能說明這個事實的例子，就是許多網路公司紛紛倒台了。這類公司沒有好策略，或根本缺乏策略，完全不曉得如何行銷。沒有一家公司能對大眾解釋網路的好處，頂多說：「這是很棒的企業解決方案。」難怪會失敗。

湯姆·畢德士（Tom Peters）在《亂中求勝》（Thriving on Chaos）中說：「第一流的公司通常也是明日的贏家，珍惜無常，能在混亂中制敵機先，將混亂視為市場優勢的根源，而不是只想逃避的問題。」

還有另外一段話：「為了成為業界第一，你滿腦子都在想著如何回應客戶，在每一個領域實現創新（先前提過我研究過的案例）與合夥，要求組織裡所有人（或未來可能加入的人）的參與，與大夥兒分享利潤。你的領導風格是擁抱變

化，而非對抗變化；樂於與他人分享具啟發性的識見，藉由
簡單的支援系統進行管控，以衡量事物的正確性。」

彼得‧杜拉克在他的《創新與創業精神》（Innovation
and Entrepreneurship）中說：「**成功的企業家尋找改變，回應
改變，把它當成可利用的機會。創業精神應該是有系統的，
而且能加以管理；最重要的是，它建立在有目的的創新基礎
上。**」

你要培養針對需求去發明的能力，以業界的龍頭為師，
這些公司持續在行銷、策略、創新與管理各方面都達成令人
驚豔的突破性發展。

任何人都能想出充滿創意的好點子

我要推薦你讀一本書，書名是《我力》（I-Power）。作
者群設計出一套簡單好學的流程，讓你的員工每個月、甚至
每星期都能針對公司各方面業務，提出許多突破窠臼的創意
想法。

他們還發現，員工若是每年貢獻五千個點子，其中只有
3%有價值，就等於有150個創新點子。若是每年得到150個以
前沒有的創意想法，而每一個想法為你提高1.5%的生產力、
2%的獲利能力、10%的競爭力，以及6%的現金流管理，長此
以往，累積的成效難以想像。

你要為新產品或新服務尋找利基市場，要吸引真正在意
創新、願意掏錢購買的市場。有一家公司推出一款耐力更持
久的電池，甚至附有檢測器，能自行檢測效能與壽命。

不要欺騙自己有多高的價值，你的產品或服務有市場需求嗎？或者只是自欺欺人？不要忘記現實考量，也不要失去客觀性，審慎選擇你要投身哪一種事業，盡量別冒險。

多瞭解其他產業

對於創新，戴爾電腦創辦人麥可·戴爾頗有一番見地：「我們一定要培養多元的勞動力，如此一來，公司團隊由各種人才組成，提出不同的問題，也從不同角度切入問題。多元孕育創新。」

「我們也鼓勵冒險追求新資訊。你要離開舒適圈，明知不會成功還是要試試看，在過程中學到新東西。我們也會設定蠻可笑的目標，挑戰大家的底限，每個人都全力以赴。」

讀到這段話，我覺得很安慰，因為他讚揚的正是我二十年來親身奉行的原則。基本上他是在說，你必須觀察其他產業，才可能有新突破。

他還說，觀察其他產業不光是為了突破，也是為了探知其他威脅，因為每一次新發展都可能讓你的產業被淘汰。

他又說，出於競爭，其他非線性思維的產業瞭解到你的產業能為他們增加價值，不見得是獲利，也許是得以進入新市場。先前提過美國運通卡的例子，收購了好幾家會計師事務所，並不是因為他們想用數量壓倒別人，而是真的需要金融服務。

競爭總在你料想不到的地方出現。**當今之世，競爭比以往更難預測。這對小公司是真正的優勢，因為小公司一下子**

就能改弦更張，完全沒有大企業可怕的惰性。

拋開停滯心態，產業不斷創新

　　小公司仍然必須努力避開整個產業的惰性，畢竟業界總以為行有行規、不容撼動，大家都已經熟諳規則，以後也不會再改變。

　　業界人士一聽到景氣低迷或壞消息，很容易就把目前進行的事搞得更大，花更多錢。規模日益擴充，卻見不到半分效果。

　　迪士尼董事長埃森納（Michael Eisner）有次接受訪談，被問到誰是他的頭號勁敵，他最擔心什麼事。他的答案可說是一石二鳥，非常有趣。

　　針對第一個問題，他說微軟公司是他最不敢掉以輕心的對手，因為他們擁有廣大的經銷通路，對此最感憂心。他的第二個勁敵，理論上應該是愛荷華州狄蒙因市某家新成立的公司，因為這種小公司迅猛無匹、勇於創新，而且沒有大企業緩慢不彰的行政體系。這是非常生動有趣的對比。

在模仿中力求創新

　　運用創新行為帶動業績快速成長的秘訣，就是我所說的「在模仿中力求創新」。

　　在某些圈子裡，或許會將這種行為稱為「仿造」或「剽竊」，但我並不是指違背專業倫理或欺詐行為。

　　偉大藝術家不太願意多談、但未來藝術家必須知道的一

件事情是：一切創造來自於模仿。仔細想想，你會發現很有道理。

車輪既已發明出來，就沒必要另外發明。所以，你會看到學生在畫架前臨摹大師的作品。他們沒打算畫一幅贗品，只是想要掌握藝術大師的手法。

有創意的模仿絕非依樣畫葫蘆，而是研究其他人取得成功的方法，仔細審視這種方式的優點再稍加修改，變成自己的行銷手法。

創意模仿的概念就是觀察、借用、彙集、修改、採用、挪為己用，把其他領域或產業的成功模式「偷渡」過來，直接套用在目前的業務上，當然稍微調整也可以。

真的很簡單。但是，如果不跟別人學幾招，你永遠不能改編成適合你的招式；如果不觀察其他行業的做法，你永遠無法加以詮釋，推測背後的道理，挪為己用。但你要如何觀察？方法有很多，我先說一個例子，點出其中一些關鍵。

奧勒岡州某個小鎮，有一家本地銀行正無計可施。全國性大銀行來小鎮設立分行，一口吃掉整個市場。總裁一籌莫展地呆坐著，行員無聊地用銼刀銼指甲，情況很不妙。

不單是幾家大銀行來勢洶洶，更有許多社區型銀行加入戰局。安快（Umpqua）銀行的市占率排第三，成長性卻微乎其微。

這家銀行的存款金額遠不如聯邦銀行和富國銀行，整整少掉四千萬美元。總裁望著窗外人群熙來攘往，卻沒有任何人走進銀行大門，他們打算去哪兒？他發現，許多人走進一

家新開的美食咖啡館，願意付兩塊美元購買一杯咖啡。

市場是用腳投票，這些人過銀行而不入，走進另外一家店。顧客不要他提供的服務，卻樂意接受咖啡館老闆提供的東西。不需要特別高的智力也能觀察到這個現象，但是，想要著手解決必須坦然承認事實，並且拿出勇氣重新全盤思考銀行的定位。

你知道事業還可以更興盛

結果是，他大力整頓銀行。他從咖啡館的角度想像顧客的需要，也給了他們想要的一切。

大理石石柱、墳塋般空洞的大廳，統統不見了。來銀行辦事不必再排隊了。他大刀闊斧地改革，因為他看出目前市場的態勢，透過品牌化打造新空間，培養人文氣息，滿足消費者需求。

這家銀行捨棄銀行應該要有的樣子或氛圍，把分行改成零售商店，販賣有品牌的商品，也是一間網咖。安快銀行打造出獨一無二的銀行環境，吸引民眾購物，立刻吸引了一批忠實顧客。

他們的行銷策略建立在差異化的基礎上，給客戶明確的選擇，更吸引潛在客戶上門。這招夠大膽，有效嗎？

2000年6月，安快銀行的市占率名列第一，比第二名高出了七千五百萬美元，而全體商業銀行存款總額是七億五千萬美元。

想要成功，只需做到這兩件事……

首先，要有獨特的運送系統。這些店家很特殊，沒有後勤人員，員工只做一件事情：販售東西、提供服務。毫無疑問，若這家銀行蓋好分店，讓傳統社區型行員替顧客服務，一定無法起死回生，既花時間又浪費錢。

他們並非這樣做，直到現在，這家銀行仍持續挑戰人與文化的概念。**成功在於如何經營，與產品的關係不大。**好商品當然非常有幫助，也很重要，但光靠好商品絕對不夠。

其次是服務系統的品質。大家都說自己提供高品質的服務，卻無法證明服務有多好。然而，這家銀行設計出一套名為「品質回報報告」的系統，每月評估每一間分店、每一個部門的服務水準。報告會印出來，在公司內部傳閱，讓每一名員工知道自己在公司裡的成績。

這家銀行已變成紀律嚴明的機構，盡力提供最棒的顧客服務。他們不只是說話行事恰如其分，而是把紀律內化成生命，如呼吸一樣自然。他們端出人們想要的東西，公司業績蒸蒸日上。

人們往往不知道自己想要什麼，等你端出來，他們才知道自己很想要。沒有人開口要傳真機或行動電話，當然更沒人告訴這家奧勒岡州小銀行；若他們給銀行一個新定位，業績會翻倍成長。

睜開雙眼吧！如果你真想要發現擴增業務的新方式，最好留神注意周遭。首先，要固定閱讀本行以外的期刊雜誌，種類越多越好。閱讀的時候做兩件事：

1 讀文章。

2 看廣告，並且對廣告做出回應。

　　閱讀每一篇敘述事件的文章，可能是好事，也可能是壞事。試著將事件簡化成一項引人注目的原則，想想是什麼定義事件的好壞。

　　例如，這篇文章談一家公司創下銷售佳績，或是有突破性行為，你想知道背後有何目標或原則驅動這一切。

　　也許是他們挹注資金在研發上，也許是他們有強勁的業務團隊，也許是他們改良了包裝方式或提供額外保證，或是用不同方式進行銷售。

　　不管是什麼，你都要問自己：「驅動這一切的原則是什麼？」然後再問：「可以直接套用在我的企業嗎？」若答案是肯定的，就思考如何直接套用在公司業務上。

　　下一個問題是：「要如何試水溫，這樣才不用馬上做出承諾？」接著問：「如果無法直接套用，該如何間接套用在公司業務上？也就是稍加修改哪些部分後再採用？」

　　這是第一件要做的事：開始閱讀、討論、觀察其他產業目前的態勢。

　　接下來養成習慣，每週開車經過街道時，觀察周遭的人事物。當你來到社交聚會或是跟人談生意，處於輕鬆場合或是在教堂做禮拜，或參加社區活動，而你身邊沒有同業，那就仔細聆聽其他人說話，揣摩他們心中的想法。你必須……

汲取其他人的智慧，想出更多賺錢妙方

我建議你同時翻查黃頁電話簿，每天（每週、每月也可以）至少搜尋一、兩種行業。我覺得每天一次最好，至少每週一次，可以利用上下班或午餐時間找。

另外找時間吃午餐。剛走進去用餐或預備離開時，打電話給某一家店的老闆——其他產業，做的是不同業務——問問他有沒有興趣回答下列問題：

你可以這麼問他：「我是走在最前端、具有創新思維、致力於成長的企業家，先假設你跟我一樣。我想分享一些觀念、銷售與行銷原則，以及人生哲學，也希望你能分享你的見解給我。我想瞭解你們業界的運作原則、你的經營原則、你的通盤策略，也想瞭解你們那一行的龍頭在做什麼。總之要向你請教。」

聽完之後，你一定有新見地，務必把它寫下來。記下來之後，**慢慢想清楚如何套用、如何執行、能用在哪些方面，以及可能對公司造成何種影響**。接著，你要把自己推出舒適圈更遠一點，除了閱讀各行各業的專門刊物和消費者報告，還要去找陌生領域的書籍來讀。

若是不想自己讀那麼多，就找個人替你讀，彙報重點就好了。

碰到每一個人，你都要問：「有哪件事深深影響了你，使你的事業更成功？你能用短短幾分鐘簡單說明你學到的教訓嗎？」

過去三年，哪一本書對你的啟發最大，使你的事業趨於

穩定，或者蓬勃發展，甚至起死回生？你學到最重要的一課是什麼，並且把它奉為圭臬，而你又是如何付諸實行？

有創意的模仿關鍵在於，我們總有遇到瓶頸的時候。此時既是重新開始的契機，基本上就是拿出記載他人分享話語的紙張，研究別人怎麼做。

不過，光是明白這一點沒用，你必須付諸行動。這意思就是，必須盡力試試看。

記得我教過你先測試嗎？**測試既不痛苦，也花不了什麼錢，頂多是新方法沒用，但至少你拿出熱情來嘗試，事情也變得不一樣。**你有嶄新的觀點，而且突破無所作為的困境。

假如每天、每週、每月都不斷地進行各種試驗與實驗，分門別類進行，不出一年，一定會有好幾項突破。

好幾項突破——過去連一項突破也沒有——意謂著更多的收入、利潤、財富、淨值。你過著更自由、更有保障的生活，人生充滿了樂趣。

制訂規則，才能得到想要的一切

想聽我說個故事嗎？

這個故事真的很有趣，如果能好好說清楚故事的要旨：你可以做什麼、打算怎麼做、要在哪裡做、能運用多少種方式、如何過日子、追求成功，這一切規則由你制訂。

幾年前的某個冬日，我父親猝然離世。印第安納波利斯的隆冬向來最難熬，滿目荒涼，再怎麼說都不是太美妙的季節，天寒地凍使我的心緒更加悲傷。

　　我之前的三段婚姻各有數名子女。我把大家集合起來，一塊回家參加葬禮。我們打電話給全美航空，他們專為奔喪提供優惠票價，當然還是好幾千美元。我帶著太太、兒女，當中還有幼兒，再加上一大堆行李、寶寶的安全座椅……

　　我們抵達機場，拖著一大堆東西。我還沒拿到機票，因為太過倉促，連郵寄過來的時間都沒有。我也不能直接把行李交給機場搬運行李的人，因為還沒拿到機票。我只好去櫃檯排隊。

　　隊伍很長，最前頭有一群面露不滿的旅客。當天中西部天氣很糟糕，每個人都在說：「班機停飛。」

　　每個人都嘟囔地走了。過了一小時，總算輪到我上前，售票窗口的職員對我說：「很抱歉，先生，但不管是哪裡出發的航班都取消了，你要另外改時間。」

　　我向來對每一件事都有熱忱──閱讀、研究、提問──依稀記得在哪裡讀過：「若是已經確認訂位，但那個航班取消，只要你堅持，航空公司有義務替你預訂其他班機。」但我不曉得是不是真的，還是我在亂想。若是取消的話……

　　下一班環球航空班機是四小時後，要走到機場另一頭。職員對我說：「你必須訂其他航班。」我說：「為什麼？」他看著我說：「因為班機取消了。」

　　我說：「這我知道，但我已經訂好機票，錢已付清，相信一切都沒問題，為什麼需要另外訂位？為什麼不是你訂？為什麼不是你付錢？」

　　他說：「因為取消了。」我說：「所以你是在告訴我，

即使我已經訂好機位，你仍然沒有義務替我安排嗎？是你取消我的班機。我攜家帶眷來機場，改變了所有計畫，全家八個人站在這裡，你沒有義務替我們重訂機位，也不打算給我任何補償，是這樣嗎？」

他不敢正眼瞧我，我再問一次：「是這樣嗎？」他說：「呃，是吧！」我說：「那好吧，如果你能打成一封信，簽上姓名和日期，拿去給經理簽名，我很樂意接受這種安排。只要在上面說清楚，我的確訂位成功，而且確定可以安排座位給我，但是你沒有任何法律義務或其他義務要這麼做。」

他回來了，告訴我：「但是先生，很多人都在等班機耶。」我說：「但他們要去哪？四小時內沒有其他班次。」我說：「要我再大聲一點嗎？」他又進去了。

十分鐘後他出來了，對我說：「好吧，先生，我們替你訂好環球航空的機位，你有八張機票。」嗯，第一課是⋯⋯

會吵的小孩才有糖吃

如果你發現人生有很多事不能做，或是你不打算做，不妨提出質疑，審視全局，採取「我不打算配合你們的規則，雖然其他人都說要這麼玩」的立場，你的觀點就此不同。

所以，我們有八張機票，但是他們取消了航班。環球航空有飛那個機場的班機，是整起事件的受惠人，接收了大批旅客；但是他們的飛機很小，而他們在同樣時段也有一、兩個航班被取消。

於是我們去環球航空櫃檯，跟他們交涉簡直是噩夢。我

對櫃檯人員說：「喏，我們都知道這件事很麻煩，但我們有這麼多小朋友，我不曉得你們是不是能把我們安排在一處，但是真的很重要。」櫃檯小姐說：「先生，我們會盡量想辦法。」

大夥兒開始登機，我們有六個座位隔得很遠，但他們原本答應盡量安排妥當。後來他們說要登機了，我太太克莉絲汀生性非常溫柔，跑去找空服員：「拜託你，我們家小孩很多。」她真的滿酷！

換成是以前，我一定大發雷霆。我以前經常打斷別人的話，唰一下利劍出鞘，把他們碎屍萬段。現在我開始惱火，越來越火大，但我看著太太，儘管對方擺明了不打算幫忙，她卻露出微笑，越來越顯得開心。

這與我的情緒完全搭不上，我超生氣，砰砰砰，耳朵開始熱辣辣，因為血壓飆高。我想抓個人痛扁一頓，太令人生氣了。但我太太只是笑，一臉平靜愉悅。我想：「看起來有點不對勁啊！」

然後我懂了。她走了進去，第一個座位在走道上，旁邊坐著一名男子。她軟語商量：「先生，他們打算讓我們分開坐，我們坐在後面，我有個小寶寶，你介意跟我換位子到後面去坐嗎？」他說：「當然不行，我付錢買了這個機位，幾個月前就訂好。我不換。」她說：「沒關係。」

她坐下來，放妥安全座椅，讓寶寶坐好，繫上安全帶，將奶瓶和尿布遞給這個男人，對他說：「先生，如果他第一次哭，請給他這個。若是沒用，你可能需要……」說完她就

離開，我這才明白她是在驗證演示我一向所說的話。情勢丕變，現在不再是我們的問題，而是他的問題。

規則由你制訂，你說了算。長話短說，我們終於坐在一起。克莉絲汀如法炮製，第二個小孩兩歲，也是一樣麻煩，不停地尖叫，完全坐不住。但是，她很有技巧。我想：「去你的！當你明白情況，你就掌握了一切，但大多數人只會意氣用事。」

規則由你制訂。你決定玩什麼遊戲，要怎麼玩，要用多大的球，要用什麼樣的工具或棍棒，棒子是長或短，如何計分，場地是長或短，多玩幾局還是少玩幾局，何時喊暫停，主力球員是哪幾個，裁判是誰，界線要劃在哪裡。只要不喜歡，你隨時可以改變規則；只要覺得情勢不利於你，隨時可以換邊打。

只要你想當家作主，規則由你說了算。只要你明白這一點，只要拿下頭上的緊箍咒，你的力量無限倍增！

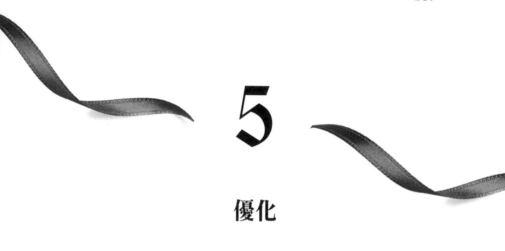

5

優化

先來分享一個我認為大家都應該擁抱的哲學，不論是過生活或做生意都適用。我稱之為「優化」（optimization），理念就是：「能做滿做好，為何只做半套？」

想想投入的努力、時間、資金、人力資源、聯繫廠商與開發客戶，你為何能接受自己僅僅得到差強人意的回報、生產力與利潤？

在這種假設下，**除非所有的付出能獲得最高的銷售額、回客率、品牌忠誠度，以及最低成本與衰退率、最少客訴，否則你寧可一動不如一靜。**

我們所追求的目標，就是在最少努力與最低風險的情況下，獲得最高的回報、現階段與未來的最高利潤。事實上，本書內容將協助你以小搏大，從你投入的時間、金錢與心血中獲取最大利益。

帕德嫩神廟

　　大多數老闆做生意只仰賴一種客源，可能是銷售人員、零售地點、報紙廣告、銷售信件、電話行銷人員，甚至只仰賴隨機客源。無論客源為何，多數企業的經營通常只仰賴單一客源。

　　我堅信這是錯誤的經營模式，因為你必須仰賴多重客源來打造你的企業，就像眾多石柱方能撐起希臘著名建築物帕德嫩神廟。

　　必須開拓不同客源的原因在於，當你依賴單一客源時，就會面臨兩種危機：**一是單一客源可能會有枯竭的一天，二是你和競爭對手的客源會重疊。**

你的目標是不計代價拓展企業版圖

　　當你有十種客源……客戶被電話行銷人員打動，被報紙廣告吸引，被門市銷售人員說服，異業結盟帶來了生意，同時面面俱到將事業觸角伸及各個通路，你的潛在收益將暴增五至十倍。

　　當企業穩定度提升五到十倍時，你的歇業風險或是被同業影響導致營收下滑的風險，則大幅降低約九成。即使以上種種難關同時出現，並相互作用導致經濟環境一落千丈，你的企業依然能安然挺過風暴。

　　請將「優化」牢記在心，最美好的未來完全由你一手掌握。**充分善用你的時間、機會、努力、資金與人力資本。**換言之，無論是金錢與人力的投資，都必須投資在刀口上。

為了達到優化結果，必須針對特定商業行為排定優先順序，將客戶依重要性分類。或許你依照直覺行事，也或許透過縝密研究客戶、市場規模、利潤等種種影響成敗的因素才了然於心。好比說，你的某項業務總能創造高於其他類別四倍的營收，這並非偶一為之，而是常態。

從務實的角度而言，你不是在打那種賺一季金錢、見好就收的打帶跑戰術，而是在打持續獲利的持久戰。理論上，當你的軟硬體各就各位、戰鬥力十足，再加上群聚效應，要打贏這場持久戰簡直易如反掌。

你可能先觀看再說：「不會吧？這些人根本是把所有人都當成潛在客戶，而我們應該只需二擇一。我們要不就派出最厲害的業務人員，鎖定最有可能購買的客戶——未必是簽下合約可能性。」當然，這取決於你的現金周轉。例如，假如沒有現金周轉的問題，你就應該把資源花在最可能帶來穩定獲利的客戶身上，這不是很合理嗎？

就我所要討論的重點，優化就像最理想的市場。

這可能是以最低風險、最少的努力與花費，換取最大利潤的過程。

你必須先評估目前做生意的方式，並且訂出比較的基準線，才能邁向優化的過程；銷售過程中的所作所為，都是應該也是可以被量化的行銷過程。想要優化你的銷售利潤，必須先評估並分析出目前銷售成交的特定時機與方法。

所以，首要工作就是先問問你自己：「我花了這些廣告預算得到什麼結果？帶來多大效益？以它的剩餘價值，最少

能為企業帶來多少收益？若是再下一次廣告預算，又能為企業帶來多少收益？」

「最糟的情況下，銷售人員在一週或一百通開發電話之後會有什麼結果？多少人成為客戶？交易金額多寡？」

除非你先找出上述所有問題的答案，否則無法針對你想要改善的方向得出基準線。一旦分析出結果，就會得到基準線，你也會知道目前的控制基準點。

相對而言，你就能開始嘗試更好的方法進行銷售、下廣告、給客戶建議。你可以比較他們的成效，首要任務就是先分析評估你的結果，否則一切都是空談。

戴明管理準則

戴明（W. Edwards Deming）博士也是優化的支持者：極大化你的結果、利益與生產力，極小化你的浪費、時間、精力與支出。二次大戰後的日本就是憑藉著這套哲學，方能從衰敗變身成為專業生產製造大國。以下是戴明管理準則的基本原則與做法：

1 **不斷追求改善產品與服務的方法**。公司存在之目的，不光只是為了獲利，其主要目的是永續經營與創造就業機會。為了達成目標，公司應該重視創新、研究、訓練，並持續強化設備。

2 **採納新哲學**。人們追求最高品質而非最大產量時，新的經濟年代就此展開。企業無法忍受劣質產品或訓練欠佳的服

務，然而，改善品質的推動則必須來自公司管理高層。

3 **停止依賴大量檢驗**。與其仰賴大量檢驗剔除瑕疵品，一開始生產時就應該要求高品質。

4 **摒棄低價得標的做法，全盤將成本與品質納入考量**。企業應根據誠信，與少數供應商建立長期合作關係。

5 **持續改善產品與服務的系統**。改善並非一蹴可及，必須由企業高層主導，帶領公司各部門持續強化品質與生產力。

6 **企業培訓計畫**。員工到職的第一天起，就應該接受適當的培訓，直到工作表現與產值已達極大化。倘若公司引進新設備或新工作流程，員工必須同步接受再訓練。

7 **企業領導**。公司管理高層必須找出優化企業品質的方法，倘若發現可能是阻礙公司優化的缺失，必須立刻修正。

8 **趕走恐懼心理**。公司內部若瀰漫著恐懼的氛圍，將導致經濟損失。員工擔心遭到挾怨報復時，將不願找出問題、承認錯誤或是提出新建議。

9 **打破員工彼此間的藩籬**。公司各部門太常彼此競爭，或是目標相互抵觸，這些對公司都有害無利。研發、採購、製造、銷售與管理各部門必須齊心解決迎面而來的挑戰。

10 **取消對員工的口號與目標**。像「零瑕疵」與「做好做滿做對」這類口號，會讓員工產生反感。因為這類標語和口號彷彿暗示著，員工本身就是造成品質與生產力問題的始作俑者。

11 **取消目標管理與數量化的定額**。在眾多影響品質與生產力的因素中，定額的影響最鉅。無法達到預定數量的員工可

能會士氣低落,也可能為達目標不計代價。至於有能力達到目標的員工,則會減少自己的產量。

12 **剷除影響員工尊嚴的障礙**。多數員工都希望做好自身的工作。老舊設備、劣質原料、差勁的管理人員都會造成員工無法改善品質與生產力。

13 **制定強而有力的教育與自我改善培訓計劃**。管理高層與員工都必須接受改善品質與生產力的新方法,但是企業必須確保,生產力優化後不會因此資遣員工。

14 **採取行動達成企業轉型**。單憑管理高層或基層員工一己之力,都無法改變公司;唯有結合眾人之力,才能將計畫付諸實行。

我一直是個幸運兒,有幸與為戴明博士舉辦研討會的人員共事。我認為,戴明博士是一位有前瞻性的思想家,相信他的管理準則應用在企業家與專業人員身上,會比應用在製造業更具威力。

優化哲學

戴明博士非常推崇優化。就我的理念而言,不管是現在或未來,**倘若無法透過最少的努力達到的最大利益與產量,就應該先按兵不動**。為了達成利益極大化,你必須先瞭解一些特點。

首先,企業的一舉一動都是一種流程,而每個流程都應該能被衡量、比較、量化與改善。

　　舉例來說：你開了一家公司，在過去，可能藉由拜訪客戶展開公司業務。當你的企業還屬於小公司時，可能沒有銷售團隊，所謂的銷售團隊可能只有你一個人單打獨鬥。

　　因此你成為銷售高手，不管是有意或無意，都能在客戶面前將公司商品介紹得淋漓盡致，或許成交率也很高。也就是說，當你拜訪十位客戶時，或許有五位買單，平均每人消費金額約一千或兩千美元。

　　不過，跟你一樣充滿熱情、高度自我要求、口齒清晰的人才畢竟是少數。你手下的業務員可能需要拜訪25位客戶，才能簽下一張訂單。他們也無法達到你的平均銷售額；充其量，可能只銷售出兩百美元的商品。

　　你必須衡量分析影響生意的流程是什麼，這些流程的連動效應又是什麼？

　　基本上有兩套連動效應：一個影響客戶成交意願，另一個影響成交金額。換言之，某些特定因素影響客戶的購買意願，其他因素則影響客戶的消費金額。我教導人們如何衡量這些因素。

　　這是戴明管理準則的第一點。

　　你必須衡量這些流程，而你目前的狀況就是所謂的「基準線」。你知道這或許是平均值，關鍵也是平均值。當你介紹產品時，平均成交值為「X」，無論這個「X」的單位是什麼，它就是你的基準線。

　　首要任務就是先確定你的基準線，再釐清變動值。所謂的「變動值」就是，派出不同銷售員或採取不同機制時，影

響銷售績效時好時壞的因素。

身為老闆，你的目標非常簡單……

提高基準線，降低變動值

你該怎麼做呢？

很簡單！我教導人們如何謹慎檢測每個流程的不同績效表現，不斷地嘗試，直到獲得改善。一旦獲得改善，就從以下兩件事擇一為之。

第一件事就是，你的基準線在哪一種情況下能有更優化結果，就必須採行該種方法。只要有利可圖，無需放棄有效的方法，因為有可能會對新市場造成影響。

取而代之，你想擴大客群。

換言之，過去討論的一個重點是，若是想要有效經營，不但必須衡量所擁有的武器，還要明白什麼是你能仰賴的靠山，並找出讓武器發揮最大功效的方法，助你得到更優化的結果。

如此一來，就能預測企業未來的走向。人們總說：「我不知道以後要做什麼？」一旦衡量並量化增減你的變動值，**找出解答徹底執行，就能清楚明白未來的走向**。

我曾說過，企業失敗的主因，就是只仰賴一、兩種方法吸引客戶上門。

有時因為公司外部、政府、經濟景氣、新競爭者投入，都會造成企業成交管道失靈，一夕之間面臨危機，有些直接就倒閉收場。

穩健客群才能打造成功企業

　　我來說明連動的意義與解決之道。如何確定自己投入的企業能有可預期的長期獲利呢？

　　我用兩張圖表來類比，相信成功企業是建立在穩定客源的基柱上。**就讓我將這兩張圖表類比稱為「跳水板」與「帕德嫩神廟」。**

　　就我的經驗而言，多數企業都建立在跳水板上。想像一下，跳水板只有一個支撐平台，這個平台就是企業的地基，可能是銷售方法，也可能是經營機制。不論有意或無意，這個支撐平台就是銷售與維持業績成長的依靠。

　　跳水板的本質是什麼？最終結果呢？跳水板會讓你往下沉，倘若你的企業僅靠一個平台支撐著，若不是市場很快就飽和，就是情勢每況愈下。總之，你的企業將深陷危機。

建立數個成功支柱

　　基本上，參加我的研討會的客戶，就是希望我協助他們有系統地將企業建造在數個基柱上。

　　一個基柱可能是他們目前經營的方法，另一個基柱就會是銷售或創造企業利潤的替代方案。

　　可能是直銷、電話行銷、合資企業或戰略聯盟、隨機散客、異業結盟利潤共享、媒體廣告多管齊下，行銷的方法不勝枚舉。

　　換言之，倘若其中某個行銷方法不管用了，或許你的企業營收會減少一成，但是不會因此元氣大傷，更不會因此退

出市場。我將這些行銷方式稱為「創新利潤中心」。**那些無利可圖的行銷管道，或者投資與回報不成比例的方式，就不要白費心思去經營了。**

我心中的優化就是現在、過去、未來不論是對人或對事所投資的時間與精力。以最少的投資在最長的期間得到最大利益的過程，這真的很有趣。

不只是你的生意，現有與曾有的員工、賣家、消費者、沒成交的客戶、供應商、經銷管道、地點……所有的環節。

所以，從這個前提開始。

用一句話來總結我的理論：除非你能為自己的企業準確描繪出清晰且獨特的願景，才有可能實現你理想中的企業。然而，建構願景的技巧就是掌握優化的藝術。

如前所述，**優化是學習如何極大化所有資產，而非極小化**。就我的觀察，大多數人盡可能減少自己的行動，而非優化自己的行動。我會告訴他們應該如何改變。

當前環境造就出這種情況，所以我們看到很多縮編的公司會說：「看看公司的各個層面，找出比過去更有效率的方法。」

在追求優化的過程中，多數人甚至無法辨識出手邊可應用的所有面向、機會與選擇，因為他們只看到目前公司經營的方法。

錯失手邊的資產，就無法進行優化。若是不知未來有何可能，也別預期自己能達到這種可能。所以，你必須先停下來問問自己：「未來有何可能？能有多好？我該怎麼做，才

能讓公司更穩健地營運下去？」

　　必須瞭解哪些戰略能讓企業獲得最多機會與最大利潤。我再強調一次，必須先瞭解、承認與意識到其他企業採用了多少經營的方法，這段思辯過程就會形成所謂的「最佳成功戰略」。

將理念灌輸給消費者

　　針對以下三種人，清楚闡述你的理念，讓他們接受優化的哲學。

　　第一種：你的團隊成員（員工、業務與客服人員等）。就算是兩人公司，只聘用一位櫃台人員，都必須讓他明白你的理念。

　　第二種：你的賣家、供應商、後勤資源人員。如果你們的合作關係不夠牢固，他們不瞭解你的理念，不支持你的努力，根本就談不上優化，而你的成功也很有限。

　　第三種：購買你的產品或服務的消費者。

優化個人哲學所帶來的好處

　　你的個人哲學也極為重要。若是無法優化你的理念，你的企業與個人哲學將無法成為親密戰友並肩作戰，也就無法將你的企業推向最高峰。為什麼？因為你對他人的感謝是不夠的。

　　這就牽扯到個人層面了，一切都攸關你和他人的關係：你與搭檔、孩子、鄰居、朋友，乃至於街上相遇的路人。

　　所以，優化你的個人哲學，意謂著你對別人更感興趣，你和他人的關係更為緊密。不論是在何處與這些人相遇，你都決定愛他們，享受他們的陪伴，並且透過提供服務給他們而體悟到成就感。

優化帶給企業的好處

　　既然你已經開始優化公司和個人理念，我們來看看你的企業目的。

　　你的企業目的是指，如何透過你提供的產品與服務，闡述你的經營哲學。當你成功優化了你的經營理念，你的目標也將隨之優化，因為你的理念是正確的。

　　哲學與目的之間的差異很簡單，就是明白哲學是核心價值，目的則代表根據這些核心價值想要達成的事情。

可預期的成果

　　一旦釐清並優化你的理念與目的，就能擬訂你的企業宗旨，這個宗旨能持續激勵你和其他與企業相關的人。永遠記住這攸關著你的客戶，而非你。等到你真正達到這個境界，所有環節都將各就各位。

　　注意會發生什麼事：

　　當客戶愛上你的理念而非你的產品或服務，而你也清楚將你的理念灌輸給所有與企業相關的人士，無論提供什麼商品或服務，接下來更宏偉的目標就是，透過促銷、販售、回饋特定利益給你的客戶，執行你的理念。

持續這套做法將會獲得可觀的利潤。

當你自然而然遵循「顧客為主」的哲學與目的，就能成為全心奉獻的創新者，因為你提供的產品與服務肯定是最優質的，否則不會輕易出手。你的客戶也會告訴你還有哪些未臻完美，答案就在客戶心中，然後你的企業自然而然就成為以顧客為尊、以顧客為導向的企業。

你想建立一個更強健的企業體，也就是說，對於需要你的產品的客群，當你想要更有效獲取較多利潤時，就必須擴張並改良你的行銷方法。

請記住，有效行銷只是教育人們你的產品能帶來何種好處的過程，說服他們你的產品與服務遠勝過你的競爭者。

直到能在市場上有效行銷，才能實現你的哲學與目的。由於不同客群對產品與服務的價值也有所不同，你必須採用不同方法影響消費者的決定。

假如行銷商品與服務的方式更多元，就會有更多消費者認可這些商品的好處。

為了達到最高效率與最大影響力，你必須透過系統化評估，優化你的行銷方法。一旦經過測試與驗證，確定哪一種方法最有效，就必須將它系統化，方能延續其效率。

明白你再也不會浪費時間、金錢與資源，這是非常美好的體悟。你能精準掌握企業經營過程的每一步，這還只是優化的眾多好處之一。

想要達成哪種目標？

現在，我們要開始確定你特有的優化企業戰略。首先，你必須將焦點放在希望自己的企業或專業帶給你什麼。

我們的目標就是要釐清你的想法，也就是說，要確認你理想中的成功到底存在著哪些關鍵因素，然後我會協助你確認這些因素的可行性。再根據你對未來的規劃，制定你的優化企業戰略。

所以，你想要什麼？快速成長？擴張事業版圖？客戶暴增？更多獲利？更有名？在不影響獲利的情況下，與家人朋友相處的時間更多？更多角化經營？更多肯定？

關鍵問題是，如何達到你的目標？

請記住，優化是你永遠的目標。在最低風險下，以最少的時間、精力與金錢換取最大的回報，打造出理想中的成功境界。

許多與我共事的人在規劃理想企業的戰略時，都不願承認會讓自己獲得無比喜悅與成就的不只是賺錢，不只是認真打拚，而是樂在其中、受人景仰、達成更宏偉的目標。

對企業的意義

要制定優化企業戰略，你必須思考自己對企業未來的展望，該如何達到那個境界？

舉例而言，想像客群成長了兩倍，為了滿足所有消費者的需求，應該付出什麼努力？很可能必須招募更多員工，添購更多設備和更大辦公區，投入更多資本，滿足兩倍客群所

需的產品與服務。

　　全盤思考後，請自問：「我還需要兩倍的客群嗎？或是客群適度增加，但透過增加平均消費金額與增加消費頻率，以更少的成本達到相同的獲利，這樣是不是會比較快樂？」

　　換句話說，一旦考慮到後續的影響，就必須捫心自問：「為了達到我心中理想企業的境界所做的改變，真的會讓我快樂嗎？或是有鑑於這些影響，我是否需要調整我的規劃，以達到真心想要的生意？」為了協助你找出真正的答案⋯⋯

盤點資產時刻已到來

　　接下來，我要協助你正視內心真正的渴望，助你達成目標。如同前述，必須先知道手邊可運用的所有資產、機會、選擇，才能達到優化。記住，盤點資產時，請你抱持著愉悅的心情徹底執行。

　　針對以下各個類別，企業目前擁有的資產造冊：

- 資源與工具資產表
- 我和其他同仁所擁有的技術與能力
- 財務的優勢（例如：目前的財務情況、可用資金等等。）
- 其他資產（例如：銷售能力、戰略關係等等。）
- 設備、空間、其他可用資源（例如：電腦與機器、倉儲空間、大材小用的員工等等。）

　　請完成以下的表格：

擴張企業第一步：如何增加客群？

ABC公司【目標：100萬美元銷售量】

1	2	3	
客戶數量	平均購買金額	客戶購買頻率	總計

目前：

200人　X　500美元　X　每年購買兩次　=　20萬美元

【客戶數量需成長50%】

目標：

1000人　X　500美元　X　每年購買兩次　=　100萬美元

我的企業銷售量目標：_____

1	2	3	
客戶數量	平均購買金額	客戶購買頻率	總計

目前：

_____ X _____ X _____ = _____

【客戶數量必須成長___倍】

目標：

_____ X _____ X _____ = _____

擴張企業第二步：平均購買金額增加 **40%** 的情況？

ABC公司【目標：100萬美元銷售量】

1	2	3	
客戶數量	平均購買金額	客戶購買頻率	總計

目前：

200人　　X　　500美元　　X　　每年購買兩次　=　20萬美元

目標：

715人　　X　　700美元　　X　　每年購買兩次　=　100萬美元

【ABC公司客戶平均購買金額增加40%，所需增加的客戶數量減少28.5%】

我的企業銷售量目標：_____

1	2	3	
客戶數量	平均購買金額	客戶購買頻率	總計

目前：

_____　X _____　X　_____　=　_____

【客戶數量必須成長____倍】

目標：

_____　X _____　X　_____　=　_____

【公司客戶平均購買金額增加40%，所需增加的客戶數量減少_____%】

上述改變的意義為何？需要怎樣才能達成？

擴張企業第三步：客戶購買頻率增加 **50%** 的情況？

ABC公司【目標：100萬美元銷售量】

1	2	3	
客戶數量	平均購買金額	客戶購買頻率	總計

目前：

200人　X　500美元　X　每年購買兩次　＝　20萬美元

目標：

477人　X　700美元　X　每年購買三次　＝　100萬美元

【ABC公司客戶平均購買金額增加40％，購買頻率增加50％，所需增加的客戶數量減少52％】

我的企業銷售量目標：_____

1	2	3	
客戶數量	平均購買金額	客戶購買頻率	總計

目前：

_____ X _____ X _____ ＝ _____

【客戶數量必須成長____倍】

目標：

_____ X _____ X _____ ＝ _____

【公司客戶平均購買金額增加40％，購買頻率增加50％，所需增加的客戶數量減少_____％】

上述改變的意義為何？需要怎樣才能達成？

我必須回答的重要問題

基本問題：

- 我的企業帶給我的最強烈目的感、最大喜悅與成就的層面為何？
- 哪些無法帶給我強烈目的感、喜悅與成就？

使我達成目的的關鍵因素：

- 我願意投入多少時間、努力和資金？
- 為了達成企盼的成長，我願意分配資金的方向為何？
- 倘若我的目標遠超過公司現階段財務能力範圍，我願意與其他公司成為戰略夥伴或尋求外部服務嗎？
- 我目前的戰略會將公司帶向何處？
- 我真心熱愛目前的工作與客戶嗎？為什麼？

花點時間寫下你的想法，針對企業中的人事物，你的好惡是什麼？當你完成省思，就能擬訂改變的戰略。

擴張企業第四步：我的優化企業戰略最佳組合是什麼？

建議你多影印幾張表格供日後使用，用鉛筆寫下最初的選擇。如此一來，當你的想法日趨成熟時，隨時可以更改。

為了增加我的＿＿＿＿＿＿＿＿，可使用的方法：

1	2	3	
客戶數量	平均購買金額	客戶購買頻率	總計

目標：

_____ X _____ X _____ = _____

如何優化你的企業戰略？

第二部分：測試、評估、系統化

測試、計算、評估

首先，測試你列在企業優化戰略上的每一種方法，找出適用於企業的方法。別忘了你想要優化，也就是說你想結合最強大最有效的方法，發展出完整的企業戰略。

思考所有篩選出的行銷方法，問問你自己：

- 這套方法的適用情況有可能得到最佳結果嗎？
- 在無需降低標準的情況下，最快速達成目標的簡易方法是什麼？

完成測試後，計算你的結果明列於下：

- 發生了什麼？

此時，你準備好進行評估：

- 值得嗎？為什麼？
- 如果值得，我該多久重複一次？一次就夠了嗎？偶一為之還是季節性重複？根據規律的行程表嗎？該持續進行嗎？

倘若行不通，因為還有其他選項，你可以直接放棄該方法。倘若還差臨門一腳，請你重新審視先前所述，然後列出檢視表，思考是否徹底執行，因為問題通常出現在執行面。

如果非常成功，則依此延伸擴張下去。系統化其實很簡單，就是有效的方法重複做。

看看能否讓有效的方法更上一層樓。別忘了，你總是可以回頭看看前面的論述，研究那些案例成功與失敗的過程，案例探討總是充滿了趣味。

採行每一種方法時，你必須先問自己：

我該投入哪些努力與資源來進行這次行銷活動？絕大多數時候，我會建議你一開始不要貪心，規模愈小愈好。拿公司利潤擴張版圖比較好，與其「未經一番寒徹骨，焉得梅花撲鼻香」，**我反倒建議你在沒有風險的情況下穩定獲利。**

若是喜歡全力以赴，就能樂在其中。

系統化有助增加利潤，減少工作量

概念很簡單。只要你發現某個環節確實奏效，就應該在系統中靈活善用之。

倘若發現沒有效果，可以修正或放棄。換言之，**系統化就是整合所有成功的行銷活動，使它們成為最適合你的企業**

戰略。

評估戰略運用下形成的結果後，就該針對其影響採取行動。如此一來，就能一手掌握你想要的結果。

然後，如果決定將它發揚光大，讓它在你的系統化中扮演舉足輕重的角色，就要問問自己：「影響所及為何？」答案將不言可喻。

找出可靠的答案後，必須將最好的方法納入你的企業戰略中，讓系統有自動調整的能力。

思考你的優化企業戰略，將它視為在目前既有的優勢與資源下，你研究出的最有效戰略（如同我在此章所述，這只是換個角度審視如何建造你創造理想利潤的方法）。

當你首次嘗試卻發現獲利不如預期，別立刻放棄，請你先問：「有沒有其他管道可以讓這個方式更管用？」

最後請你牢記，當你形成了自己的優化企業戰略，也擴大並釐清了你的思考範疇，就該培養出能在你人生中發揮強大力量的心態。

記住亞伯拉罕優化法

你必須運用最快速、最顯而易見的戰略，將最多心力投注在能創造最大利潤的潛在客群上；但是，這又談何容易！

第一步就是檢視你的消費者，你瞭解他們多少？如果你對他們一無所知，就無法決定出有效戰略。所以，一開始就要直搗黃龍。

怎麼做呢？開始分析吧！檢視所有公司和客戶的名稱、

他們居住的城市與街道，看看誰的購買力強，誰又是特定產品的購買者。

分析客戶的產業別，看看能否找出關聯性。如果訂購單或出貨單上出現「學區」兩個字，或是出現「化學工廠」，就知道他們是什麼類型的客戶。如果只出現「Ａ公司」，或許就一無所知了。

首先，有時只需問問你的銷售員、收銀員、客服人員與快遞人員，他們能告訴你某些客戶的特性，就能直接區分出不同的客群。還有，列印出公司或個人的名稱，也能讓你看出許多端倪。

再者，如果對客戶一無所知，不妨直接致電或造訪其中某些客戶，或是當客戶來電或來店時直接跟他們聊聊。

建立鎖定與收集資訊的過程

當你開始建立鎖定與收集資訊的過程時，資料來自你的銷售員、快遞公司、客服人員、訂購部門和科技人員，所有接觸到客戶的人都有助於建立資料。**你必須取得這些資料，這關係著企業的金脈。**

第三點則取決於你的手腕。透過研究分析個資的公司或軟體，你可以取得相關資訊，他們提供的資訊將有助於你瞭解客戶檔案與客戶群統計分析（此部分暫不深入探討）。

你必須研究有何徵兆和趨勢，針對特定或不特定的觀察進行研究與分析，以便找出現有客群的購買模式。

然後你要強化研究，根據研究結果做出正確行動。如果

發現某些非你鎖定的客群主動購買你的商品與服務，就該集中火力吃下這塊大餅，對吧？沒錯！

如果發現某些客群顯然針對某種目的大量消費，就應該多增加符合該目的商品或服務的選項，以便吸引這些消費者購買更多。

或者，你可接觸這些消費者，說服他們購買其他類型的商品與服務，滿足其他目的。也或者，你可以結合其他公司販售消費者有高度購買興趣的產品，形成「賓主兩益關係」（Host/Beneficiary relationships），聯手搶下這塊大餅。如此一來，就能擴充現階段的產品線。

然後，你會想要知道，這些內容對你的企業前景列表以及不太積極的消費者有何影響。假如手邊有高回購率的客戶資料，或許你會希望提供更多商品給他們，或是希望給他們更多誘因，提高回購率。

三招定江山

我要提供34個行銷戰略，將你的企業推上顛峰。

第一部分，增加客群

增加你的主客群，以及有興趣的消費者：

1 推薦系統。

2 先在不賺不賠的狀況下完成交易，擴大客群後再收割獲利。

3　透過風險逆轉購買保證。

4　賓主兩益關係。

5　廣告。

6　運用廣告DM。

7　運用電話行銷。

8　舉辦活動。

9　取得有效名單。

10　發展獨特銷售主張。

11　透過教育消費者，增加他們對商品與服務的感知價值。

12　運用公關宣傳。

增加消費者保留率：

1　提供物超所值的服務。

2　與客戶保持緊密聯繫，培養他們的忠誠度。

增加詢價客戶的成交率：

1　提升員工銷售技巧。

2　先卡位先贏。

3　提出難以抗拒的報價。

4　灌輸消費者必須購買的原因。

5　創造／增加感知價值。

增加客群：

1 併購其他公司。

2 市場資產奇貨可居。

3 吸引老顧客再度消費。

第二部分，提高單筆交易金額

1 強化團隊向上銷售（up-sell）與交叉銷售（cross-sell）的銷售能力。

2 運用銷售點資訊管理系統（point-of-sale）促銷。

3 提供整套商品與一系列服務。

4 提高售價，增加利潤。

5 將商品與服務的形象包裝成高品質商品。

6 提供更多組合的交易。

第三部分，提高回購率

1 提供產品的後端服務，好讓你能與消費者再聯繫。

2 親自聯絡客戶（透過信件、電話……）維持良好的關係。

3 將其他公司商品列入你的名單。

4 舉辦特別活動（會員獨享銷售會、限量預購會……）。

5 先洗腦消費者對商品的印象。

6 回購率高可享特價優惠。

　　優化就是，從過去、現在、到未來，以最少花費換取最長期間的最大回報。

　　三招定江山，真的只需三招。

增加客群		提供單筆消費金額		提升回購率		總計
1,000人	X	100美元	X	2	=	20萬美元
增加10%		增加10%		增加10%	=	增加33%
1,100人	X	110美元	X	2.2	=	266,200美元

每部份增加10%，收益增加33%。

增加33%		增加25%		增加50%	=	增加250%
1,333人	X	125美元	X	3	=	499,875美元

三部分遞增＝指數成長

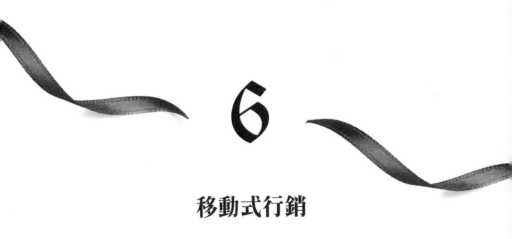

6

移動式行銷

移動式行銷就是活力行銷

你必須承認，若是不能掌握它，它就會掌握你。

舉例來說，撤掉某個廣告的前提，必須是想出另一個更好的廣告。請記住，你的廣告目標是「川流不息的人潮」，而非「站著不動的稻草人」。

總是會有新客戶看到你的廣告，消費者時而光顧，時而遠離你的市場。再者，或許你總是準時收看自己的廣告，但是對於你的潛在客戶而言，可能平均出現五次廣告，他們才會看到一次。

廣告發揮三倍效果：

1 人們有不同的需求、渴望、欣賞角度與潛力。

欣賞產品的價值，有能力使用它。你的目標就是要取得平衡：一、搶攻主力客群的心，讓他們心甘情願買單，以支應企業的現金流轉。二、打造未來願景與認同感。

2 多數人有較高的不確定感、較低的被需要感。

好比說，我以前有個販售投資稀有商品的客戶，他們的買家一開始都進行小額安全的投資；說穿了，就是他們最熟悉的黃金。

然後，買家開始進場購買銀，再加碼投資稀有硬幣，然後會鎖定高單價稀有硬幣，後來甚至可能投資內行人才會購買的商品。買賣行為是一種漸進升級的過程，消費者的胃口和膽識會慢慢被養大。

3 競爭／科技永遠是移動式行銷。

引用彼得・杜拉克的名言（多希望這句話是出自於我）：需求或許只有一個，滿足需求的方法卻非常多，而且總是會改變。你必須保持警覺人們有何選擇，不是與之共舞，就是提升或創新。

除非掌握了獨家科技（這種情況其實相當罕見，因為人們管不住自己的嘴巴），否則你必須明白，移動式行銷是你的優勢，因為你接觸的客群來自四面八方。

回顧我先前提及的珍奇古玩投資商的故事，可能先用19美元的商品吸引消費者進場，最後他們購買的古玩價格超過19萬美元，但是他們並非直接從19美元跳到19萬美元。

多數人希望自己像特技明星吉尼維爾（Evel Knievel），一舉跳過大峽谷；不過，你必須明白吉尼維爾曾經摔斷多少根骨頭，歷經多少次失敗，最後方能成功飛越大峽谷。

客群是流動的

如果最安全、最確定的方法，就是明白客群是流動的，為何還要行銷？這是個更緩慢的過程，但動機就是他們終究會購買，不是嗎？

而那些非流動的客群，他們終將成為你的客戶，因為你有系統化的過程，也就是「卓越策略」。你讓消費者明白，你成為他們終身信賴的顧問只是時間的問題，他們終究會成為你的客戶。

還有一個有力的重要因素：研究顯示，現今的多數消費者購買高價、無形、概念性產品或服務之前，至少都與該公司接觸八到十二次。

為什麼？因為幾乎沒有人會覺得立刻需要此類商品，消費者有太多選擇性。面對太多刺激與選擇、甚至太多花費，導致我們都已彈性疲乏。最簡單的應對方法就是推拖拉，以及考慮考慮再考慮。這是人的天性，果斷並非人類天性。

你當然希望，消費者一看到你的廣告就立刻購買產品。但是瞭解人性之後，你就會明白，他們沒有立刻採取行動，可能是因為他們曾經輕信陌生人，或是購買了不瞭解的商品或服務。

你可能會說：「沒問題，我知道你真的沒時間參加。沒有人曾經告訴你為何這對你更加重要，你必須把它的重要性從第八十順位提高到第三或第一順位。」說服他們是你的任務，你必須苦口婆心告訴他們。你的工作就是教育人們、說明產品、宣傳廣告。

同時，你必須明白自己正在打一場昂貴的戰爭。你付出了多大的代價才有今天的成就——就算只是對消費者發表聲明——至少應該以你確定的移動式行銷做為行動起點。移動式行銷充滿五大活力：

1 **他們決定購買之前，你就必須先進入購買流程。**

2 **先從最初階的程度入門，你知道他們會慢慢進階。**當然，並非所有人都如此，但多數人會進階到愈買愈多，獲利能力也會愈來愈好。

3 **你承擔的風險是經過深思熟慮的。**好比說，我想買一部機車，可能會也可能不會在首次去機車行時就成交。然而，若是遇到勇往直前的銷售員或代理商，一遍遍不斷地面對像我一樣來詢問的消費者，直到第一百人時，或許其中有三十人會詢問兩、三種不同款式的機車。倘若是爸爸幫兒子買自己喜歡的機車，爸爸可能也會幫自己或太太購買。他可能會從原本要買一部兩千美元的機車，經銷商賺兩百美元，變成購買兩部四千美元的機車，經銷商兩千美元入袋。最後更有可能是，購買兩部八千美元的機車，外加一部四千美元的機車給太太。這就是購買升級的過程。

4 **你必須明白，讓現有消費者不斷回購的喜悅，超過一直開發新客戶。**不過，很多人都無法挽回舊客戶，因為他們沒有讓移動人潮明白回購的價值。

5 **必須明白移動式行銷帶給你很多好處。**當人們大量購買你的商品或服務時，他們就成為最有說服力的代言人，足以

影響別人的購買意願。

不只是消費者，連商品都是流動的

　　我的哲學很簡單，事情不是向上提升邁向未來，就是向下沉淪進入歷史。「成長與死亡」有許多意義，可能意謂著你的企業成長或倒閉、你的學問精進或退步、你的產品狂賣或滯銷、你的同理心高漲或消失、你的創新源源不絕或一攤死水、你的重大發現突破或撞牆，對吧？這其實很酷。

　　移動式行銷幫助你明白，拒絕你的顧客一去不回來。我的同事荷姆斯（Chet Holmes）提供《財星》雜誌前五百大企業一套價值五十萬美元的訓練課程，他推斷，購買課程的客戶中，已經有九成離開原公司了。

　　所以就算你被拒絕了，移動式行銷的優點之一，就是它對你的優點有如虎添翼之效，讓你能有效對抗別人的弱點。

　　即便還沒建立起自己的企業，流動的人潮將會告訴你，有人會退出市場，有人會搶攻更多市場；有人會消失，而那些沒有負面傾向的人會冒出頭。

　　我的心態很正面，就像「半杯水」的比喻。移動式行銷提醒你要留意世界轉變的脈動，**你該做的事情，就是將所有令人害怕、看似負面的觀點，轉變成強而有力的正面誘因。**這就是你應該有的心態，不是嗎？

　　移動式行銷是一種敵消我長的概念：你面對的每一個人都有能力（取決於你提供的商品或服務之獨特性）透過推薦或背書，回饋更多新客戶給你。事實就是，當你失去一個消

費者的時候，會得到兩個客戶取代他們。

你必須採取進一步行動，進行後續追蹤。不只是關心購買你商品的公司，還要繼續關心那家公司購買你商品的人。在之前的培養接班人計畫中，我會花六小時跟你聊聊我的經歷，就是想告訴你，多數人放棄他們在 A 產業學到的一切，轉而投入 B 產業。很多人換工作之後，就不會關心前工作認識的夥伴，這真是愚蠢至極。

移動式行銷告訴我們，不管誰欣賞你、購買你的商品，他們總有一天會離職（除非那是他們的公司）。因此，你必須上上下下打點好關係，這就是行銷戰略。

有位朋友任職於某知名廣告代理商，他每次拜訪客戶，都會幫副總裁的四位助理買杯咖啡。我問他原因，他說：「總有一天，副總裁可能繼續往上爬，不然就是退休。這四位助理其中一位可能會升為副總裁，沒人有把握會是誰，我只是要確保他們都喜歡我。」他非常有遠見。

移動式行銷也跟你的人際關係有關。舉例而言，你先透過媒體刊登廣告，或是向媒體平台承租資料庫行銷。你們的合作關係愈來愈緊密，甚至可能與這個平台成為共同創業的夥伴，透過他們的推薦，生意源源不絕。

我認為，這是一種取巧的心態。取巧並非玩弄心機、操控別人，而是勇於押注眼前的機會，無論是服務業、地毯清潔公司、園藝公司……任何行業。

對服務業的影響

移動式行銷對企業有什麼影響?當然,這取決於企業類型。舉例而言,你的公司是服務業,假如只是提供一次性的服務,像是搬家業。也就是說,你希望確定你的服務流程,因為我們都知道,根據統計,人們平均三年搬一次家。

1 如果是同一地區的搬遷,就必須與客戶保持固定聯繫,因為他們可能在三到五年內就會再搬家一次。

2 如果他們搬到外地,你應該讓客戶周遭的鄰居知道你為他們服務,這樣或許還能得到其他鄰居的訂單。

3 如果他們委託你搬家,而你事先知道他們還需要其他類型的服務或產品,可能早在數週前就會知道了。這時,你可以試著與其他產業戰略聯盟,因為你的消息最靈通。

所以,你可以推薦其他廠商給他們,也可以將客戶訊息提供給其他廠商,或者雙管齊下。

假如你提供的是重複性極高的服務業,像是修剪樹木,就必須明白以下三點:

1 樹是活的,會不斷長高。如果你做驅蟲生意,蟲還是會再出現。若是無法提供及時協助,這個生意就只做這麼一次了,因為當他們打電話給你時,可能還要排隊很久,你才有時間處理他的情況。如此一來,客戶會覺得很不方便。你應該建立一套定期服務系統,保證優先提供客戶服務。

2 你必須明白,重複上門的客戶是主要的收入來源。或許你幫他們修剪樹木,但是也可能幫其他人修剪灌木叢,修剪什麼都行。

3 或許這個社區的其他人會是你的下一個大客戶,因此,你必須靠他們幫忙介紹。

對專業人士的影響

假如你是專業人士,好比說醫生或脊骨神經醫師,移動式行銷對你又有什麼影響呢?

答案是一樣的。或許病人需要定期回診,也或許他只需要一次療程就康復了。如果你只提供單次療程,就必須仔細研究你的客群來源,或許來自一本雜誌,或者來自於一場研討會。

他們可能是收到你發出去的廣告小冊子,或是被親友推薦。顯然這些人認識其他人,若你是整形科醫師,可能需要更謹慎,但你還是要明白這些客戶都是移動式人潮。

相較於他們,成交對你更重要;不過,如果你能很自然巧妙地讓他們產生購買慾望,通常會心甘情願地歡喜成交。很多人在推薦過程中搞砸了,多半是因為他們很生疏,不然就是太過炫耀、太緊張、太猶豫,或是他們自己心虛了。

對不動產業的影響

對不動產有影響嗎?記住底下這件事:每一個人的平均人際網絡來自工作、家庭、鄰居……就算沒有幾百人,也會

有幾十個人。

所以你必須明白，你的最大報酬絕不會來自某筆特定交易，而是來自其他所有交易。但是這些交易不會憑空獲得，必須戰略性地做好基本功，才會水到渠成。

因此，就不動產業而言，倘若客戶決定搬家，就應該有相關的應對戰略。你可以辦個派對，同時宴請新舊住戶，透過這場聚會，同時掌握雙方資源並創造商機。你甚至可以更貼心地替遷居者的前房東辦個派對，因為他們自己的房屋仲介人員可能自私到壓根兒沒想過這麼做。

你有必要也有責任跟著市場成長，但這其實是個決定。你該明瞭市場的成長會超過你投入時的規模，必須做出明智的抉擇：你滿足了所有人的需求嗎？你會跟著他們成長嗎？答案沒有對或錯，但這是你必須思考的事實。

評估自己是否堅持著消極觀念：「好吧，我要幫一群專業人士找到人生的第一棟房子，但很有可能他們只是看看就走了。」

現在，我有兩個選擇：第一，全副精力就放在尋找他們的第一棟房子，就這樣。第二，從一開始認識客戶就主動跟他們說：「我看好你，希望成為你終身的房屋仲介商。我知道你現在落居此地，可能會結婚，可能會飛黃騰達，可能會生更多小孩，未來可能會搬家、會旅行，我希望在你的人生不同階段都能服務你。若是有一天無法滿足你的需求，我一定會老實告訴你，而且會推薦有能力滿足你需求的人替我服務你。如果你相信我，我就在這裡服務你。」

這是很酷的戰略，但是必須要有戰略。那些非常天真的樂觀主義者、超現實主義者或理想主義者，會陷入一種自我感覺良好的深淵；他們認為，只要自己準備好了，客戶就在門外等著他們。事實上，在此同時根本沒有半個客戶光顧，他們只會幻想著，第一筆交易就會讓客戶永遠欣賞他們。

這就是人性，你無從譴責，更無法改變；但是，你必須把人性變成你的優勢，因為沒有人會思考這些東西。所以你是有選擇的：你可以憎恨人性、踐踏人性、對抗人性，或者駕馭人性。

為何不做呢？

有些人只想成為某方面專家。洛杉磯有位地產經紀人，約莫賣出五千棟首購屋。這是他的本事，也是他建立的專業形象。他就是想要成為首購屋專家。

然而，他的人脈建立起特定市場，讓他更上一層樓。首購屋預算從一棟三十萬美元到四十萬美元，鎖定中產階級的區域。這是他要的，也是他能掌握的市場。他耗費了很多心血，但他的戰略就是要打下這片江山；假如他企圖反其道而行，不知道是否還能從中獲利。

有些地產經紀人只會銷售百萬美元起跳的房子，要他們銷售五十萬美元的房子可能會搞砸，因為這不是他們所長。

他們提不起勁銷售平價屋，而他們銷售百萬豪宅的功力也無用武之地，這就是每個人的戰略地位。

許多人目前處於很有趣的階段，他們不想透過戰略決策去創造自己的定位，沒把移動式行銷列入他們的戰略中。

　　所以，他們無法抓住不同的客群，無法迎頭趕上或轉移焦點到另一波人潮。因為他們之前並未注意移動式人潮，現在必須認真做出決定，到底是要修改戰略，還是將現有的發揚光大。

對零售商的影響

　　我們來聊聊零售業。你可能將客群鎖定在三十歲女性，但她們會逐漸邁入四十一枝花，往後還會挺進五十大關。你可以販售傳統的東西，但若是想要跟上流行，就要冒著跟錯流行或跟到流行末端的風險。客戶形形色色，有些很潮，有些很保守，你可以走中間路線，或是有個特定範圍。

　　有位好朋友非常聰明，是一位室內設計師，無意間領悟到一個重點。他有個展示間，大家都會來這裡購買房間裝飾品，卻沒人購買大型家具。如果他只販賣大型家具，肯定要喝西北風；但是，光是販賣房間裝飾品，就足以應付公司日常開支。

　　因此，他開始專心經營房間裝飾品的市場，不在乎大型家具到底能不能賣出去，因為大型家具只是吸引消費者目光的工具。

　　他的收入全都來自銷售桌椅、燈具，以及其他特色小家飾，因為人們的想法總是變來變去，想要添購一些小東西來改變居家氛圍。假如購買了一套價值五萬美元的家具，除非變成富豪，否則不會輕易換掉它；但是，添購一套五百美元的盤子、燭台或燈飾，就可以讓家裡煥然一新。

這是人類喜歡嘗鮮的心態，或許我們會覺得無聊，但這就是移動式人潮。

對科技業的影響

移動式行銷對科技業的成敗具有決定性影響，正因為整個產業都採取移動式行銷，所以要成功絕非易事。你可能是領頭羊，也可能吊車尾，全憑運氣。你可能觀念太前衛，也可能挑錯科技平台。

第一部電腦搶得先機，這可是石破天驚的發明。後來出現文書處理軟體，也引領風騷好一陣子。接著是專業排版系統與繪圖軟體。

科技業研發出Photoshop這類影像後製軟體，後來更推陳出新數位照片與影片編輯軟體，然後是MP3音樂與網路相關軟硬體。整個科技業都隨著移動式行銷起舞，無法更上一層樓的業者就等著被淘汰。

假使我有更好的財務型態，這對我的公司有何影響？我該注意哪些面向呢？

你幾乎必須掌握整個網絡，必須研究一個人從潛在客戶到成為消費者的過程，從內心需要到真正訂購商品。觀察不同產業的需求、產品生命週期、產品回收後的剩餘價值、競爭對手的成長、產業情報等等。

這些都與產品、人、地、競爭、科技的發展有關，結合生活、企業、人性、自尊與渴望……全都息息相關。你把焦點放在這些元素上，整個環節都會產生連動。

　　通常我都在同一家服飾店消費，老闆現在處於低潮，因為他把大筆資金投入西裝買賣，而我是唯一會跟他購買西裝的客戶（我不穿西裝，但是喜歡西裝），所以他的西裝都滯銷了。

　　他賣出許多配件，但是配件的利潤不足以打平開銷。如果當初知道客人只會購買配件，他就會選不同的店面，資金配置也會有所不同，但他就是押錯寶了。所以，如果你選錯邊，麻煩就大了。

　　這就是為何我們需要事先測試與評估，押對寶上天堂，選錯邊下地獄，結果是天壤之別，必須步步為營。

　　不要突然徹底改變公司或產品的路線，或是拿你的大客戶當新產品的白老鼠。變動幅度不要太大，如此一來，賭贏了會大獲全勝，賭輸了也不會大失血。說穿了，道理就是這麼簡單。

移動式行銷就是源源不絕的消費者

　　移動式行銷的概念就好像看著河水潺潺流過，不是往上游走，就是往下游去。事實上，這兩件事是同時進行的；雖然你在移動，但其實是兩個不同的平台。

　　或許你會說：「我讓原本考慮購買的顧客下訂單了，購買高檔商品，幫我介紹客人。」然後你會說：「我把公司產品層級從一般貨物提升到高科技商品，再提升到以服務為基礎的商品。」

　　可以移動的方向其實還蠻多的，因此必須做出決策。可

搶攻的市場很多，但就算要吞食所有大餅，還是必須一次一口慢慢吃。你必須先從有把握的市場開始，盡可能網羅這個市場的所有客戶。決定是否要繼續攻占其他城池之前，必須先穩住你的大本營，這樣才有財力開疆闢土。

移動式行銷同樣也會分析你的消費者結構分布情況，因為你或許會突然發現，即便你的消費者來自各行各業，卻有六成利潤竟然來自整形醫生與網球選手的消費，這是你以前從未注意到的消費者結構。

或許有些人發現你的產品與服務可以有其他用途，而你卻因為對自己的產品存有既定印象，反而看不出它的潛能。有些真的很搶手的商品，也可能瞬間乏人問津。好比說，紅牛提神飲料現在很夯，有些人把它調進馬丁尼酒或其他飲品中，但是這股風潮可能終將退流行。

我們曾分析過車商，給他們看資料，讓他們知道太常更換廣告是多麼愚蠢的事情。我們研究《洛杉磯時報》讀者的數目，詢問車商：「多少人每週買一輛二手車？」我讓他們明白，除非消費者喜歡開著隨時會拋錨的汽車，否則購車前肯定會再三研究車商的廣告。太常更換廣告無法讓消費者留下深刻印象，非常不值得。

我告訴他們：「當市場飽和時（我認為一支廣告大約可用三年），每個人大概買過三輛車，也準備好要換車了。」

假如你對自己正在做的事情產生倦怠感，那也是可以理解的。更換廣告的時機點就是：做出比現在更棒的廣告，或是現階段的廣告已經沒有效果了。即使做出更棒的廣告，如

果現有廣告還有效果，更換廣告還是會影響收益。

　　假設明天早上你要撤掉舊廣告，換上新廣告。如果我是車商，登一次廣告的費用是兩萬美元。每花兩萬美元的廣告費，就能為我帶來五十萬美元的生意，而我的利潤是一成，也就是五萬美元。用兩萬美元的支出換取五萬美元的收入，還是挺不錯的。

　　但是後來廣告帶進來的生意少了一半，剩下25萬美元，於是我開始思考新廣告。

　　你可以認為我應該要換新廣告，也可以認為新廣告上頭版，舊廣告上二、三版。如此一來，或許會吸引那些不看頭版的消費者。你可以試試這個假設是否奏效，因為接觸到不同的客群。

31 冰淇淋理論

　　移動式行銷會引進另一批客群，這也是我所謂的「31冰淇淋理論」。如果每個人都喜歡杯裝香草冰淇淋，31冰淇淋就不用推出其他30種不同的口味，更不用推出一般甜筒、格狀甜筒、冰淇淋加配料、淋糖漿、加鮮奶油……。

　　這種理論也適用在消費者身上。**移動式行銷意謂著有些族群就是不會被單一廣告打動，單一觀點或理由很難說服他們。**以下有兩個例子：

　　多年前，我們幫痠痛貼布Icy Hot行銷。以前我們總是在《國家詢問報》刊登不同的廣告，但那次不小心在同一天登了兩個截然不同的廣告，這是前所未有的。大家都擔心會

不會自家廣告打臉自家廣告。如果一個廣告拉來X位客戶，另一個廣告拉來X位客戶，沒想到，兩個廣告相加不是得到2X，而是得到4X。我很想再次驗證這個原則。

幾年前，柯南特集團（Nightingale-Conant）製作了兩則截然不同的廣告，分別造就了1%與0.8%的來客率。單憑直覺判斷，第一個念頭當然是繼續刊登效果較好的廣告；但是，我說服他們輪番使用兩則廣告，結果來客率並非如原先設想的兩則廣告最大效果相加1.8%，而是超過總和兩倍的4.6%亮眼表現。

這可是出乎所有人意料之外的佳績。這個案例中的移動式行銷，改變的並非商品或服務，而是人們的觀念與思維。

移動式行銷對車商有何影響？消費者若是對品牌留下好印象，就會持續購買該品牌商品，而非一次性消費。賓士車正試著用他們的兩大系列擴張市占率。

車商也必須思考後續維修服務、零件與車體等面向，還要考慮老客戶推薦新客戶的機制。例如客戶家族的其他成員要買車，就像我向我的車商購買了一輛賓士車給我兒子。

二手車是另一個充滿商機的市場。如果你相信販售新車給你的業務員與車商，也會接受他們合理報價的二手車。理論上，我寧願向二手車商買車，也不願私底下跟車主交易。

獨特銷售主張

獨特銷售主張（**Unique Selling Proposition**）就是你提供給消費者一個絕無僅有、充滿期待、難以抗拒的優勢——你在市場上獨享的銷售利器。

大多數商人無法清楚說明公司商品或企業的獨特銷售主張。更糟的是，那些說得含糊不清的商人，可能也只有一個獨特銷售主張，但他們還是說得語焉不詳。至於其他商人，則絞盡腦汁想討好所有消費者，卻不見成效。

何謂獨特銷售主張

獨特銷售主張應該是獨一無二、值得大肆宣揚、超吸睛的賣點。當然，還是要取決於你的真正優勢、最大潛在客群。你的獨特銷售主張可能會是底下其中一點：

1 你的商品或服務是市場上最低價。

2 提供市場上頂級商品或高端服務，收費相對較高。

3 不管是在銷售前、中、後期，你提供給消費者的服務或教育都超過競爭對手，而你的售價相當有競爭力或略高。

4 相較於競爭對手，你提供給消費者的保證更讓人安心。

5 相較於競爭對手，你提供給消費者更多的好處（產品、服務、優惠、贈品、禮券）。

6 你提供給消費者更多選擇。

7 客服部門規模是對手的十倍大，別家客服處理時間平均是六天，而你則是六小時。

8 獨家提供消費者舊換新折價優惠。

9 你有特定的消費客群……等等。

　　很多市場銷售優勢都可以是獨特銷售主張，但是，重新打造你的市場之前，必須先決定自己的獨特銷售主張，再把它套進整套行銷中。

　　無論獨特銷售主張是什麼，你都必須確定自己真能履行，才能做出承諾。好比說，如果商品僅有兩種選擇，則這個賣點不算特色，也無助於銷售。

　　獨特銷售主張是一種本質，也是整個企業最典型的元素；正是因為這獨到之處，才能讓你的企業與商品在同業中獨樹一格。

　　大多數人無法在六十秒內清楚闡述自己的獨特銷售主張。遺憾的是，如果連你都說不清楚，更別指望競爭對手或消費者能瞭解你的優勢。

　　所以，必須先決定自己的獨特銷售主張。找出自己在產

業中無可匹敵的優勢，然後找出方式讓消費者一聽就懂。

一旦決定了自己的獨特銷售主張，就必須讓它與生意行銷緊密結合——廣告、親訪、電訪、信件行銷。

或許你提供的服務多到無人可及，或許你提供最高品質的商品，或許你的產品價值無與倫比，也或許你的折扣下殺到最低。

總之，你應該要有某個獨特銷售主張，好讓整體企業能依循這個核心有效率地順利運行。

多數企業想滿足所有人的每一個目的，但他們卻不明白自己為何一點獨特優勢都沒有，不明白公司為何無法展翅高飛，凌駕所有競爭對手。

問題就出在公司老闆從沒坐下來思考：「讓我從競爭對手中脫穎而出的特色是什麼？比較貴，還是比較便宜？服務更多？價值更高？保證更多？買三送二，買二送三？」

善用獨特銷售主張擴大利潤

你的獨特銷售主張真的就是你的企業本質。你帶給消費者的利益，讓你在其他競爭對手圍攻下殺出血路，獨占鰲頭。

聯邦快遞的獨特銷售主張就是：「沒錯，我們一夜送達。」而你的獨特銷售主張就應該這樣強而有力、不言可喻。消費者清楚明白你的銷售特色，就知道為何要購買你的商品與服務。

但是，真正經歷創造獨特銷售主張過程的企業少之又少，多數企業只想著討好所有消費者。他們也不明白，為何

自己在市場上沒有任何優勢，**這全都是因為他們只把自己定位成某個商品而已。**如果你不告訴消費者你有什麼獨到之處，又怎能期待消費者能感受到你的與眾不同呢？

理想情況下，獨特銷售主張是一種表述

快抄筆記：一種表述不代表是一句話！有時候，表述是數種特質的總和。若是帶領數個產品線，你可以總結一切成為你的獨特銷售主張。

找出與公司、消費者產生共鳴的真正價值。如果消費者將他們一再上門的原因告訴你，那就是你的獨特銷售主張。無需仰賴什麼高深學問，只需聆聽消費者的心聲。

不同於對內部同仁的任務表述，獨特銷售主張永遠對外。它讓消費者明白，購買你的產品就對了。

推敲出完美的獨特銷售主張並不容易，但只要你做對了，所帶來的商業利益會非常龐大。獨特銷售主張通常是產品的特性，而非必要性。

為何要購買你的產品？這是你必須回答的問題。**如果連你自己都答不出來，你的公司還沒倒閉可能只是僥倖吧！**因此，公司的未來取決於市場，而市場是你無法駕馭的。

無論是醫院診所或軟體公司，說穿了，任何企業都是銷售型公司。

你一定要將獨特銷售主張融入所有的廣告與促銷中，放到廣告文宣品、電視電台廣告最顯目的位置，讓消費者一眼就看到。廣告信件、電話行銷也不放過大力宣傳你的獨特銷

售主張，一網打盡。

假使你還沒有獨特銷售主張，請停止一切行銷。在你能告訴消費者你能給他們什麼之前，請不要進行任何廣告宣傳。發揮創意與想像，看見那看不見的價值。

你的獨特銷售主張就是整個企業的本質。若是無法成功地讓消費者明白，什麼是你擁有而你的競爭對手沒有的特點，就無法打造出一個永續高效的獨特銷售主張。

真正傑出的獨特銷售主張可以再形塑你的企業。你必須具備某個特色，足以讓消費者更渴望得到你的商品與服務，足以讓他們沒有別的選擇，只能向你購買，而非向你的競爭對手購買。

或許，你希望根據現有市場的狀況重新定義獨特銷售主張。只要運用你的賣點正面迎戰競爭對手的賣點，就能想出打遍天下無敵手的獨特銷售主張。如果市場上所有廠商對同一商品的定價都是29美元，或許你的價格應該落在27美元；也或者，你提供消費者更多好處、更久保固、甚至免費贈品。

想出讓你傲視競爭對手的獨特銷售主張，讓消費者知道，選擇你就對了。

獨特銷售主張：關鍵因素

必須先設定好獨特銷售主張，再徹底執行，這是未來成功與否的主因之一。擁有獨特銷售主張，才能讓你從競爭中脫穎而出。

政治與商業大同小異。設定有效的獨特銷售主張，讓你

擺脫企業輸家的命運，蛻變成商場贏家。你渴望成功嗎？你希望成長破表嗎？快抄筆記！

只需設定一個獨特銷售主張，再把獨特銷售主張融入所有的行銷管道、現場銷售員、零售店店員、客服部門中。這一點非常重要。

寫下主要顧客願意持續購買商品的三個具體原因，以及顧客希望從你的商品或服務中得到的三個最重要好處？

陳述你的獨特銷售主張

當我檢視客戶的公司時，最常遇到的情況就是：

1 我們沒有獨特銷售主張。
2 最常聽到的語焉不詳的賣點說法就是：我們是XXX，我們的競爭對手不是啊！或是我們的服務很棒（難道競爭對手會打廣告說自己服務很差嗎？）

不厭其煩地提醒大家，你的獨特銷售主張必須獨一無二。所有的公司都會也應該針對自己的品質、服務、價格或可靠性大作文章。當然，不管這些公司的產品有沒有這些特色，都會自賣自誇。面對現實吧！認真想出一個真的是絕無僅有的獨特銷售主張。

- 達美樂披薩—— 30分鐘保證送達。
- 聯邦快遞——全球準時送達。

- 諾德斯特龍百貨（Nordstrom）──任何原因、任何時候都能退換貨。
- 謝弗啤酒（Schaffer Beer）──有啤酒的地方，就有謝弗啤酒。
- 范雅寶搬家（Van Arpel Moving）──我們是搬家專家，不是搖晃專家。

獨特銷售主張要簡潔有力、一針見血，不要含糊其辭、似是而非。用一句話清楚突顯你贏過競爭對手的特色。

獨特銷售主張必須融入公司的一切，應該出現在公司信封、名片、宣傳手冊上。它也必須是公司的銷售利器，橫掛在店面宣傳布條上。

如果可能，公司員工一接起電話，都應該先講出獨特銷售主張的關鍵句子。好比說：「謝謝您的來電，威力家具免頭款輕鬆付，請問要找哪一位？」

每一種能接觸到客戶的管道，都必須能看到你的獨特銷售主張。

如何創造獨特銷售主張

光把獨特銷售主張放進廣告與公司相關文件上是不夠的，必須進一步把賣點放入行銷的各個面向中。

你的業務員拜訪潛在客戶時，必須把獨特銷售主張巧妙融入銷售話術中，加深消費者印象，讓消費者一聽就懂、牢記在心。例如：

「你好，我知道你的時間很寶貴，我也不拐彎抹角，就直接講重點。」

「你們公司製造零件，向其他公司購買鋼與銅。目前你們採購一噸鋼的價格是100美元，而一噸銅的價格是75美元，這其中約有25%的鋼與銅會成為廢棄物。」

「我們提供更高品質的鋼與合金銅，一噸報價分別是95美元與65美元，運費預付；如此一來，每買一噸就省下三美元。不只如此，我們保證，我們的鋼與銅在生產過程中產生出的廢棄物比例低於15%；超過這個比例的部分，我們免費補上新的鋼與銅。」

「最後一個優惠，這很重要。這個月每訂購10噸的鋼，就送你50個0.1公分的鈦鉚釘與組裝螺帽。你要訂幾噸呢？」

或者……

「嗨，約翰，我要告訴你一些很棒的優惠。針對你想保護家庭與家人的安危，我們有重大發明。」

「我們販售的每一套家庭保全系統，都包括一部高度警戒的監控電腦；現在提供第一年監控免費，每個月約為你省下三十美元。還有，我們還額外幫你加裝居家煙霧偵測器，以及泳池監控設備。這些額外加裝的保全系統，別家大概都要再多收你一千到一千五百美元，我們全都送給你。我們對自己的服務有信心，只要安裝了我們公司的監控系統，以後你一定會續約。」

整個銷售過程中，你的業務代表應該把公司的獨特銷售主張或優勢完全展現在客戶面前，讓客戶知道你們的產品與

服務完勝其他公司，他們應該把握機會購買你們物超所值的產品與服務。

　　必須清楚解釋公司的獨特銷售主張，讓銷售人員仔細研究，下功夫把它背得滾瓜爛熟。

　　要求他們必須在一分鐘內條理分明、鏗鏘有力地闡述公司的獨特銷售主張，讓潛在客戶明白購買公司產品的好處，並且用真誠態度與眾多消費實例打動他們的心。

　　在某些情況下，必須從無到有創造出自己的獨特銷售主張。我舉某個客戶的例子，他經營一家出租迷你倉庫的公司。就像大多數同業，這家公司也只是單純出租小倉庫給消費者。

　　我幫他想了一個獨特銷售主張，讓他一舉成為倉庫租賃同業中的領頭羊。只要顧客提前簽下半年租約，公司會把他們的物品放置在可運輸的貨櫃中，提供他們將貨物從住家免費運送到倉庫的服務。

　　針對長期租用倉庫的顧客，何不加贈他們保險呢？如果顧客暫時需要倉庫內的某個物品，甚至還可以提供免費運送到府的服務。

　　假如需要租用迷你倉庫，你會選擇哪一家呢？只有一小間倉庫和一把鑰匙？還是包含上述那些加贈服務呢？這就是獨特銷售主張的力量。

　　某些公司可能已經有獨特銷售主張。有個訂製珠寶商認為，他的獨特銷售主張是「獨特金飾」，但是在跟他討論的過程中，很快我就發現真正的獨特銷售主張更為獨特。

他真正的獨特銷售主張是「用一半市價擁有兩倍品質的訂製珠寶」，你看這個賣點對潛在客戶多麼有說服力。

獨特銷售主張成交關鍵

獨特銷售主張一定要能吸引你的特定客群，而非把你自認為最了不起的成就或最吸引你的點當成獨特銷售主張。

當你有了一個真正管用的獨特銷售主張，顧客有需求時就只會想到你的產品或服務了。邀請你的客戶共進午餐，瞭解他們為何跟你做生意。假如他們的理由超乎你預期，千萬別跟他們爭辯。跟他們聊聊天，你會獲得很多靈感。你認為什麼最能代表你們公司並不重要，他們怎麼認為才是重點。

以下提供一些檢驗項目，讓你檢視你的獨特銷售主張。認真思考每個項目，找出它跟你最大客戶的連結，判斷哪一點對客戶的影響最大。記住，認真思考每一點與你真正客戶之間的關係：

- 價格（你的商品售價是否最具競爭力？）
- 價值（你的商品是否提供更好的價值？）
- 設計（你的商品設計能否從同類型產品中脫穎而出？）
- 獨特性（你的商品與服務有何獨特之處？）
- 便利性（是否提供更便利的購物管道？）
- 服務（相較於其他競爭同業，你是否提供消費者更完整的服務？）
- 產品表現（你的商品是否優於其他同類商品？）

- 可信度（你的商品與服務是否更值得信賴？）
- 其他（你的商品有何特色，足以吸引消費者青睞？）
- 神奇洗腦句（主要客群最無法抗拒的關鍵字、朗朗上口的廣告詞？）
- 競爭對手的成功因素（若市場夠大，不妨跟著成功者。）
- 競爭對手現在的戰略是什麼？若使用同一招，一樣會獲利嗎？（思考這一點時，務必考量你跟對手各自的情況。）

找出產業中有待滿足的需求

　　該如何選擇你的獨特銷售主張呢？首先，在你的產業中，必須找出消費者有何需求尚未被滿足？

- 更多選擇
- 更高折扣
- 建議與協助
- 便利性（如門市多寡、快速服務、存貨充裕、快速送達）
- 最頂級的商品
- 快速服務
- 超乎想像的優質服務
- 較長的產品保固期
- 其他所能想到的未盡之處

你的利基就是主戰場

　　重點是把火力集中在一個利基、需求，或是對消費者最

難守住的承諾。

　　你可以創造一個混搭的獨特銷售主張，將市場上被忽略的大餅揉成一塊。拍板定案自己的獨特銷售主張之前，先確定你有能力讓全公司上上下下貫徹這個賣點。你和全體員工都必須永遠維持高品質與最佳服務。

　　成為獨特銷售主張行銷大師之前，必須先回答以下四個問題：

1　消費者對你的商品與服務的渴望是？

2　消費者對你的商品與服務的擔心是？

3　消費者對你的商品與服務的恐懼是？

4　消費者對你的商品與服務的挫折是？

說到做到

　　假使你的獨特銷售主張是提供消費者更多選擇——「立刻有貨」、「永不缺貨」——但事實上，雖然你有25種商品，卻只有六種商品有存貨，而且存貨也很有限，你的獨特銷售主張根本就是騙人的，生意也做不起來。永遠都要有能力兌現自己的獨特銷售主張，**如果連自己都不相信有能耐做到，那就換個賣點吧！**獨特銷售主張一定是市場僅有，而且是你能力所及。

　　基於上述考量，你的獨特銷售主張是什麼？

清楚表述並大力宣傳你的獨特銷售主張

搞清楚文宣標題跟你的獨特銷售主張有何不同，大聲宣誓你的獨特銷售主張，不要躲躲藏藏。絕不放過任何曝光的機會，印在名片上、信封上、信紙上、員工制服上；如果可能，一接起電話就先大聲說出。

當你致電專賣電子商品的零售商Radio Shack時，他們一接起電話就會說：「你的問題，我有答案。」這就是他們的獨特銷售主張。

把你的獨特銷售主張刻在公司大門上，灌輸給每一位員工。**這是你經商的目的，也是你跟競爭對手最大的不同。**公司全體同仁都必須把它放在心底、掛在嘴邊，而你們接觸到的客戶和廠商也都對它琅琅上口。

獨一無二＝吸引客戶＋擊敗對手

想像一下：你是一家大公司的職員，主管要你把一份包裹寄給總部的執行長，而且明天早上就要送達，全公司的命運就掌握在包裹能否如期送達（當然還包括你的小命）。這時，你會聯絡哪一家快遞公司？

換個場景：你和小孩在後院忙了一整天，現在是晚餐時間，你餓了，小孩呢？他們不斷喊餓，快餓昏了。你不只是想叫披薩外送，更希望在最短時間內收到熱騰騰的披薩，最好在半小時內。這時，你會打給哪一家披薩店？

如果你的答案分別是聯邦快遞與達美樂披薩，就足以說明獨特銷售主張的驚人威力。

在任何產業，獨一而二都是最有威力的武器之一。

致勝的獨特銷售主張不僅讓你從同業中脫穎而出，更讓消費者在心中將企業與賣點畫上等號。

獨特銷售主張成為顧客選擇你的原因。如果某個物品隔天就要送達，顧客會聯絡你；如果他們想在半小時內吃到熱騰騰的披薩，你是唯一的選擇。

既然已經明白獨特銷售主張的威力，我就要帶你經歷發想、測試、最後身體力行到企業的整個過程；而這整個訓練的重要性，再怎麼強調也不為過。

沒有穩健獨特銷售主張的企業，說穿了，就是沒有特色、隨波逐流的公司，只不過靠著市場浪潮載浮載沈。

沒有穩健獨特銷售主張的公司，就像一艘無舵的船。對消費者而言，你的產品可有可無，必須從大同小異的商品中找到讓自己鶴立雞群的特色。

競爭對手愈多，你的獨特銷售主張就要愈難以抗拒。將企業的獨特性發揚光大，讓它成為你的標誌。讓消費者知道你的獨特性，但是要確定這個獨特性有加分效果，能吸引消費者青睞。

很遺憾，大多數企業老闆都沒有意識到這個重要性。這也是為什麼當你把獨特銷售主張的中心思想發揚光大之後，你的競爭優勢會令同業望塵莫及。相較於沒有獨特銷售主張、亂槍打鳥式的行銷，企業採用獨特銷售主張所帶來的陣痛根本是微不足道，你掌握的契機領先同業。

為何需要獨特銷售主張？

讓我們來審視基本概念：擁有獨特銷售主張為什麼如此重要？

答案很簡單：**除非擁有能讓消費者立即心領神會的獨家獨特銷售主張，否則你提供的商品與服務根本乏善可陳。**

假如你的商品毫無特色，消費者何必跟你做生意呢？又何必購買你的商品呢？

因此，獨特銷售主張的概念就是，必須要讓消費者對你的商品與服務留下深刻獨特的印象。

他們要能立刻判斷出，購買你的商品或是與你們公司做生意，對他們自己或公司能有什麼好處與利益。假如你做不到，就無法在同業中脫穎而出。

如果連你都不知道自己公司產品與服務有何獨特之處，消費者又怎麼會買單呢？獨特性與定位息息相關，即便販售的是一般商品，也不代表就是一般公司。

但是，請你有所警覺：假如唯一能贏過競爭對手的就是價格，那你就慘了！消費者很少只因價格就決定購買，通常是因為能以最物超所值的價格買到最有特色的產品。

幫你的企業創造出獨特的個性、態度、立場，別人就會想要跟你做生意。

有些充滿人情味的雜貨店，提供免費的蘋果汁和各式各樣的試吃品，讓人有回到家的感覺，吸引那些討厭冰冷便利商店的消費者光顧。有些餐廳老闆會用溫暖的語氣，彷彿跟顧客聊天的口吻，在餐廳文宣上大力推薦剛出爐的麵包與濃

湯，闡述著自己對顧客的用心與關懷。

　　創造企業獨有的特質與個性時，請務必記住：讓消費者愈有購買慾，讓他們覺得愈有趣、愈好玩，你的生意自然就愈好。

　　想像你們公司的宣傳單貼在客戶牆上，客戶打電話向你下訂單前會說什麼？什麼會讓他們迫不及待想跟你做生意？

遠離空話

　　當我在派對或社交場合上認識新朋友時，如果他們是商人或專業人士，我都會說：「你能在三十秒內說出對消費者而言、你的商品或服務有什麼優點是同業沒有的？」

　　人們通常會看著我支吾其詞。當他們終於勉強說出答案時，你猜他們千篇一律的答案是什麼？沒錯，就是「品質、可靠、服務」。聽到這樣的回答，我總是搖搖頭一針見血地告訴他們，聽在消費者耳裡，那些話根本毫無意義。

　　獨特銷售主張可能聽起來很抽象，若是希望顧客一聽就懂，就必須點出你口中的「高品質」到底能做到什麼程度，「好服務」涵蓋的範圍有多廣，所謂的「可靠」到底有多牢靠。只是聽到「品質、可靠、服務」，他們無法與你的商品或服務產生連結。

　　另一方面，假如你的「高品質」意謂著，你的產品設計製造優於競爭對手兩倍，性能表現勝過同業三倍，這才叫做「高品質」。

　　倘若「好服務」的定義是保證三小時內解決顧客問題，

若是超過三小時，公司會先提供替代品，而且每天給付的延遲解決罰金是一千美元，直到給消費者滿意的答案，這樣的「好服務」才會令人驚豔。

因此，別只會說「高品質」，而是說：「我們保證產品比別家商品耐用三倍。」別只會說「好服務」，而是說：「超過三小時沒解決你的問題，就等著拿現金吧！」

你現在應該明白，大多數公司希望討好所有客戶，只好用些不著邊際的話語來吸引消費者。其實只要鎖定主客群，讓他們明白你的優點無人能及，就能把競爭對手遠遠拋在身後。因此，你必須學會……

經營高人一等的特色

你必須有能力展現出商品與服務有何獨到之處與優點。

先來看一個號稱有獨特銷售主張的廣告，實則根本沒打動主要客群的心。

● 老喬水管工程，全年無休。「再小的工程都找老喬！」

請問誰在乎老喬是何方神聖？但是，宣傳單上就看到斗大的兩個字「老喬」。消費者不懂「再小的工程都找老喬」這個賣點的定義，何謂「再小」？如果消費者覺得真是小狀況，自己來就行了，也不用打電話給老喬，不是嗎？再來看一個從消費者角度出發的獨特銷售主張，這個賣點更有效。

- 準時抵達、否則免費。全天24小時待命、消費者零風險、
  價格最公道。

　　當然，老喬的獨特銷售主張還是必須更簡潔有力，但至
少現在知道方向了。他必須從消費者最在乎的角度出發。
　　家具銷售員拜訪客戶，發現售價並非消費者優先考量，
於是他們將公司的獨特銷售主張由價格改為品質。

- 自己設計與製造，免去中間剝削，售價更低。（舊版）
- 繽紛你的生活。（新版）

　　獨特銷售主張必須是你真正拿手的項目。好了，言歸正
傳，你該怎麼做呢？

問問自己

　　首先，你必須誠實面對這些基本問題：
　　**相較於同業，我的產品、服務、公司、員工、流程、設
計、製造能力、購買標準、技術……有何過人之處？**
　　鎖定自己的獨特銷售主張時，你必須審視公司各個層面。
　　或許你的製造能力、產品設計都只是一般水準，但你或
許會發現，公司員工才是你的致勝瑰寶。
　　或許員工的能力與技術是別人的四倍，或許你的經銷網
絡遍布廣度與深度是別人的五倍、或許你提供的保固是別人
的三倍。

問問你的客戶和員工

只要找出這些問題的答案，就可以看得更宏觀。好好跟你的客戶和員工聊聊天吧！當醫生的，甚至也應該跟病患聊聊。先從以下的問題聊起吧！

- 為何購買我們公司的商品或服務？
- 你覺得我們最大的特色是什麼？購買後有何感想呢？
- 你覺得我們提供的一切，包括產品、運送、說明……，哪些特色是別家公司無可取代的，讓你非買不可？

拿這些問題（或者任何你能想到的問題）詢問二十至三十人（甚至更多人）。跟他們聊過後，你會在多數人口中得到一些雷同的答案。

或許，其中有十到十五人會說出本質相同的答案，而這答案就是關鍵。他們的答案就是你的優勢，優勢等於商機。

那些百思不得其解自己獨特銷售主張的商人，就是最不願與客戶溝通的人。

請記住：你跟他人溝通的品質，將決定答案的真實度。想要有高品質的溝通，先決條件就是認真傾聽。善於傾聽者才能提出關鍵性問題。

願意傾聽客戶的需求，你的座右銘就應該是：「永遠保持好奇心，發現無限可能。」這樣就知道該提什麼問題了。

試著從他們的答案中整理出最重要的觀點。客戶心中最在意的問題是什麼？而隨著這個問題衍生的觀感又是什麼？

　　相較於客戶的觀感，你的看法微不足道。客戶想知道你的產品能帶給他們什麼好處，花些時間思考客戶的需求、擔憂與在意之處，在你的獨到之處創造出對顧客有利的關鍵。

　　從客戶最在意的問題出發，創造你的獨特銷售主張。

提出解決之道，否則自有他人代勞

　　你可能會發現公司某些層面的獨特，而這些特色是你過去未曾發現或從不認為是優勢的優勢。對於你的公司，你可能會體悟到與你原本認知截然不同的觀點與可用之處。

　　現在，問問你的員工吧！團隊夥伴、製造部門、業務人員、客服人員。請他們說說，從客戶角度來看，公司最與眾不同的特色是什麼？

　　如此你就會明白，就產品、服務等各方面而言，員工對公司與競爭對手之間差異的感受。召集業務同仁舉辦腦力激盪大會，將你從客戶、員工、自身得到的啟發，結合第一線業務的想法，大家一起來分享、比較與集思廣益。

　　你必須體悟到，優異的獨特銷售主張也會讓員工產生拚勁；當他們知道你的核心思想，就會希望與公司價值融為一體。當然，優異的獨特銷售主張絕非唾手可得，必須經過一番努力才能得出答案；不過，只要推敲出答案，它將會成為你的超級神器。

　　你必須能簡潔有力、一針見血道出讓競爭對手望塵莫及的特色。**直到清楚明白企業在市場上的地位與優勢，你的生意才有一飛衝天的機會。**

　　消費者購買的不是商品，而是商品帶給他們的利益與好處。你的最大競爭優勢是什麼？相較於你的觀點，你在客戶眼中的最大優勢是什麼？

獨特銷售主張案例

　　以下實例來自我的客戶。為了打造出獨樹一格的獨特銷售主張，他們集中火力突顯出與眾不同的特色：

- 一家契約承包商提供客戶可溯及既往的保障。
- 一家印刷廠提供最快交件的保證。
- 一家仲介公司分享思維過程與獨家內幕給客戶。
- 一家外燴服務公司用「視覺顯示」、身歷其境的方式介紹餐飲內容，這個特色就跟他們的美食一樣令人驚豔。
- 一名牙醫設計出五招居家護齒計畫。
- 一名珠寶商紀錄客戶的結婚週年日與生日，如此一來，先生就不會忘記太太的生日或其他重要紀念日。
- 一名脊骨神經科醫師教導病患如何讓背部更健康。
- 一家披薩店是全市最快的外送披薩店。
- 一家電視製造商讓所有顧客都享有頂級VIP尊榮。
- 一家網路商保證自己的網路品質打遍天下無敵手。
- 一家鑽石零售商保證，客戶能以最優惠的價格買到最高品質的鑽石，買貴退費。
- 一家融資公司提供資金與創意給二手車商。
- 一名房產仲介每28小時就能賣出一棟房子，打著「全國第

一房屋仲介」的名號宣傳。

● 一家義大利餐廳強調，自己擁有全市最乾淨的廚房，以及最令人垂涎欲滴的義大利菜。

● 一家建材製造商保證，使用他們的建材建造的房子，可節省七成電費支出。

還有更多獨特銷售主張案例：

影片出租業

一般說來，消費者對影片出租店的不滿意程度都很高。Video Easy的獨特銷售主張是**「最先租到，否則免費看片」**。消費者一看就知道，如果去這家店租影片，卻發現想看的影片被租光了，老闆的麻煩可就大了。

計程車服務

終極計程車行（Ultimate Taxi）帶給我前所未有的優質感受。這家車行相當與眾不同，他們在後座配有雷射燈、高音質喇叭、乾冰機和3D眼鏡，想聽什麼音樂都有，搭他們的計程車簡直不亦樂乎。

一般我搭計程車回家約10美元，但我才不在乎付給他們45美元。他們提供無與倫比的搭乘經驗，多收些費用再合理也不過。其他計程車業者唯一能跟他們相抗衡的，就只有價格。這家業者的服務真是獨樹一格，所以他們可以跳脫價格混戰，走自己的路。

你開哪一種計程車？讓你鶴立雞群的特色是什麼呢？

市場定位愈鮮明、保證愈多、宣傳口號愈響亮……你的獨特銷售主張就愈精準。將所有特色融為一體，就會擁有無堅不摧的銷售利器。

在發想與決定獨特銷售主張的過程中，千萬不要放過任何資訊。現在你還差好幾步，我們先來做個有趣的練習。

影響購買決策的關鍵

現在，請從生意人與消費者的角度來思考自己的生活、公司、產品與服務，以及近期往來認識的人當中，那些受你推崇、希望一輩子保持友好關係的專業人士。

現在，問問你自己，把答案寫下來。思考你得到什麼？他們做了什麼？他們提供什麼好處？在所有與我打交道的公司或個人之中，為何他們能夠如此與眾不同？

你也可以思考：「當我根本不需要他的產品或是還有其他商品可選擇時，為何會購買他的商品呢？」

上述所有問題的解答，將有助於你釐清你的企業是如何獨樹一格，以及箇中原因。

或許你特別鍾愛光顧某家洗衣店，只因該店櫃檯接待人員總是和藹可親。或許他們特別細心打理你的西裝，用加大衣架保持西裝筆挺。

或許他們一手包辦所有清潔熨燙的工作，讓你很放心他們不會把你最心愛的皮夾克外包給別人處理，不會一不小心皮夾克就有去無回。或許你欣賞他們百分之百的滿意保證。

　　同樣地，你也該牢記不會影響購買決策的因素。你最愛光顧的乾洗店可能不是距離你家最近的，也可能不是最便宜的；由此可知，價格與便利性不足以影響你的決定。

　　一旦找到反覆出現的因素，就該問問你自己：「該如何把這些影響消費的重要原因應用到我的生意呢？如果我想成為這家乾洗店老闆、我的髮型設計師、我最愛的書店，該如何直接或間接地將他們的長處套用到我的企業呢？」

履行獨特銷售主張的能力

　　提醒你：無法做好做滿做久的獨特銷售主張，寧可不要。

　　許多商人會自毀長城，想出一個根本做不到的荒謬獨特銷售主張，自斷生路。

　　也或者，當他們面對客戶時，根本沒有貫徹實施自己做出的承諾。就短期效應來看，可能真的能吸引消費者青睞；但是，未能實現獨特銷售主張的承諾，會讓消費者產生強烈的受騙感。這股怨氣將會砍向自己，企業終將自食惡果。

　　假設你的獨特銷售主張是：「因為更關心你，我們做更多，給更多。」這句話放在廣告文宣、信件、商展中，聽起來挺有吸引力的；然而，當消費者買了商品，卻發現沒有更好、更多、更關心……

　　或許貨運人員粗魯對待消費者，或許消費者使用上出現問題，而當他致電公司時，總機人員態度很差，客服人員也是愛理不理。再加上，維修人員擺出一副我肯接你電話已經是你天大的榮幸了、你還想怎樣的態度。

你猜怎麼著？就是直接拿你的獨特銷售主張砸自己的腳。

請務必確保獨特銷售主張的可信度。或許你沒騙人，但是消費者不見得會相信。好比說破天荒超低價，儘管整體收益減少，卻可以吸引到更多訂單。

最重要的是，你的宣傳給人的印象。假如你給消費者一些難以置信的賣點，他們認為你在說大話，你就會永遠失去他們。因此，確定你的宣傳是值得相信的，是真實的。

獨特銷售主張的確是很大的挑戰，思考過程相當震盪。最好的方法就是致電你的主要顧客，問問他們為什麼向你買東西。

很多客戶對公司的缺點如數家珍，若是將客戶對公司或產品最大的不滿變成優勢，你就邁向成功了。一個人若是愈知道他能如何幫你，他的重要性愈強，幫助你的意願就會愈強烈。

你必須始終如一，獨特銷售主張必須能在企業中貫徹執行。**不能只是口頭上說說而已，而是要用生命去實踐它，讓它成為你的一部分，讓它具體化並推己及人**。公司從上到下、所有部門、全體員工都必須把確實執行你說的獨特銷售主張，否則消費者會認為你是個騙子。

透過測試找出獨特銷售主張

一旦找出有潛力成為獨特銷售主張的特色，先測試能否運用這些特色說服消費者買單，以及哪個特色的表現獨占鰲頭。總之，正式喊出某個特定賣點，將整個公司的成敗寄託

在這個獨特銷售主張之前，反覆驗證絕對沒錯。

如果你有個銷售團隊，就要求每個業務員運用新的獨特銷售主張去說服二十到三十位潛在客戶。假設你沒有銷售團隊，就必須將新發想出來或修改後的獨特銷售主張置入廣告文宣，測試效果。

還有一個簡單有效的測試方法，就是把火力集中到郵寄DM上，大力宣傳你的獨特銷售主張。你還可以在商展中測試新賣點的吸睛效果，也可以隨機致電潛在客戶，分別使用過去的行銷手法與新賣點來說服他們，看看哪一種方法得到的反應較為正面。

無所不用

只要確定獨特銷售主張的效果（賣點不限於一個，你也可以使用數個賣點區隔出同一產品與服務），就必須鋪天蓋地將賣點運用到各個層面。你的獨特銷售主張就是市場行銷的基石。

它會出現在廣告文宣、銷售說明會、郵寄DM、銷售信件與促銷宣傳單上。

或是濃縮成一句廣告標語，讓它如影隨形出現在你的公司信紙、信封和名片上，甚至當成全公司同仁接起電話的問候語。

請記住：你的獨特銷售主張基本上就應該成為公司代表，這就是你在業界的名號。

企業目的又是什麼呢？企業目的是帶給人們更優質的生

活。如果你無法讓消費者的生活加分，消費者使用原來的東西就好了，何必購買新產品呢？他們為什麼要捨棄原有店家轉而向你購買呢？

假設一切沒變，確實無需添購新商品。人們購買的唯一原因，就是這次購買將帶給他們不同的好處。如果消費者必須自行找出你提供的好處是什麼，無形中你已經喪失了巨大商機。

行銷你的獨特性，將獨特銷售主張置入廣告與促銷中，然後得到成果。

「廣泛選擇」的獨特銷售主張

假設你的獨特銷售主張是產品選項多到讓人眼花撩亂，讓你的競爭對手甘拜下風。以下提供幾種方式，你可以把這個賣點融入廣告促銷中。

直接把賣點放在標題上：

**永遠有168種產品選項，每一項都超過12種不同規格。
最熱門的10種顏色，價格從6到600美元。**

或者……

**比起別家，我們的商品選擇多五倍，顏色變化多四倍！
店面超多可就近購買，雙倍保證，半價優惠。**

或者在廣告文宣的副標題上強調：

多數工程承包商僅代理一、兩種品牌的空調，Acme工程包辦衛浴設備、暖氣、空調……代理數十種知名品牌，更是原廠授權的安裝維修中心。裝修你的辦公室或居家環境時，何必委屈自己跟選擇有限的包商合作呢？只要一通電話，Acme幫你搞定工程大小事。

「服務導向」的獨特銷售主張

若是服務導向型的賣點，以下提供一些有用的標題：

到道爾頓書局買書，就算後悔了也無法退換書。但是來我們書局買書，萬一這本書不如預期，我們提供三個月猶豫期、書款百分之百退還服務，還提供購書紅利，在本店消費都能享有折扣優惠。

或者……

大多數修剪樹木的服務，每次收費至少100美元，而你家的樹一年至少修剪三次。ABC修樹公司提供一整年六次服務（兩個月一次），平均每月只需16美元，三個月付款一次。

或者……

多數電腦公司銷售電腦之後就置之不理，留下你一人獨自與電腦奮戰。我們提供到公司教學課程，還提供週六員工特訓服務。我們的產品保固期是同業的兩倍，保固期內故障，還提供備用電腦。保固期之後故障，我們提供電腦租賃服務，每天只要100美元，免費維修電腦。

對了，我們更提供45天試用期。

或者……

我們全年無休，保證把你的地毯清理得乾乾淨淨，全心呵護你的地毯和家飾品——全年僅需119美元。

或者……

每逢下雪天，24小時內，我們就會出現在你家車道，幫你除雪——完全免費。這是你將房屋保險交給XYZ公司的附加優惠服務。

或者……

多數維修服務公司都是朝九晚五，ABC維修服務公司不是。一通電話，維修人員立刻出動。20位維修技師全年無休，24小時待命，3小時內解決你的問題。

或者……

你可能會認為辦公室清潔根本不重要，直到你看到一年付給清潔公司的費用。我們每晚打掃你的辦公室——包括掃地、拖地、擦拭、除塵、更換面紙、清潔垃圾——一平方英尺只要0.1美元。每三個月就免費幫你清潔地毯、擦拭玻璃、清洗家具家飾品、除蟲。此外，若是有員工加班，我們還提供週末或凌晨緊急清潔服務。

「價值導向」的獨特銷售主張

如果在某種程度上，你的獨特銷售主張依賴價格，你可以運用以下列舉的標題：

在賣場尋找你要的東西時，比較過X、Y、Z三家公司的售價後，請你看看我們的售價，保證售價最多是他們的八折。

或者……

XYZ不動產公司收取6％的仲介費，平均每棟房屋成交價約為7,000至22,000美元。ABC不動產公司僅收你合理的494美元仲介費。

無論花多少時間，我們都會為你找到理想的房子。即便要花上一年，即便要看250間房子，或是出價上百次，你都無需再多付一毛錢。

或者⋯⋯

260個售價1,000美元的產品，特價295美元。

或者⋯⋯

市場同類型商品平均漲幅為39％ ── 我們只漲了15％。

或者⋯⋯

零售商向工廠進貨，買一打享一成優惠，買十二打享兩成優惠，買五百個享半價優惠；但是，我們優惠更多！
我們每次進貨量最少為一萬件，因此，進貨成本比零售商低兩成。同樣的商品，你會想要多花兩倍價錢向進價高的公司購買嗎？

「折扣戰」的獨特銷售主張

如果你的獨特銷售主張是折扣戰，以下列舉可能的廣告標題或副標題：

我們跟X公司銷售一模一樣的商品，但我們的售價是他們的25折到75折。

或者⋯⋯

我們販售X、Y、Z品牌的商品，售價是其他公司的一半。

　　或者……

某商品在市場上的普遍售價為250至1,000美元，我們的售價為95至395美元。你想向誰購買？

　　或者……

兩顆牙齒套牙套的平均費用為295美元，艾斯蒙醫生每顆牙齒收費28美元，外加49美元檢驗費與X光費。

　　或者……

價值15,000美元的泳游池，ABC泳池公司只賣你3,955美元。

　　或者……

建屋費用平均每平方英尺110美元。我們改建的房屋面積可達4,000平方英尺，使用三倍建材、2X6高合金（最小是2X4）兩萬磅高科技釘子（取代鐵釘）、胡桃全實木嵌板（不同於別家僅有表皮是木材）、羊毛地毯、純黃銅各式配件與裝置。這種高品質建材，每平方英尺僅收費39美元，最小改建面積為500平方英尺。

　　或者……

售價8,000美元的本田車，現在不到6,000美元輕鬆開回家。汽車音響為選購配備。

　　或者……

拿起電話，享盡優惠，請撥打下方好康專線：

1403型──堅固耐用、十年保固、頂尖數位化設計、最優惠價格、最高品質。歡迎向其他廠商詢價，問問他們再加贈三年完美保固的純橡木櫃要多少錢。

多數廠商不會在電話中報價，相信我，你問到的最低價至少都比我們貴100美元。我們的價格是595美元含運費，全年無休24小時到府安裝、加贈13年保固。好康專線：0800-168168

　　構思獨特銷售主張時，公司的歷史背景相形之下就不顯重要了，因為公司的背景跟你有關，對消費者來說就無關痛癢。不過，還是可以把你的故事與獨特銷售主張巧妙結合，提供消費者一個非買不可的誘因。以下提供一些範例：

ABC車行每月租金為89,000美元，電費支出未曾少於26,000美元，每月給付168位員工的薪資平均為165,000美元，每月電視廣告支出超過300,000美元。他們說，因應成本上升，必須略微提高售價。

鄉下廠房不用錢，我爸爸在35年前用現金買下這塊地。我覺得公司電費有點高（每月約428美元），而我有35名員工：兩名銷售員、三名內勤員工、五位家人、其他都是客服人員，他們一週工作六天滿足客戶的需求。假如我每賣一輛車約莫賺100美元，公司就經營得不錯了；ABC車行每賣一輛車必須至少賺900美元，才能應付所有開銷。你想向誰買車呢？

　　或者……

鋼材成本700美元、人力成本258美元、電子器材的成本96美元、運費成本25美元，這些是製造一個ABC設備的成本，總共是1,099美元。
我們的售價是1,125美元。如果有人的售價比我們還低，相信我，他們很快就破產了。

「投其所好」的獨特銷售主張

　　或許，你的獨特銷售主張獨樹一格。以下列舉一些可能成為賣點的有趣特色：

兩噸頂級鋼、1,500個小時的人力、595次品管檢驗、1,500美元的產險、運送過程細心呵護。所有的努力只為了打造頂級XYZ房車，並且安全運送到車商展示處。
你開哪一款車？

或者……

每年只能打造出1,200個奢華XYZ商品。當然，其中900個保留給原產區歐洲的消費者。剩下的300個當中，50個運到日本，100個運到南美洲和澳洲。美國每年的配額僅有150個，而這僅存的150個當中，有25個運到加州，我們獨家取得18個。

我們會以最優惠的價格，提供給VIP尊榮客戶。

採用市場上顯而易見的獨特銷售主張

獨特銷售主張的可能性是無限的。然而，**若是能滿足某個現有市場上明顯未被滿足的需求，讓此需求成為你的賣點，這將是最佳賣點**。相反地，若是無力兌現你的賣點，貿然使用則會招致反效果。

不令人意外，多數缺乏賣點的公司僅能勉強硬撐。他們的歇業率很高，老闆通常不在乎消費者的感受，僅能分到市場大餅的殘渣剩屑。除非這些公司占地利之便，否則沒有吸引人的賣點，在產品和服務都沒有特色的情況下，消費者為什麼會光顧他們的生意呢？想要消費者心甘情願買單，你必須特別關照他們的感受。

如果某一家店沒有任何優點，也沒有超低折扣、多樣選擇、貼心服務和產品保證，而你卻光顧它，只是因為這家店就在「那裡」嗎？

還是說，你偏好去某一家店，因為它有全國最多的商品

選擇？因為同樣的商品在這家店可以用一半的價格取得？因為它販售該產業最頂級的商品？只要你能提供競爭對手無法抗衡的優惠、特色與承諾，那就是你的獨家獨特銷售主張。

當你把獨特銷售主張傳達給消費者時，在他們眼中，你就在同業中脫穎而出，你能想像嗎？**經營任何企業，若是無法精心刻劃出獨特、有吸引力又強效的獨特銷售主張，並付諸執行到企業各個層面，即使有再多其他努力，也是非常荒謬可笑。**

相較於沒有獨特銷售主張時、企業必須承受的風險，貫徹執行獨特銷售主張所產生的適應陣痛就顯得微不足道。獨特銷售主張幫助你把競爭對手遠遠拋在腦後。

簡單明瞭，不拖泥帶水

確定公司的獨特銷售主張之後，用簡單明瞭、淺顯易懂的方式，透過不同的行銷管道，清楚向消費者傳達公司的賣點。別搞得抽象難懂或是玩文字遊戲，集思廣益想出一段話，甚至只用一句話，只要能一針見血、打動人心就成功了。

獨特銷售主張就是事業成功、名氣財富的根源，最好要能侃侃而談；如果連講都講不清楚，潛在消費者就會與你擦身而過。無論消費者何時需要你的產品或服務，他們的大腦會立刻出現你的公司名字。

透過行銷與績效管理清楚傳遞你的獨特銷售主張，企業的成功就指日可待。但是，你必須把獨特銷售主張的概念濃縮成一聽就懂的精華。

開始發想吧！拿出紙和筆，把獨特銷售主張寫成一段話或一句話。一開始可能無法寫出讓人一目瞭然的句子，你可能會寫個兩三段，但是無妨。

大筆一揮，直接刪去那些不知所云、又臭又長、流於空談的廢話，留下鏗鏘有力、讓消費者一看就心領神會的獨特銷售主張，將你的最大優點和保證告訴消費者。

再三提醒你，獨特銷售主張要貫徹到每個行銷管道，像是出現在廣告、銷售信件，並且要求現場銷售人員將獨特銷售主張掛在嘴邊。

原本可能只是一家沒有活力的老店，一旦採行了勢不可擋、難以抗拒的嶄新賣點，就會像吃了返老還童神奇藥丸，變成有活力、有吸引力的熱血公司，瞬間脫胎換骨。

現在，你跟消費者是同一國的盟友，為他們爭取權益。不管你的公司能為消費者帶來什麼好處與利益，統統拿到檯面上吧！對消費者與你的公司而言，這些都是令人心動興奮的一刻。

找出你的利基

參考我先前提供的獨特銷售主張案例，回想你自己的購物經驗。在賣場尋找想買的商品與服務時，你會不會偏愛某些品牌呢？那些品牌有沒有我之前提過的強烈吸引人的優點呢？我想，答案絕對是肯定的。

然而，謹記以下邏輯：你無法討好所有人。事實上，特定獨特銷售主張是設計用來吸引某些特定客群的。購買高檔

貨的顧客與只夠買便宜貨的消費者差異甚大，幾乎沒有商品可以同時網羅這兩大客群。你想鎖定哪一群呢？

你知道誰是你的主要客群嗎？只要鎖定住主要客群，就能針對他們消費時的問題對症下藥；若是搞不清楚主要客群的樣貌，就無法幫助他們排除疑難雜症。**全神貫注、擦亮眼睛看準未來**，只要能解決消費者的問題，就能與競爭對手有所區隔。

問問自己：「誰是我的消費者？」多數公司會誤判自己的消費者，有時無法歸類到單一族群。然後再問：「誰是我的理想消費者？」若是找不到自己的消費者，如何瞄準他們正中紅心呢？

假如你知道誰是公司的最佳客戶，他們會是誰呢？他們會做什麼呢？如果還有其他廠商也針對他們提供相同的產品與服務，你該提供什麼更吸引人的誘因，足以吸引他們轉而投向你的懷抱呢？

你追求穩定成長還是突飛猛進？誰是你的基本盤客戶？誰又是你的土豪客戶呢？

別忘了我先前的建議：不要許下做不到的承諾！從購買量、利潤、回購率的角度，分析不同獨特銷售主張在市場上的潛力。**獨特銷售主張不只是滿足市場欠缺的需求，更帶給你足夠的銷售量、消費者、利潤等等，讓你荷包滿滿又獲得成就感。**

如果你跟我一樣──不安於現況，不斷尋找新挑戰──其實，你的競爭對手就是你自己。

　　藉由採行不同的獨特銷售主張，可以發展不同的企業，或是分出不同產品部門，相互競爭。

　　舉例而言，你可以經營少量卻高利潤的高價女裝精品，但同時仍可經營薄利多銷的低價商品。在此同時，你還可以針對渴望被捧為貴客的消費者，打造無與倫比的優質服務。

　　對自己的期許愈高，實現理想的可能性就愈高。

跟所有人一起擁抱、相信你的獨特銷售主張

　　店裡的員工、總機、櫃檯接待、客服人員，公司上下的所有員工，只要是對外接觸、與客戶有互動的員工，或是公司內有決策權的高層，都必須徹底瞭解、擁抱並相信你的獨特銷售主張。

　　每一位員工都必須熱情相信你的獨特銷售主張。

　　倘若你的獨特銷售主張是提供諮詢、協助或優質服務，就不能僅僅是天花亂墜的銷售說詞，而是必須成為全公司的中心思想。如果有人致電詢問，接電話的同仁必須竭盡所能協助客戶。

　　每一位跟客戶有所接觸的員工都必須如此，收銀員、快遞公司員工、維修人員都是。你和員工必須24小時身體力行你的獨特銷售主張。

　　為了確保你對客戶的承諾能貫徹到全公司，全體員工都必須瞭解你的獨特銷售主張。他們也必須能夠清楚闡述公司的賣點，明白它的重要性以及如何達成。

　　你必須檢核所有同仁對獨特銷售主張的理解度，也就是

說，員工必須能表達賣點特色，並且透過工作績效，展現自己的工作如何協助公司履行對客戶的承諾。

看了你強調服務至上的廣告而致電詢問的消費者，可能會因為一個態度惡劣的接線員，打消購買的念頭。公司員工若是忙著跟其他同仁聊天，而讓尋求協助與諮詢的消費者在線上空等，就會把消費者拱手讓人。

這往往是獨特銷售主張被人輕忽的一面，因此，務必要求全體同仁明白執行賣點的精神。倘若你低估這個重要性，即便事後補救，可能也難以挽回。

相反地，只要員工熱情擁抱你的獨特銷售主張，你的廣告就會讓消費者難以抗拒。靜下心好好為你的員工寫下公司獨特銷售主張的概要、你要如何實踐承諾，以及每個人如何將這個特質發揚光大，讓員工通力合作，使它成為企業精神。

千萬別預設立場，認為：

- 所有員工都充分瞭解獨特銷售主張的目標。
- 他們知道身體力行這個賣點的重要性。
- 即使員工真能理解獨特銷售主張的重要性，他們就能明白應該如何執行，以及消費者會如何審視他們的行為。

寫下你想跟員工溝通的事項，好好跟他們談談。舉辦內部競賽，獎勵那些認真宣揚獨特銷售主張的員工。訂下準則，讓員工知道獨特銷售主張運作的方式，大多數人都希望跟隨正確的腳步前進，特別是你的員工。教育他們如何成為

公司獨特銷售主張的最佳代言人。

使用獨特銷售主張創造重複銷售

　　大多數企業賴以維生的，就是重複銷售與後端銷售。所以，如何讓消費者首次購買你的產品之後，就能在心中對你的公司留下深刻又難以抹滅的好印象，將攸關企業存亡。如此一來，當消費者再度需要該項商品時，你的產品獨特優點與好處就會浮現在客戶腦海中。

　　如何確保客戶購買後就能牢牢記住你的商品呢？

　　提供一些好方法。售後立即行動：寫信、電訪、親訪客戶。在後續聯繫過程中，務必讓客戶感受到無比尊榮，也要讓他們覺得首購其實就是回購了。**反覆強調你的獨特銷售主張，提醒客戶這是促成他們訂購的關鍵。**

　　務必讓客戶放心這次消費是明智的決定，讓他們明白公司秉持一貫的獨特銷售主張。這次能打動他們的心，下次也同樣適用。

　　再強調一次，闡述你的獨特銷售主張，告訴客戶你的原因，以及客戶因此獲得的利益與好處。**消費者通常都不會明白你提供的好處，除非細心說明，他們才會對你的努力心懷感激。**

　　教育你的客戶，讓他們明白，你的獨特銷售主張帶給他們的好處，遠超過其他競爭對手所能提供的。同樣地，還是要提醒他們，向你購買是多麼明智的抉擇，並且將這個決定歸功於你的獨特銷售主張。

　　無論客戶回購幾次，都應該在後續追蹤時強調公司的賣點，這一點很重要。透過後續追蹤與服務，強化客戶心中對品牌的忠誠度與價值。

　　購買後的問候電話、關懷信件、銷售優惠，都能大幅降低客戶退換貨、客訴抱怨的機率。後續服務能消除客戶對自己最近購買正確與否的疑慮。

　　良好的行銷就是，針對客戶衝動購買行為提供合理的原因。成功有其公式，而獨特銷售主張正是公式中最不可或缺的關鍵因素。

延伸你的獨特銷售主張

　　每個產業當然有所不同，但我通常建議我的客戶，透過郵件、電話行銷或親自拜訪，經常性提供客戶優惠與促銷。

　　人類的天性都希望受人感激與被人認可。提供客戶獨享特價或首購優惠，讓客戶愛上你們公司，同時更強化客戶心中對你們獨特銷售主張的認知。

　　提供更多優惠時，謹記以下幾點：

- 首先，消費者應該將你的優惠視為獨特銷售主張的延伸。
- 再者，一定要讓消費者清楚明白，這個獨家優惠僅提供給老顧客。
- 第三，不要便宜行事偷工減料，沒給客戶更優惠的價格、升級的產品、更久的保固以及額外的服務。
- 最後，別低估這些優惠潛藏的利益。

　　當你有一長串心甘情願掏錢購買商品或服務的客戶名單時，只要再給他們額外的優惠，訂單得來幾乎全不費工夫。

　　謹記基本重點：與客戶溝通時，務必將強而有力的獨特銷售主張融入每個切入點。再多一點優惠，更能讓消費者對你的獨特銷售主張印象深刻。

　　我們來聊聊實際案例，看看那些公司如何運用獨特銷售主張讓業績突飛猛進。

　　1980年代，加州地區最創新的成功案例之一，就是傑可貝與麥爾斯法律事務所（Jacoby & Meyers），他們的獨特銷售主張就是合理收費、固定手續費、強調人人都負擔得起、絕不漫天喊價。這家事務所在廣告上列舉的法律服務費相當有吸引力，所以在加州訴訟市場占有一席之地。

　　不僅如此，他們將自己定位為服務藍領階級的事務所，憑藉獨特的利基，在法律界站穩腳步，成功擴展事業版圖。

　　多數人遇到法律問題不敢求助於律師，大多是擔心無法負擔以小時計費的高額律師諮詢費，害怕面對訴訟相關程序的後續費用，以及根本無法成案。傑可貝與麥爾斯法律事務所藉由「以助人為出發點」的獨特銷售主張，成功消弭多數人心中的疑慮。它是這麼寫的：

　　「如果我們接下你的案子，你的個人事故傷害案件會採勝訴分成、敗訴免費。假設你認為你需要一個律師，卻又不是那麼確定，我們將提供首次免費法務諮詢服務（或合理費用）。」

　　當你提供的獨特服務完勝同業，價格就不太重要了。

　　郵購業有家公司名為夏波印象（The Shaper Image），他們銷售的商品都是高科技且獨一無二的，而且很難在一般商店買到。針對絕無僅有、非必需品的昂貴成人玩具，他們創造出一個活力十足的獨特銷售主張。

　　夏波印象銷售的商品讓人難以置信：從全電腦化設備的浴室，到整套騎馬時穿戴的盔甲。他們的獨特銷售主張就是，獨家販售市場絕無僅有的異國玩具。

　　信不信由你，有購買意願與能力的顧客很多，他們特別相信自己購買了某些特殊玩意，絕對能讓朋友刮目相看，或是某些市面上根本買不到的東西。

　　後來，夏波印象又在獨特銷售主張中添加了四個特點；這下子，消費者更難以抗拒了！

- 夏波印象的每項商品都經過總裁親自試用、評估、購買，都是總裁親自保證背書的。
- 每項產品都提供一個月試用期，你們無需承擔任何責任，一切交給我們負責。
- 購買任何產品一年內，發現夏波印象以更低的價格販售該商品，立刻退差價。
- 熟客可獲得特價點數，以更優惠的價格購買。

　　夏波印象年度銷量暴增數億美元，完全可以歸功於他們的獨特銷售主張。

　　洛杉磯有一家除蟲公司也有很棒的行銷手法，如果你請

他們到府進行單次除蟲服務，他們會說服你加碼訂購季節性全年除蟲預防專案，再加送「任何時間產生蟲蟲危機一通電話服務就到」。

跟他們簽下合約的那一刻起，你的內心充滿寧靜感，螞蟻、蟑螂、跳蚤、蜘蛛或其他害蟲再也無法危害你家。他們成功地將銷售量由六十美元單次除蟲，加碼為兩百美元每季一次全年除蟲服務。

他們打出難以抗拒的獨特銷售主張，將單次消費的客戶轉變為划算的年度客戶，而這種模式適用於各種生意。

獨特銷售主張對行銷基礎相當重要，必須明確鎖定並流暢表達你的獨特銷售主張。

愈快說明自己優於競爭對手之處，就能愈快天下無敵。

不過，行銷還是有其問題：如果你的廣告無法從一片平庸的廣告中脫穎而出，你還是沒什麼賺頭。為了被人一眼就看見，必須要與眾不同。這必須具備兩大特色：廣告價格或廣告獨特性。你能迅速確實地告訴消費者，購買你的產品為何對他們有好處，讓他們想要進一步瞭解嗎？

我們來瞭解所謂的Yugo概念。

Yugo車是南斯拉夫國民車。他們認為，若是推出市場上最便宜的新車，美國人會買單。你為何會購買現在這輛車？價格？車子性能？很多人購物前會先看價值與優點，然後再看價錢。如果車主在乎的只有這些，你會鶴立雞群，因為你就是客戶心中的最佳選擇。

愈快說明自己優於競爭對手之處，就能愈快天下無敵。

　　獨特銷售主張要能提供消費者無法抗拒的特色，連理性購物者都不會拒絕的好處。兩大原因促成交易發生：第一，買賣雙方建立的關係與信任。第二，純粹為了好處而買。

　　答案如此簡單明瞭地擺在你面前，如果你還是要選擇別條路，也只能說你犯傻了。**很多偉大企業都是以非常簡單的原則為基礎，將自己帶進更高的層次。**

　　確定並闡述你的獨特銷售主張。相較於完全沒有獨特銷售主張的公司，有個很棒的獨特銷售主張絕對會好很多。

　　測試獨特銷售主張，直到你能淬鍊出企業的本質，願意終身與這個本質共舞。通常可以在測試獨特銷售主張中強調保固，消費者很喜歡也很在意產品保證，把這個當成你創建獨特銷售主張的第一步吧！

讓你在客戶心中獨一無二

　　讓自己與眾不同，同時在你和競爭對手之間劃出一條鴻溝，消除價格競爭，只有你能解決客戶面臨的問題，這就是你的優勢。

　　以下提供我分別與兩位客戶的訪談文字稿，我認為這將有助於解釋發生作用的獨特銷售主張，以及如何在真實的商業世界集中火力，找出自己的獨特銷售主張。

　　第一段是我跟喬伊‧羅伯茲（Joel Roberts）的對談，當時我們一起詳細探討獨特銷售主張的整體概念。在這段對話中，我向喬伊解釋一個看似平常的服務業。當你深入探討其中的可能性，就會發現事情並不像表面那般風平浪靜；只要

洞察先機，就能在市場上拔得頭籌。

傑與喬伊的對談

喬伊：我們附近新開了一家乾洗店，你知道獨特銷售主張的概念。

傑：知道。

喬伊：我們都很清楚所謂的乾淨襯衫、乾淨西裝，就是字面上的意思吧？

傑：乍聽之下或許是對的，但我會告訴你，你錯了。

喬伊：願聞其詳。

傑：別光看表面，深入研究之後，你會發現乾洗店提供很多我們所謂的獨特銷售主張。這些因素可能是價格、服務、品質等等。有時候，最便宜的反而最昂貴，我們以前也聊過。不過，你今天穿在身上的毛衣真是好看，應該是喀什米爾羊毛吧！

喬伊：沒錯。

傑：我就知道，或許一件三、四百美元吧！

喬伊：猜得真準！

傑：算我厲害囉！我的重點是，因為你覺得每家乾洗店都一樣，所以你會尋找便宜的乾洗店。當你付了1.12美元的乾洗費之後，可能會發生兩種結果：

一種是，若是週五就要穿這件毛衣，你可能會是在兩週後的週五才能拿到衣服。

第二種是，他們收這麼低的費用，代表著他們肯定用很

多化學藥劑來清洗衣物，可能洗完也不會幫你保養衣物，不會像高品質乾洗店會用衣物柔軟劑來保養羊毛。

　　事實的真相就是，乾洗店經常亂洗你這件毛衣，次數多到讓毛衣纖維受損，導致愈來愈沒彈性，看起來就會像地攤貨，而不是頂級喀什米爾羊毛衣。所以，雖然每次省下一塊美元，最後可能必須花四百美元再買一件。

　　喬伊：所以，轉角那家乾洗店的獨特銷售主張是什麼？

　　傑：他們花了很多心血打理這些高品質衣物，確保你的衣物受到細心呵護，延續衣物的生命與美麗。

　　我跟他們合作了一段時間，他們經過無數實驗與測試。基本上，他們竭盡所能、費了很多道功夫，為的就是讓你每次拿回衣物穿上身的那一刻，都會心滿意足。

創造獨特銷售主張時的真實與不安

　　接下來的訪談稿是某次我跟客戶「有話直說」的掏心對談。我先檢視他的銷售方式，然後一起鎖定某個獨特銷售主張，讓他明白如何有效地將賣點變成自己的優勢。

　　傑：我觀察到的第一個重點就是，我搞不懂你到底在服務哪些客戶。雖然你會寄發簡潔有力的宣傳信件，但是你缺乏的就是獨特銷售主張，沒有獨特銷售主張。或許這些寄給買家的信件內容已經很難加以潤飾，但你的信中看不到獨特銷售主張。

　　愛德華：你說得對！

　　傑：無論是用科技專業、低價或是快速轉向……當成獨

特銷售主張，都能做為公司的代表。我不知道你的特色是什麼，但如果沒有特色，我們最好快點想出一個。

我認為我傳遞給你的概念很完整。你必須將焦點鎖定在推銷信件，或許可以完全針對你的主要客群，介紹得更獨特細膩。

但是，目前我從你的信件中看不到任何特色；看完你的推銷信，你根本就是在推薦客戶去找其他廠商。基本上，你就是在對客戶說：我要介紹另一家很棒的公司給你喔！跟我買東西不會得到任何好處的。

愛德華：對，你說得對！

傑：針對我的評論，請告訴我，你的銷售人員有沒有提供消費者任何好處，隨便什麼都好。如果真的都沒有，我們就要來創造一個獨特銷售主張。

讓大家知道你的賣點，才能搶攻市占率。或許這個特色早就在你的公司行之有年，但是消費者不知道，對你的生意一點幫助都沒有。

我試著讓大家明白的就是，如果我們能給你一個立刻讓你的產品或服務從同行中脫穎而出的獨特銷售主張，就會給你這個契機。

愛德華：你說得對。我看過你給我的資料後，我明白那是我欠缺的。看完我的競爭對手分析，我發現了一件事，除了一家公司之外，其他公司的歷史都相當悠久、商譽卓越、穩健經營，而且品質優良。這些優點大家都有，這就是問題所在。

傑：大部分競爭對手的歷史都很悠久，有些還是由某些老店轉投資的新公司。你繼續說。

愛德華：在我看來，似乎有兩個變數。當消費者開始跟這些公司下訂單時，決定購買的因素通常是產品規格，但他們都會購買市場最低價的商品。

傑：你該如何成為以最低價販售這些產品的公司呢？你們曾經是市場最低價嗎？

愛德華：一般說來，我們公司的價格很有競爭力。

傑：說說你的銷售過程吧！消費者通常是第一次購買這類型商品？還是說，他們想用你的商品替換掉舊有的商品？

愛德華：絕大多數是市場創新商品。

傑：因為是創新商品，所以工程師自己設計規格，沒有什麼標準化，對吧？

愛德華：工程師設計的東西可能都還不存在，他們設計一套系統，是我跟同業商品的集合。

傑：那是什麼商品？

愛德華：我們的商品有50%完全符合客戶現有的需求，另外有40%幾乎符合他們的需求，因此我們會有不同的做法。至於剩下的10%，根本還不存在。

傑：在你的專業領域裡，產品性能如此重要嗎？相較於你的競爭對手，你有公司產品品質的統計數據嗎？他們用的術語是什麼？

愛德華：在人造衛星產業，他們用站與系統的可用度；也就是說，在空中與不在空中的時間比例。

傑：好。有沒有分析報告足以證明你的東西品質好到無話可說？事實上，品質可靠與否跟你的銷售有關嗎？還是說每家的品質與設計都是一級棒的，說那麼多廢話其實都沒有太大的影響？

愛德華：人造衛星產業當然重視品質，但是，針對你的問題，或許答案是肯定的。大家都會說：「我們家的商品跟別家一樣可靠，沒有一家優於或劣於其他家。」

傑：所以，沒有任何製造商有能力在系統中再增添某個功能，強化產品的可靠度；也沒有任何一家的利潤能明顯高過其他家？

愛德華：如果可能，大家肯定會去做，這是我們夢寐以求的事。

傑：對了，我只是在調查這個產業，請包容我對這一行的無知。

愛德華：你提出的問題都非常好。然而，就另一方面而言，我銷售的所有商品都不是工人在裝配線上組裝的東西，也不是擺在商品架上等你來購買的商品，所有商品的出貨日幾乎都是從九天到一年不等。

所以，我們是在客戶下單後才開始製作的。只有極少數交貨時間很長的設備或零件，賣家才會備些現貨；或者是，即便買方只購買一個，但是製造商知道這項商品日後可以銷掉，可能會先備好五個。

不管是哪一種情況，客戶關心的重點之一，就是廠商能否準時到貨，而且保證貨一到手立刻能用。我認為，大家都

會誇口自己比別家還強，但是不確定我能否滿足客戶這方面的需求。

傑：好，所以獨特銷售主張不能放在產品上，但我發現你可以切入的角度。

首先，確定所有郵件行銷的名單。假設名單上有250人，但你也不確定其中真正的買家有幾個，反正就是運用了某些方法列出這些名單。對於那些不曾回覆的潛在買家，你還是每個月都寄行銷郵件給他們，每封信強調的重點有所不同，因為會引起每個人購買反應的催化點不盡相同。

愛德華：自從我看過你給我的資料後，我的心中也曾經浮現這些想法。

傑：從你的經驗看來，如果你有某些特定技術，藉由這些技術協助工程師更有效率地完成工作，並能幫公司節流，你可以把這些知識寫入行銷信件。好比說：「針對無線電遙測技術，讓工程師減少二到三個月時間，最多省下五十萬美元的十大絕招。」

這可以成為你寫信給客戶的第一句話。開頭可以這樣寫（若是與事實有所出入，請原諒我對這方面專業術語一竅不通）：

「在這一行深耕25年，我歸納出工程師深感罪惡的十大錯誤。如果他們將此知識運用在分類與採購程序上，可能會幫你的公司省下半年製造時間或節省數萬美元的成本。」

這段話是我數年前出售我的時事通訊文宣中的廣告詞，在寄給你的信件中，我也用了其中一些概念。我列出十個特

定案例，凡是看過這篇文宣的人，就算沒有付費諮詢我，光是閱讀這篇文章，他就賺到價值兩萬五千美元的受用知識。

就像你收到我寄給你的信件時，就算你未曾跟我聊過，還是會產生很多想法與點子，找到經營的方向。這封信的效果就是讓你產生想要找我諮詢的念頭。

愛德華：的確如此。

傑：這封信讓你覺得我的專業超乎你預期的好，讓你在正式會談之前，就覺得我肯定能帶給你很大的幫助。把這套理論運用到你的市場上，不正是你想要的效果嗎？

愛德華：對！

傑：其他廠商都是說：「跟我買吧！」姑且不論他們是不是你的客戶，你卻對他們說：「二十招！讓你變身超級英雄！」這樣的用語豈不就是在暗示你提供客戶更多好處。

假使這招奏效……信不信由你，即使是最難搞的客戶，有時也會投桃報李。如果他們真的成為公司英雄，如果他們真的幫公司省下五十萬美元，如果這封行銷信件讓他們決定引進對公司有助益的系統，也因此得到兩萬美元獎金，你認為他們會不會對你的公司產生好感呢？

愛德華：會！

傑：有幫助嗎？

愛德華：有！

傑：這只是其中一招，還有很多招呢！另一招可能就開門見山、自賣自誇。

「你好，我是愛德華。我們是一家專業製造公司，這裡

詳述公司的專業技術。老實說,我們在業界歷史悠久(開始分享你的背景),前身是XX公司,客戶遍及全球(現在就可以分享一些你之前告訴我的案例)。其他公司都要求你跟他們下訂單,但我不會這麼要求你。我建議你在決定向別人購買之前,把你心中所有的疑問都提出來問我吧!這可是你要把握的好時機,當然也是我的機會所在,但發球權是在你身上。我們公司在業界的歷史與經驗遠遠超過很多廠商。」

「我瞭解系統錯綜複雜,隨時都會出現意想不到的困難。我賣出的系統數量與我協助過的公司,數量多到應該是業界之冠了。當然,或許你會找到出貨更快速、價格更便宜的公司,但事先跟我討論一下,再去向你青睞的公司購買,或許能讓你的公司省下更多,變得更有效能。我願意提供免費諮詢服務。」

「我的意思就是,如果我的回答與建議有道理,別人能給你的,我也都做得到,你就應該把生意交給我。如果你覺得我說得沒道理,當然就算了;然而,在你決定向誰購買之前,這是千載難逢的好機會,至少可以讓我為你解惑。」

這是很棒的切入點,不是嗎?

愛德華:真的很棒!

傑:你把自己的層級拉高到眾人之上,瞬間就成為知識的寶藏,讓他們自己來挖寶,不管他們最終決定向誰購買。這種說法不但讓他們敬畏你的豐富經驗,又因為你搔到他們的癢處,而讓他們想嚐嚐甜頭,告訴他們你之前協助過的案例。好比說:「我幫他們想出這種方法,讓他們省下多少預

算。」或是:「我們克服過這種難關。」然後給他們實際的例子。這是一種行銷手法,告訴客戶該怎麼做。

別光只是說:「謝謝。」而是說:「如果你們董事會目前對於某些計畫正苦無對策,不妨打個電話給我。就算沒有生意往來,我還是會謹守保密條款。可以在電話中討論,也可以來我公司我們當面談。簡單地說,我能提供你數不清的參考資料。若是做不到,我又何必寫這封信呢?你的收穫肯定多過我。」

愛德華:認識新朋友時,我也會這樣對他們說。

傑:很有效,對吧?

愛德華:的確如此。

傑:這一招十分有效。

愛德華:你的建議真的非常受用。

我再舉幾個真實案例,說明客戶如何徹底執行他們的獨特銷售主張,看看你能否舉一反三運用到你的企業。

開鎖服務

柯克隆修訂廣告DM與宣傳手冊上的文宣,將他的開鎖服務主要客群鎖定高收入族群,調整後首週就吸引了五名新客戶上門(銷售金額大約為3,800美元,營銷成本大約為2,000美元)。

藉由文宣上多加了一句「伊利諾州政府許可認證」,就讓客戶認為他是該區唯一獲得政府合格執照的鎖匠。

訓練

短短一個月內，卡托將他的公司SIG從4家擴大到了45家的規模，這樣的豐功偉業都歸功於他們提供客戶更棒的教育訓練。SIG成功地將自己定位為科技業訓練專家，他們在六月推出全新訓練課程，讓旗下的工程師群，訓練工程師與技術人員專業發展特訓課程。

透過發展這個獨特銷售主張，他們提供客戶更低廉的開發成本、更好的產品。過去三個月，這套新業務為公司賺進了75萬美元。

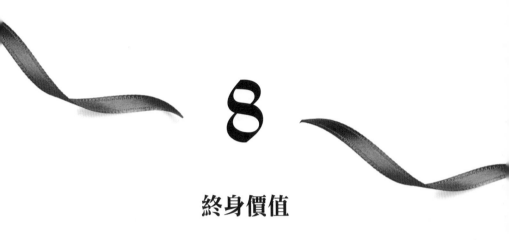

終身價值

理解客戶的終身價值

終身價值亦稱為「邊際淨值」。你為企業所做的最有利可圖的事情，就是搞懂客戶的邊際淨值，並且在道德許可範圍內善用邊際淨值。

你的客戶或潛在顧客目前的邊際淨值是多少呢？怎麼計算呢？**一般客戶終身消費總額（包括所有剩餘銷售額）減去所有的廣告、營銷、物流費用。**

假設一般新客戶首次消費帶給公司75美元的利潤，他們一年回購三次，每次平均購買金額為300美元，你可賺取150美元的淨利潤。由此可推出，平均每位新客戶在往後兩年內可帶給公司975美元淨利潤。

首購利潤＝75美元
第一年三次回購的利潤＝450美元
第二年三次回購的利潤＝450美元

邊際淨值＝975美元

首購利潤75美元，加上每年三次回購的利潤（每次是150美元），假設往後兩年他們都還是公司客戶，再乘以二，最後得到975美元這個數字。

只要明白如何計算每位客戶的邊際淨值，就必須針對計算出來的數字好好下功夫。

我協助過上千家公司，看過他們的資料，大致的情況就是：絕大多數公司花在搶攻客戶青睞的費用，像是業務員獎金、廣告預算、行銷費用⋯⋯不是過多，就是過少。

首先，必須計算出一個校準點，就是針對首購客戶、專買某些特定產品的客戶、後續買家、特定買家⋯⋯等，分別計算出能帶給你多少利潤。

然後，必須知道該筆交易對後續業務直接或間接的影響是什麼；也就是說，對其他人或其他部門所造成的影響。

這些資訊必須隨時供你參考，但是必須謹慎估算（因為當老闆的你可不能對金錢大而化之。當客戶的忠誠度愈來愈低時，這個方法就僅供參考）。

手邊沒有這些資料，就不知能做什麼投資。投資不是把錢花光就好，**你必須培養一種不是在花錢、而是在投資的心態。**當你知道你有投資的本錢時，就應該研究如何讓你的投資得到所追求的最大收益。

9

善用籌碼，扶搖直上

先來聊聊對你有利的籌碼……

關於如何開始行動、展開投資、把握機會，藉由員工的努力和聰明的投資，讓所有的付出都能換取更高的報酬、更甜美的收穫。想像一下，當你擁有最棒的機制、性能最好的車子時，只要踩對油門，這股「驅動力」就會帶著事業向前奔馳。

驅動力？問我就對了！

讓我來解釋掌握有利籌碼、讓事業蒸蒸日上的九大「驅動力」。

過去數年，透過瞭解與輔導一些成功企業的案例，經過研究分析後，我重新定義這威力無比的「驅動力」。這些表現優異的企業發揚光大自己的籌碼，掌握競爭優勢，帶動企業成長與獲利。

善用籌碼擴張版圖的九大驅動力

讓我們來瞧瞧，這些驅動力各自身懷何種絕技。我會解釋這些絕技與你們的企業、努力、活動、機會有什麼關係。

一、行銷

長期以來我一直強調，在「行銷」中，有你們最強而有力的籌碼。

為什麼？很簡單！不管業務員一天電話約訪了五個、十個、甚至十五個客戶，你付出的開銷、時間、機會和成本都是不變的；而這些被邀約的潛在客戶中，不管成交率是1/10、1/5、1/3或1/2，你的營運開銷都是固定的。

不論廣告的效果如何，吸引到一位、十位、甚至上百位客戶，這些營銷、廣告、機會成本都不變。

不管這些被廣告吸引來的客戶購買率是一成或六成五，也不管交易的金額是一百美元、五百美元、甚至一千美元，吸引來客與簽下訂單的成本都是固定的。

可能會有0.5%、1%、甚至6%的人，收到你寄發的銷售信件或傳單後聯繫你；不管結果如何，你都付出相同的成本。透過行銷人員的努力，這些潛在客戶決定購買的比例可能是2%、10%或是22%；不管比例高低，你的成本都不變。

參加貿易展，租了攤位，擺設好公司商品。不論這個攤位每小時能吸引到多少來客，可能五百位，也可能上萬，而這些來客的成交率可能10%、1%、甚至更慘——完全槓龜。

你的報名費、租賃費……等所有費用都是固定的。

　　我還可以繼續舉例下去，但原則是不變的。如果能讓廣告吸引的人次增加兩倍，如果能讓成交率由15％增加到30％，手邊可用的銷售籌碼對你就有深遠的影響了。

　　如果能把銷售信件的成交率從0.5％拉高到4％，如果能讓消費者購買金額從250美元提高到400美元，如果能讓消費者從每年消費一次變成每季一次或每月一次，如果能讓從不幫你推薦的客戶變成活廣告，每年幫你推薦五位新客戶——這些行銷優勢加總起來的效應，就是企業呈倍數成長的契機。

　　透過倍增行銷方法的效果，就是你擴展企業、提高銷售額，增加利潤、財富與淨值的方法。

　　顯而易見地，行銷是第一個也是最棒的有利籌碼。若是無法看清行銷對企業的絕對影響，也無法駕馭行銷這種超能力，那就實在太可惜了。

　　該怎麼做呢？

　　其實還蠻簡單的！首先，展開內部行銷稽核並且列出清單，列舉出所有行銷活動、流程、因素……等等，再把焦點放在目前為止表現最佳的項目，那些就是你必須集中火力、強化改進的方向。

　　怎麼鎖定目標呢？有三種方法：

1 與公司內部同仁一起審視，哪一位完成你要求的事情，而且成效還優於其他人？不管他們負責的任務是銷售還是行銷，什麼都行，讓他們成為企業內的學習楷模，系統化他

們的做法，並且複製他們的優質表現。

接著要求其他同仁運用他們的方法，或是學習這些人的長
　處，讓自己的方法更上一層樓。

2　**走出公司**。研究同產業的其他競爭對手，不論他們是不是
　與你分享相同市場的對手。研究哪些公司在行銷、銷售、
　開發客戶、刺激消費、轉售⋯⋯有與眾不同的優異表現，
　研究他們的成功模式。

3　**走出自己的產業，擁抱相關產業，研究出他們最厲害的方
　法**。擴大自己的視野，找出別人忽略的機會。當你發現這
　些不為人知的機會之後，去蕪存菁，為你所用，可以仰賴
　這些機會鎖定潛在客戶進行直接銷售，刊登廣告吸引更多
　客戶上門，舉辦更精采的產品說明會，吸引更多人群來貿
　易展。

　　　之後，調整並善用你的方法，將上述三招直接運用到
你的公司。

　　　規律檢視這些流程，測試、評估、監測並分析可運用
哪些元素，使得現有的成功模式更上層樓。你可以採用新
方法取代那些不符合時間與經濟效益的元素。

　　　瞭解你的行銷，這是九大驅動力中的領頭羊，也是最
重要的有利籌碼。藉由這套簡單哲學，你的企業銷售、收
益、業績、利潤、交易量、客戶量、來自客戶推薦的新客
戶⋯⋯等等，所有的關鍵籌碼都能讓你的企業成長到超乎
你能想像的境界。

二、戰略

第二個驅動力，就是我擁抱了**15年**之久的哲學：戰略。它的重要性與行銷並駕齊驅。對於戰略，羅賓有不同說法：在商場上，最被人忽略的事實或許就是戰略。

《韋氏字典》對於戰略的定義如下：「運用於政治、經濟、心理學、軍事的科學與藝術，在平時與戰時執行某些手段或方針的時候，提供最大的支持。」

美國國防部針對「戰略」兩字的定義如下：「以國家力量為工具所發展和運用的藝術與科學，以同步聯合的方式達成國家或多國的目標。」

真是令人驚訝的雷同，那還用說！無論是經營企業或是管理軍隊，戰略就是一切。

改造企業最簡單又快速的方法，就是改變你目前運用的戰略。

順帶一提，多數企業完全沒有戰略，只有戰術。他們最擔心的就是如何賺到足夠的營收，打平經常性開銷，支付員工薪資，撐過這一週與下個月。

他們沒有在戰略上制定拓展業務的方法，這種方法致力於創造最大收益，達成公司市場定位，維持企業成長，以及創造與培育企業基本資產的價值。

然而，上述一切都可以透過改變戰略來實現，**戰略是決定企業成敗的主因。不同於商業模式，戰略就是企業依循的經營方式，針對你追求的宏偉藍圖，應該如何整合、提升、佈署箇中所有元素及其原因。**

如何改變戰略

首先應該明白，你目前的確依循著一套經營戰略，即便只是回應型戰略（reactive strategy）。因此，你希望能奉行一套理想的長期開拓型戰略（proactive strategy）。

然後必須搞清楚，真正努力渴望達成、建立與永續發展的企業到底是什麼。

若是不知道自己想要達成的目標，就無法制定出理想的戰略。一旦制定出來，你可以逆向操作，就像編寫出威力無比軟體的程式設計師。

你必須明白，當一個完美戰略充分發揮功能時，就經營與維持企業而言，戰略應該呈現哪一種樣貌，有哪些各種不同因素影響你的最終戰略。

舉例而言：你希望企業到達哪一種程度？你渴望經營超大型公司嗎？面對諸多經營挑戰、管理眾多員工、支付大量開銷？有些人渴望達到這種規模的成就，或是你寧願達到相同的交易額，或至少相同底線的利潤，卻只需要1/4的努力、1/2的員工、1/3的資本呢？

達到戰略目標的方法有很多種，必須決定哪一種方法最深得你心，哪一種經營的方式能獲得最好的結果？然後，以最永續經營的戰略為基礎，掌握原則，雷厲風行。若是採取運用戰術的方法，只有當那些戰術助你佈署並達成最終戰略目標時，方能使用。

只要看清全貌，就能進一步思索戰術，戰術就是通往渴

望結果道路上的行動與管道。當你在完美佈署未來美好大局的戰略時，為了達成最佳結果，應該採取什麼行動、概念與方法？

　　我們來研究一下：現實世界中，戰略的真實樣貌為何？我先舉個例子，你的戰略可能是：

　　「吸引客戶上門，先打平收支成本，然後給顧客留下美好的經驗。接下來，說服他們回購更高價的商品或服務。」

　　「讓客戶重複消費，持續回購。一邊培養客戶對我們的喜愛與忠誠度，一邊推出新產品與服務。找出適合客戶的新市場，以及商品的新用法。」

　　「提昇客戶消費能力與層次，然後透過引進互補或搭配的商品與服務，增加營業項目與表現。藉由外來新商品與服務帶給企業的利潤，搭配自有產品的利潤，企業可達成更高的成長。」

　　這是相當全面又非常一流的戰略，而你的戰術將是執行時的機制、方法與步驟。運用銷售管道去實現或佈署整體局勢的戰略，像是行銷郵件、後端服務、戰略聯盟……等。

　　至於如何快速改變戰略，我的建議如下：

　　先審視目前企業的經營方向，我敢打包票，你都只有戰術的經營，意謂著只靠廣告、寄發目錄、店外標語……推動企業前進。這根本不是經營企業的戰略，只是戰術（通常還是回應型戰術）。

　　不妨試試以下這招吧！

　　就你所知，列出同一產業與不同產業中最佳表現、最令

人驚豔、最永續經營、最令人敬畏的公司。然後，花點時間仔細思考這些成功企業的真正戰略為何？他們正在做什麼？讓他們所有戰術緊密結合的是什麼？你花在思考這些問題上的時間不會白費。

然後，再花點時間想清楚他們如何實現他們的戰略？如此一來，就能區分出戰略與戰術的不同。列出優秀公司並思考他們的成功戰略之後，請求最具創新力、最有遠見與想法的朋友，也寫出十或十五家他們認為符合成功要件的公司，並與你分享他們的名單。

如此，你將瞭解上百家公司的戰略，經過剖析、評估這些戰略之後，就能從中挑選出適合自己公司效法的戰略，加以調整與合併，成為你最終的商業戰略。

改變戰略將對企業帶來巨大影響。就我過往經驗看來，曾有公司改變戰略後，透過完整的佈署、管理、系統化永久執行，企業收益呈三倍、四倍、甚至十倍成長。

這會為整個企業注入新的活力與動能，鼓舞公司上下、包括你在內全體同仁的士氣。同時，你的所有作為也會受到刺激，因而更具爆發力與速度。

三、資本

接下來介紹的重量級驅動力就是資本，包括人力資本、智慧資本與財務資本。所謂的人力資本，當然是為你工作的員工。如果全體同仁都有高水準的表現，你握有的籌碼就難以匹敵。如何辦到呢？以下提供三個簡單方法：

　　訓練。花在訓練員工的每一分錢，若是都能創造出二十到兩百倍的年收益，請問你會安排員工受訓嗎？（你會很驚訝，竟然有那麼多公司並未提供員工訓練）就算安排了教育訓練，請問多久一次呢？

　　你的業務員可曾受過正式又專業的銷售訓練？接受過專業銷售訓練的業務員，銷售業績將有效提升20%至2,000%，而且銷售水準會持續保持在這個水準。

　　你的內勤員工可曾受過整套專業技能訓練，讓他們產生超水準的表現？他們的閱讀速度能有多快？打字速度能達到專業人員的速度嗎？他們擁有高效時間管理的技能嗎？就效率與生產力而言，他們是否具備這方面的最佳能力呢？

　　如果所有的員工能力都能提升10%到50%，公司效能將成長兩倍或三倍；甚至，若是只透過一半的員工、時間和成本就能達到相同的結果，你就可以調整職位。如有必要，淘汰無能的員工，提拔有潛力的明日之星。

何謂投資報酬率？

　　你可曾疑惑花出去的成本、支付的薪水（包括內部員工與約聘人員）、行銷費用、技術服務、存貨成本，這些林林總總的支出，究竟為你帶來了多少收益？所有開支都息息相關、密不可分，你的專業服務與銷售成本又如何呢？

　　如果不知道公司花出去的成本能帶回多少收益，也不去瞭解有沒有更好的方法能讓成本收益更高，就是拿大錢打水

漂了。

　　我有三位諮商界的友人，各有各的天地。他們研究公司過去二十年的商業活動，藉由刪減不必要的開支，讓員工更有生產力，就能提升公司利潤水準。

　　一位是效率專家，只負責提升員工效率，他有本事提供員工效率三倍以上。

　　一位是利潤專家，研究公司財務資料，透過降低成本、減少支出與沒有生產力的開銷，改善公司利潤。

　　最後一位則協助企業找出無人注意卻表現欠佳的業務，透過統計分析，計算出裁撤或縮編這些單位後可以省下的經費。一般來說，憑藉著分析並探究公司每個項目的開支，進行調整，都能幫公司省下至少一成的總收入。

　　如果不檢核公司開銷、不研究投資報酬率（ROI, Return of Investment）、勞動報酬率（ROE, Return of Effort）、人力報酬率（ROP, Return of People）、活動報酬率（ROA, Return on Activity）、機會報酬率（ROO, Return on Opportunity），你這個老闆可真是大大失職！

　　檢測企業開銷很簡單，只是非常花費時間。不過，一旦開始分析，就會明白很多更優秀的替代方案能讓你的開銷達到最優化的結果。

　　就把這個當成投資吧！若是有一千萬美元可供投資，投入貨幣市場可獲2%的利潤，在另一個還算安全的市場可獲4%的利潤，另一個市場可獲7%的利潤，請問你還會滿足於2%的投資報酬率嗎？當然不會。

必須對自己、對企業、對資本負責，時時刻刻都要盡最大努力，讓每分錢花在刀口上，創造出最大產值。

但是，如果不先建立一套審核監測的比較機制，也不仔細檢核、評估並觀察現階段資金活動的績效，就無法創造出最大產值。

必須將財務、人力、時間和智慧等資本的配置與運用情況，按照可以佈署的所有方法進行評估。

概念很簡單，對吧！然而，改善每個資本的運用狀況之後，就能增加該項資本活動10%、50%、甚至150%的產值。想像一下，如果一百個人要花一年時間閱讀五千頁的內容才能學會，現在只要花半年就能達成，這是相當有趣的潛力，你不覺得嗎？

想像一下，假使某位員工知道如何提升自己30%的工作績效，而你知道他的方法。於是，你把這種方法交給其他20位員工，公司的整體產值增加三成，這樣的結果對公司淨值有何影響呢？

想像一下，如果你發現並改善某個過程，使得廢棄物、退款、銷帳……降低四成，這樣的發現不是很值得嗎？（事實上，我曾在某場研討會進行過類似練習，與會者都很驚訝這樣的結果。）

綜合所有不同項目的投資與開銷，以及財務與人力資本的機會，就會發現公司帳面淨值中有數十萬、甚至數百萬美元平白浪費掉了。

四、商業模式

商業模式不同於商業戰略，基本上，你是運用方法去影響或達成戰略。商業模式也跟戰術不同，模式是整合全體的方法。

舉例而言，在過去網路公司意氣風發的時代，當時的商業模式是搶得「先發制人」、「購買群聚效應」，然後找出從中獲利的方法。

基本上，這種戰略就是建構大量的後端銷售、回購以及廣告。

他們運用的戰術，就是提供瘋狂破盤價的商品與服務，等於賠錢做生意，或是藉由免費服務吸引消費者上門。這些做法都只是希望先與消費者建立關係，日後再從中獲利。

你奉行的商業模式將會導致不同的獲利能力，這其中也有許多連動影響，因為只要改變其中一項因素，就足以改變一切。

舉例而言，假設你的公司只做消費者一次生意，你的商業模式就是依靠廣告或銷售信件吸引消費者上門，想辦法讓他們買單，跟你做一次生意。不管成功與否，之後你跟消費者都無關了，這就是你的商業模式。

當然，你也可以增加商業模式的規模，將焦點鎖定在沒有購買的消費者身上，幫他們找出有無其他商品或服務與消費者最初想購買的東西互補，協助消費者滿足他們的需求。

對於那些成為你買家的人，你也應該研究如何販售其他公司的商品或服務給他們。

　　如此，你的商業模式就多了兩個新規模與新元素。觀念上的簡單轉變，就能帶給你三倍或四倍的利潤。

　　多年前，我曾舉辦過「行銷拓展營」，教導參與者何謂「邊際淨值理論」，讓他們明白如何找出他們與客戶之間購買關係的終身價值。

利潤加倍只需……

　　我做給他們看，讓他們明白只需一個步驟……再多個後端銷售……再多個交易……再多個加值加價銷售……再加個交叉銷售……購物車再多買個東西——就能增加兩倍或三倍的利潤。

　　假使客戶一年只消費你的商品或服務一次，突然間，你找到能讓他們一年購買三次的方法——你的潛在利潤可能會翻四倍。

　　如果客戶通常一年消費你的商品三次，而你想出方法讓他們購買五次。令人感到驚訝的不只是你的年利潤大增，而且公司的價值也會跟著水漲船高（如果你曾想過賣掉它）。

　　只要決定了一位客戶的邊際淨值，就只會支出需要花費的成本——絕不會超過客戶的邊際淨值——用來吸引愈多新客戶愈好，並且盡其所能善用他們的剩餘價值。

　　假設每位客戶的邊際淨值每年是50美元，他們一年消費一次，而你也沒做任何事吸引他們多多消費。只要你做出改變……如果能讓產品加值加價，使得銷售額從50美元增加到

75美元……如果能讓一次性消費行為變成一年購買三次，你的行銷預算突然就會比以前多出四倍，不是嗎？

給自己四倍的預算

當你的行銷預算增加四倍，廣告量比對手多，促銷價比對手低，銷售業務獎金比對手高；基本上，你就能做到他們做不到的事，因為他們搞不懂利潤從何而來，但是你早就了然於胸。

商業模式就是你必須檢視與分析的重點，而多數人甚至不知道他們目前的商業模式是什麼。

只要把火力集中在你的商業模式，傳達給所有人，然後再問問自己：「我有多少種不同的方式能改善前端與後端的銷售？」

你的新商業模式能擴展到什麼程度？

如何能更安全地收購呢？

就剩餘收入而言，如何能有更好的表現？或是如何透過制度來強化你和客戶的關係？

若是能領悟出方法，你的企業就會立刻轉型，這種影響力將會無遠弗屆。

我談到的每一個「驅動力」都有能力讓你的利潤翻倍、三倍、甚至五倍。握有這些籌碼時，你應該充分瞭解並掌控它們。

當然，這只是簡略的說明，卻已足夠你好好地思考、分

析和比較。你應該公正地專注檢視與評估，在每個不同「驅動力」的類別中，你的公司有沒有達成高績效的方法。

談談下一個「驅動力」吧！

五、關係

你能掌握的有用關係有哪些：商業關係、專業關係、同儕關係、智囊團關係？擁有這些關係，將會擁有不可思議的優勢。先來一一瞭解吧！

首先是，在你的城市、州、國家、北美、甚至全世界，與你同領域生意往來之人彼此的商業關係。

若是決定透過電話、信件、親自拜訪或是舉辦活動讓大家定期聚聚，會怎樣呢？

目的為何？為了借用他們的智慧，讓他們成為你的智囊團。找出表現最佳的公司到底採行了什麼好方法，採用了什麼優異的行銷制度與戰略，瞭解他們最近面對的問題與因應之道、最優異的現金流管理技巧、最佳善用資金與人力的方法，以及他們的經營方式。想像一下，你可以透過這類聚會獲益多少？

這些好處還只是來自於你的商業關係。

萬一你正面臨某個不知如何解決的難關呢？向過來人請益不是很值得嗎？假使你手邊有個商機，但是還沒有足夠的資金或設備承接呢？

如何培養超級業務明星

你希望找到很屬害的業務員，銷售你的商品或服務。你猜怎麼著？你可以打電話到同行的公司，要求跟他們最頂尖的業務員通個電話……然後，你可以透過電話招募他們。

有個朋友整天就光做這件事，單憑這種方法，他就招募了很多業務高手。

你希望有更優秀的員工？這就是招募他們的管道。只需恭敬表達你的愛才之心，提供他們心靈上無比的滿足，就足以讓他們離開自滿得意的競爭對手。這一招之所以行得通，是因為企業通常不太重視旗下員工。

你的專業關係呢？他們能引薦一些有能之士給你，讓你因此獲得更多資訊與機會，並且讓你從中獲利嗎？

你的同儕關係呢？你能請教成功友人與生意夥伴嗎？而你能從請益的過程中獲得行銷、銷售與管理的機會嗎？

透過發問與深思，不只是渾渾噩噩地活著，就能實現驚人的成就。

這是令人難以置信的大好機會，你的每一種關係，所有最優質的客戶——甚至包括不再向你購買商品的前客戶——都能為你介紹新客戶。

他們可以向你購買其他東西。如果你是零售商，所有鄰近的商店都有其價值。在你區域內的所有商店，都能為你介紹生意，包括內部與外部商業關係，都成為你的營運優勢，為你帶來眾多商機。

你的知識與工作經驗呢？我曾針對行銷推出一部長達四小時的影片，片中鉅細靡遺地說明，我曾有過的完全不相關經驗如何造就出現有的知識根基。這完全是因為我借鏡每個人與每一家企業的成功經驗。

保持連續獲利

如果我是你，擁有各種企業、各個領域的關係，我會定期向他們的挖寶。

我會恭敬地向他們請益，只要他們知道我不知道的事，讓我獲得更多知識，讓我從他們身上學到更有效提升業績的方法與戰略。

我會拿你的問題和目標來請問他們，不管他們是什麼領域，擁有哪一種技巧；只要他們有豐功偉業，只要他們知道應該如何解決你的問題，如何達成你追求的目標，擁有你想習得的知識，我就會恭敬請教他們。

他們成功的秘訣是什麼？他們看到了什麼？我會找出他們的公司、員工或產業有哪些過人之處，透過討論，學會改善的方法。

我會提出無數問題，透過問答來拓展我的知識層面，讓我更加精通且更有遠見。我會記下答案、錄下對話，把這些寶貴知識應用在現有的營運系統中。

我會繼續借鏡從這些活動中、從各路高手身上學到的知識。他山之石可以攻錯，我會將他們的成功歷程運用到我的

商機與挑戰上。我會告訴他們，我的行業是什麼，追尋的前景是什麼，面臨的挑戰是什麼，參與的產品、服務與活動是什麼。

當他們明白一切之後，就能請他們提供觀點、建議、推薦與介紹，以及獲得知識與網絡基礎的管道。

這樣的成功組合也能讓你獲益良多。

接下來，談談下一個威力十足的「驅動力」。

六、經銷管道

其實，你有很多經銷管道，只是你自己都不知道。只要充分利用這些管道，你就占盡優勢了。

舉例而言，你將商品配銷到五百家零售商，這些零售商同時也販售其他種類的商品。如果你跟經銷商的關係密切，但是公司只有三種商品，你還是可以讓這些經銷管道成為有用的資產。

如果你跟這些零售商彼此關係密切、相互信任，你可以將其他相關商品引進這些經銷商或零售店販售。

藉由取得別家商品的販售權，再透過你的經銷網絡販售這些新產品，新商品利潤甚至會超過販售你自家公司的產品所得。

不相信有這等好事？我有實際案例證明這是行得通的。

我擔任一家公司的顧問，他們在運動布料產業只有兩項商品。營業額大約是兩百萬美元，利潤約為五十萬美元。因為業績開始下滑，他們尋求我的協助，希望我提供突破困境

的契機給他們。

審視這家企業的資料，我找出他們真正的資產根本就不是這兩項商品，而是他們與五千家零售商的合作關係，包括美國精品百貨諾德斯特龍、凱馬特平價連鎖店（K-Mart）、塔吉特平價百貨（Target）、潘尼百貨（JC Penney）等重量級零售商。

我告訴他們，只要拿下販售別家運動商品的權利，然後支付運動服設計的版權費給這些公司。

客戶拿到這些授權商品後，透過寶貴的經銷管道販售這些商品，創造出比單純販售自家兩項商品還高十倍以上的利潤。他們成功了，數錢數到手軟。

經銷管道可能是你寄發的目錄、經銷公司與員工、使用的郵寄名單、經常租借或郵寄的公司名單，而他們都知道你的公司大名……諸如此類。因為你可以幫他們簽名背書，讓他們使用你的公司名號。

此外，經銷管道也可能是你參與的研討會、展示會與經銷大會。上述所有參與者，只要與你相關，都可能是你的經銷管道。

毫無疑問地，有許多你根本沒想過、無意中經營出來的經銷管道存在著；跟你的供應商合作，跟客戶的客戶合作，都可能是另一個管道。**關鍵在於找出你最有利的籌碼，並且發揚光大。**

七、產品與服務

另外兩個能高效提升企業表現、利潤與財富的方法，就是搶攻新市場或推出新產品。

問問你自己：「現有的產品與服務還有其他的組合或變化可能嗎？應該如何讓產品攻占新市場、新區域和新消費者呢？」

你能授權其他公司使用你的商品或服務嗎？能推出不同的產品組合嗎？能將自家商品搭配別家商品一起販售嗎？能單獨將你的流程包裝成商品或服務嗎？

透過自然延伸、增加裝飾、提升為更頂級產品、簡化成為「白標商品」（white label，譯註：白標商品就是企業推出一項商品，而這項商品能根據不同公司的品牌形象，包裝成該牌產品）……你能從現有產品或服務發想出多少新商品與服務呢？藉由增加一到五個新成分，就能創造出全新商品，打進新市場。

你可以檢視現有的客戶基礎，看看是否漏了大魚。或許有些團體、公司或產業想跟你合作，但是你可能從不知道他們的存在。或許，你就是能吸引到某些公司、產業或特定年齡層的青睞。或許，專業類型能發掘出過去被忽略卻極具潛力的新市場。

只要分析你的客戶基礎，透過你已掌握的數據資料，或許就能找到那把打開新市場大門的鑰匙。還是老話一句，如果不願分析資料，就無法尋到機會，你將一事無成。

八、流程、程序、制度

多數企業根本沒有任何制度、程序或流程。

我何其有幸能接受戴明機構的訓練並與他們合作，也曾有機會與多變量測試界執牛耳的公司共事過。我將所學歸納於下：

每個企業機制都可以二分為驅動流程與次流程，只要你明白驅動商業活動的流程，這些流程都可以被評估與量化，然後就能大幅改進。

不同活動中的每個流程，改善程度可以從3%到令人難以置信的2,100%。通常，一個活動約有15到20個流程：創造收益活動、產品活動、營運活動、財務活動、人事活動⋯⋯任何你參與的活動。

想要提高21倍業績嗎？

如果能將公司裡10個不同流程、50個甚至更多的元素改善3%到2,100%，你的企業將會出現爆炸性光速成長。

戴明博士讓日本產業機構從「廢棄車」轉型為世界無敵「F1賽車」的方法，就是教導他們改善流程的藝術與科學。

他讓日本商人明白，每當你做某件事，流程隨之而生。好比說，刊登廣告、製造商品、處理庫存、電話接單、處理客訴、提供服務⋯⋯等，**每個環節中的流程總是會有許多可改善的空間。**

當你明白現階段公司各活動流程的表現（就是監控、評

估、分析的功能）就可以在同公司、同產業、不同產業中，找出做相同功能卻做得更好更快、更安全、更有成果、更有效率、更賺錢的人。

　　接著，再搞懂他們做什麼、不做什麼？他們運用哪種戰略與戰術？他們的戰略憑藉什麼力量去驅動與執行？

　　你必須知道重視這個模式並持之以恆貫徹下去的心態是什麼？如何借鏡他們優異表現的成功之道？

　　然後，融合成一套簡單的應用方法，置入目前正在進行的工作（當然，也可以直接取代或強化手邊的工作），讓這套流程有極為出色的表現。

　　你也應該審視那些有意或無意間、就在同產業或相關產業中成為表現最為亮眼的流程。

　　只要評估量化這些表現優異的流程，這些優質化的流程也會變成你的商品與知識財。你可以販售並授權使用，甚至與實施這些流程並獲得改善的公司合資。

　　舉例而言：有個客戶經營木材生意，他燒窯烘乾木材的流程有同行的兩倍績效，還能節省40%的能源，更能減少80%的廢棄物，超過九成的木材廠只能望其項背。透過教育訓練與技術授權給其他木材廠，這位客戶每年就坐擁兩百萬美元的收入。

　　我的房產經紀人可供交易的房屋是其他人的四倍，他們光是訓練其他區房產經紀人如何拿下屋主委任售屋權，就有百萬美元進帳。

　　我輔導過一間洗車廠，他們研發出一套銷售技巧，讓四

倍以上的車主願意加購升級精緻打蠟服務，同時也指導其他洗車廠如何運用這套技巧，而他們的教育訓練收入遠超過本業洗車服務的收入。還有一家乾洗店客戶做了一個很棒的廣告，而且授權給其他約五千家乾洗店使用。

在行銷方面，你有哪些優勢勝過其他九成的同行呢？在銷售、營運、效率、管理、財務管理、高生產力等方面，你有什麼更棒的方法嗎？

你的公司有哪些可量化、可測量、有影響力的因素？你可以請教別人，讓這些因素變得更好。或者，你的表現已無人能及，你可以傳承並教育他人，為公司帶來大筆收入。

問問自己上述那些問題，仔細審視同一產業與不同產業（記住，必須涵蓋內外產業），評量這些活動的績效，找出答案，就可以憑著專業知識大發利市。

九、意識形態

讓你向前衝刺的信念是什麼？

如果你的信念是每週工作五天、每天工作八小時，就不會進行那些需要花費更多時間與精力才能完成的事情。

你不會去外地參加研討會、大型會議，學習讓企業成長與增加利潤的方法。**你不會花時間與菁英人士共處一堂，吸收他人寶貴的經驗與想法。**

若是不愛交際應酬，就不會創建智囊團，不會學習他人智慧，更不會借鏡他人的成功案例。假使你的意識形態是只喜歡自己喜歡的，只在同溫層取暖，你就不會離開自己的舒

適圈,學習他人長處、商業概念、經商心態、意識形態……
等等。

　　你必須明白自己的意識形態與信念、整體的價值系統,
瞭解它們對你目前的商業活動是如虎添翼還是背道而馳?**根
據你目前的商業模式與戰略,再思考上述所提需要強化或是
替換。**

研究他人的意識形態

　　你還必須研究他人的意識形態,與自己的意識形態相互
比較。**從別人身上學到的元素,你可以置入自己的意識形態
中,但是你有什麼元素可以傳授給他人?**在教學過程中,你
的能力與可能性都將隨之拓展。

　　舉例而言:我曾與一位意識形態畫地自限的人共事。他
是公司老闆,所以他的觀念就是業務員的薪水絕不可能比他
的薪水還多。這種狹隘的想法導致公司永遠無法大幅成長。

　　另一位客戶剛好完全相反。當我們做出改變後,他的公
司有五位業務員的薪水是他的四倍。藉由獎勵誘因,公司收
益也成長四倍。這些超級業務員為老闆打下的穩固江山,讓
公司往後三年的銷售額,比我們初識時增加了25倍之多。

　　這就是評估並改變意識形態的功能。

　　　　************************

　　以上是讓企業向上提升的九大基本籌碼，也就是我所謂的九大關鍵「驅動力」。你必須在各個面向都持續關注、監控、檢視、評估、理解，並且擴充現階段的表現程度。

　　你必須檢驗分析同一產業與其他產業的公司，以及他們的九大驅動力與執行的方法；如此一來，就能借用他人更傑出的成功流程，讓自己的企業長期保持在最佳表現。

　　只要做得到，你就能擁有……

成就大業的終極秘密武器

　　你希望確保企業所有的活動、努力、投資、機會、行銷宣傳、乃至所有同仁與消費者……等等，每年每月每日都呈現最佳表現。

　　我衷心盼望你再也不會在無意中畫地自限——你跟客戶的交易量與交易頻率，你能擁有的客戶總數、公司利潤、企業規模與市場價值，你的成功、喜悅、掌控權，以及你能打下的繁榮基業與對世界的影響力。

　　上述提及的九大驅動力將釋放你原有對可能性的狹隘心態，現在就等著你看清一切，把握機會，駕馭這股爆發力。

　　我希望能分享有時被我稱為「亞伯拉罕基本概念」——我的方法與心態——給你。

　　過去我曾舉辦的所有訓練課程，都是計畫打開客戶的視野，讓他們有寬廣的戰略意識，提供客戶各式各樣的選擇、替代方案與可能性，希望客戶能選擇最具吸引力的組合，並且融入企業中，以奪下市場的主導地位。

　　事實上，我發現一個非常有趣的現象：**在全世界二十多萬家曾看過我研究成果的公司中，大約有一萬家公司身體力行，採用我的經營方法，並且因此創造出五十到六十億美元的收益（這是好多年前的數字，後來我就懶得算了）。利潤增加、收益增加，更帶給企業難以估算的資產價值。**

　　然而，其中絕大多數企業都只採行我傳授的一小部分。

　　他們並未真正瞭解，如何有系統又有戰略地整合經營制度，讓企業成長能穩定長久地持續，而非只是曇花一現。

　　我一直致力於找出⋯⋯

成就大業前最難以捉摸的終極挑戰

　　我終於搞懂了幾件事。

　　相較於規模較小的公司，全球前五百名公司將事業視為機構與永久資產。他們十分重視參與企業營運的人，更重視這些人才的功能。大公司把企業當成一種可複製且能永續經營的制度。

　　雖然並非全部，但是大多數企業家往往很被動，而且是非戰略性的。他們管理庫存的方式，就是一早來上班先開燈登記今天進出的數量，當天結束前再核對相關數據。

　　而他們的行銷手法絕對是反戰略的，因為他們創造與維持收益的方法──有時也無法維持收益──時而有，時而沒有。他們也偏好以促銷為行銷的手法，遇到問題才會被動地想方設法。他們只有戰術，沒有戰略。

　　我發現，大多數創業公司都是為服務企業主的生活方式

而設立的。公司的設定是為了維持與支付老闆的生活形態，滿足老闆的生活標準。

這些老闆並不是將創立公司設定成追求成長、興盛與繁榮，然後在他們退休之際，回顧草創期，公司規模早已不可同日而語，而且最終成為非常有價值的資產。在我看來，種種畫地自限的思維才是真正的悲劇。

對於生活，我的哲學很簡單……

不該挖自己的牆角

如果每天起床就把生命交付給企業，交付給你創造的財富，交付給家人未來的財務保障與幸福……如果其他人——員工、團隊和經銷商——將他們的生命託付給你。**若是無法帶領大家攀向更高、更好的美麗山巔，實在是對不起自己，也對不起所有參與其中的人。**

在付出相同或較少努力、人力、時間、資本、機會成本……等情況下，絕不能接受產值跟著打折。你必須優化，才能讓你的企業有更好的表現；不僅如此，績優的表現還必須能長長久久。

讓我舉個很棒的例子吧！試想，經濟可能在不遠的未來就岌岌可危。坦白說，只要擁有正確的戰略態度、正確的經營制度、正確的心態與動機……就能利用環境、借力使力將企業擴展到完全無法想像的美好境界。

即使市場正在縮小，人們正努力擺脫困境，假使企業積極出擊，看到成長機會，就知道如何駕馭這股商機。趁勢而

起，必能打下令人難以置信的江山。

　　無論經濟好壞，都可以利用市場。就像巴西柔術借力使力，將對手的攻擊力道轉變成自己最具威力的優勢。

　　不過，這可不像轉存數據、複製貼上就好。借力使力的能力並非一蹴可及，這比較像是就讀醫學院，學校對學生的訓練是循序漸進的，不可能安排週末密集解剖速成班，給學生一堆手術器具，就把他們推進手術室，要他們幫心臟病人進行繞道手術，對吧？

　　所有事情都一樣，醫學訓練必須按部就班。第一學期先學解剖學，接著才會實際進行大體解剖，然後才有資格到觀摩室觀看手術過程。

　　然後，你開始巡房，可能有機會在手術中協助進行縫合傷口諸如此類的工作。但是，整個養成過程非常緩慢且不斷重複，熟練後晉級、複習、再晉級，不是嗎？就算已經是執業醫生，每年還是必須接受很多在職訓練。

　　飛行機師、專業地產經紀人、會計師、律師……等等的養成也是如此。

　　然而，對企業家而言，卻不是這麼一回事。

　　但是，假如能讓你從庸庸碌碌的日常企業經營生活中放慢腳步，擁抱永續成長的哲學，對周遭世界保持好奇心，就能讓你……

改變人生

　　我談的一切都是關於你的優勢。你做的幾乎每一件事，

都讓你掌握更多籌碼，而你可以控制或消除不利影響。

　　若是相同的行為、活動、資本、員工與客戶，在條件不變的情況下，能創造出更多產值、更優績效，並且持續這樣的榮景——在正加成的效應下，企業成長將呈倍數飆高。

　　我的任務，就是讓你的公司成長成倍數飆高。我做的事情就是優化：**最佳結果，最少的努力、支出、時間與風險。**

　　讓你以小搏大的兩大籌碼，就是行銷與創新。創新也是在設計與建造方面具備突破的能力。

　　我曾長時間研究各領域表現最優異的企業，發現它們往往在戰略、行銷、創新與管理這四個方面最能不斷設計與突破，持續追求更高品質。

　　同樣地，你也必須致力於創新設計。

　　為了達到這個目標，你必須先優化所有正在進行的商業行為，啟動我所謂的「加速群聚效應」。

　　必須讓你的銷售業務員、廣告宣傳、口耳相傳、電話行銷、客服……以及銷售過程的所有環節全都動起來。

　　若要企業再造成功，必須優化所有的環節。然而，優化的先決條件是，必須逐一系統化所有環節的過程與驅動力；唯有如此，才能評估、量化乃至改善。

　　這意謂著，銷售時明白開發新客戶的效果好壞、廣告媒體鎖定目標消費群的表現、不同產品的銷售情況、不同的消費客群分布。非要等到你徹底搞懂企業現階段的表現好壞，才能優化企業。

　　你的評量標準是什麼？

　　面對眼前所有更高績效的選擇與機會，必須能慧眼識英
雄。走出自己的產業，看看外面的天空吧！去不同產業仔細
評估並借用他人的致勝關鍵、成功觀念與方法。

　　若是只會監控或仿效同產業競爭對手的作為，有限的成
長就是最好的結果。而最差的情況就是，你只是個學人精、
山寨公司。

　　評量標準就是我所謂的……

漏斗視野 vs. 隧道視野

　　多數人終身都在相同的領域奮鬥，而他們往往只會模仿
與抄襲較成功的競爭對手，這就是所謂的「隧道視野」。

　　具備「漏斗視野」的人則會說：「給我更好的方法，其
餘免談！假如我們的目標是找出成功的可能性，而我們的方
法是在商業刊物上刊登廣告，那麼，其他不同的二十幾種產
業除了刊登廣告，還有什麼找出成功新願景的方法？」必須
在每一件事情上都抱持著這種態度。

　　我們來談談創新吧！對我而言，高科技是創新，但創新
並非一定是高科技。**創新是提供客戶重視且有感的更優質產
品與服務。**

　　創新可能是最簡單、最平凡、最無關科技的價值，卻是
客戶心中最重視的價值。你認為最有價值的東西，其實不一
定是客戶在乎的，反之亦然。

　　你必須採行我所謂的「卓越策略」。簡言之，就是一種
檢視你和市場關係的全新方法。

「卓越策略」將你本身、你的公司、全體員工視為令人尊敬、值得信賴的專家顧問。不論長期或短期而言，你們有義務讓客戶獲得最大利益，讓他們得到最好的結果。

當你小心翼翼地守護著客戶最大的利益時，你無法接受他們購買少於所需的產品，未獲得應有的產品與服務品質。你再也不會只因他們願意購買而接受訂單。

只要在內心把他們的利益放在最重要的位置，就不會再陷入該說什麼才能讓客戶買單的痛苦中。你會確信，讓客戶獲得的價值愈多，你的企業也會愈成功。

你絕不允許企業被市場邊緣化、產品日益稀少，最終倒閉收場。

做出市場區隔

達成上述「卓越策略」的方法，就是擁抱你跟客戶的關係，擁抱自己身為專業顧問的角色；如此一來，與你互動交易的客戶就不再僅僅是個消費者。

《韋氏字典》對於「客戶」與「消費者」的定義如下：「消費者」就是購買商品與服務的人，「客戶」則是需要保護、照顧、謀取福祉的人。這就是你希望達成的整體關係：讓企業保護並照顧客戶，謀取客戶的福祉。

在我輔導的企業中，就我的觀察，他們最大的問題就是畫錯了大餅。他們念茲在茲的，就是希望自己的企業成長最快、規模最大、最為頂尖，成為全球前五百大企業那樣的公司。他們渴望成為大型企業，並且影響全世界。

一個偉大企業不會只對企業的產品、服務和公司充滿熱情，而是會把這股熱情投注在客戶身上，愛上客戶。進行任何決策，若是都能先考慮客戶利益，永遠把所有的重心放在如何透過產品與服務，讓客戶持續成為最具生產力、獲取最大利潤、最歡喜、最富有、最心靈富足……若是能這麼做，就掌握致勝關鍵。

你必須意識到……

你有三層客群

第一層當然就是付錢購買商品與服務的人，另外兩層就是你雇用的員工與經銷商。

你必須愛上你的團隊，希望他們成功。你必須明白一個道理，你是他們及其家庭富裕與穩固的工具。

擁抱並尊敬這個事實吧！因為你，你的員工才能負擔孩子上大學的費用，而他們全家的生活也更豐富。正如同付錢購買你產品的客戶，你一定要讓他們的生意與個人生活愈來愈好、更成長、更富裕、更健康。

這就是「卓越策略」——最自由、最有活力與熱情、最具變革的單一關鍵——而你將永遠身體力行。

只要擁有「卓越策略」，先優化你的經營方法，再借用其他產業優異表現的方法，就能讓公司業績倍數成長。如果任何一個環節沒有達到預期表現，不是徹底執行、淘汰或替換，就是盡快改善。

借鏡其他產業的成功流程，可以讓你省下盲目摸索的時

間與金錢。不僅如此，他山之石還能造成核彈級的影響。

　　在所屬產業中，如果你獨家引進全新的銷售方法、與眾不同的戰略與營運制度，雖然對其他產業已是司空見慣的方法，在你的產業卻是創新的思維，你是唯一慧眼識英雄的伯樂，可以直接打趴你的競爭對手。擁有如此獨到且威力十足的頂級武器，足以讓你稱霸市場。

　　讓我分享更多秘密武器。我相信⋯⋯

企業成長決勝三招

　　首先，多數企業都以線性方式成長，因為企業家的重心都只放在增加消費者，但這只是第一種方式。

　　第二種方式，就是在不違背商業道德的情況下，提升每一筆交易額。

　　第三種方式就是增加客戶的回購率。假設只有一、兩樣商品和服務，你可以自創新商品，也可以投資或收購其他公司，就能提供客戶更多商品，這樣就能從客戶端獲得更多剩餘價值。

　　多數企業都會先將上述三招用在自己客戶上，然後才去搶攻競爭對手的客戶。然而，若是先從外部著手，就會發現競爭對手的客戶更是有利可圖。先後順序完全取決於個別企業不同的狀況。

　　你知道嗎？即使僅僅讓這三招改善了10%，倍數成長的動力也不容小覷。

　　我曾在研討會上舉例說明這個重點。假設目前有一千名

客戶，單筆交易額平均為一百美元，而他們一年購買兩次。倘若只是讓上述三個重點各增加10%（10%是合理的成長），公司整體收益將增加33%。

若是拚全力讓這三個數據同時增加25%，公司會有近三倍的成長。

如果沒把經營重心放在如何讓公司呈倍數成長，你永遠都要為公司賣命，而非公司為你效力。你的目標就是讓公司一直努力為你創造財富，只要實施的制度能讓企業存活、茁壯與永續，公司就是你創建的資產。

這份資產的價值遠遠超過收入、薪資、紅利等各方面的成長。**若是能洞悉這一點，就知道這是創造財富最重量級的思維。**

我還有個理論，稱之為「**企業倍數成長的帕德嫩洪荒之力**」。這是基於一個非常簡單的假設，我們可以推測出，目前約有99%的企業主要收入都來自單一商業活動。

這簡直是滑天下之大稽。單一活動支撐企業整體收益，在我看來，就像個隨時可能斷裂的跳水板。跳水板絕對無法成為企業永續成長的助力，或許能讓業績短暫飆高，但迎面而來的卻是萬丈深淵。

我堅決主張要打下一根根鞏固企業體屹立不搖的基柱，就像古希臘人建造的帕德嫩神廟，透過多種管道注入企業的收益，借鏡其他企業增加利潤的方法。試想，就算每個環節都僅增加10%、15%或20%，整體加總起來，就形成一股洪荒之力，將企業成長推向顛峰。

收入來自四面八方

這些基柱是什麼？總共有十二根基柱。

第一根基柱：必須持續挖掘出企業的隱藏資產，讓它重見天日，為你效力。

每個企業都有隱藏資產、被忽略的機會、表現欠佳的活動、被低估的關係、未開發的資源與智慧資本。直到持續進行監控、檢視、挖掘自身企業內部的一切，企業方能將全部潛能發展得淋漓盡致。

第二根基柱：每個月從企業中挖掘意外之財。

對你而言，在心理上為自己創造短期勝利非常重要，這是讓你驗證自己正走在必勝之道的重要方法。

當企業中的各個環節發揮效用，即使不是大勝利，這些成功也往往結伴同行、成果驚人。不過，你必須懷抱一種信念，就是每個月都必須挖出企業的意外之財。所謂意外之財可能是從天而降的新市場、戰略上的意外收穫，或是突如其來大發利市。總之，這是每個月都要達成的目標。

第三根基柱：每一個決定與行動都將成功列入考量。

許多人不僅被動不務實，而且沒有邏輯，更遑論具有戰略，充其量只是被動式反應，這是世上最糟糕的事。你必須以更具系統化與全球化的角度，深思如何整合在你世界中的一切事物。

第四根基柱：將企業建造在多重獲利的基石上，而非僅仰賴單一獲利來源。

請牢記「亞伯拉罕基本概念」：在投資相同時間、努力

和資金的情況下，如果企業能以等比級數倍增，何苦非要線性成長不可呢？

讓倍數成長為你服其勞吧！雖然1+1也是成長，但這是緩慢的成長。倍數成長是84 X 610 X 58，基本上，就是結合許多不同因素，一起往前衝。你必須讓環環相扣的過程幫你創造成長，這是多重獲利的基石。

第五根基柱：在客戶眼中，你是與眾不同、出類拔萃、獨一無二、領先群倫。

我認為，在今日的商場上，必須成為市場中唯一能解決問題、創造機會、滿足渴望的領頭羊。因為客戶有太多選擇了，你必須精益求精。目前的需求或許有限，滿足需求的方法卻是無窮，怎能不戒慎恐懼呢？

第六根基柱：根據客戶心中的價值，創造真正的價值，才能與上述三層客群建立最忠誠、最持久、最好的關係。

第七根基柱：從你投入的所有行動、投資、時間與精力中，獲取最能以小搏大的個人優勢。

所有人都認為，我在輿論評價與業界紀錄幾乎是前無古人後無來者了。其實不然，世上有少數幾個人明白從機會、努力、甚至一天中能獲得的極大值，而我只是其中一人。

第八根基柱：你應該與不同產業卻志同道合追求成功者形成人際網絡，一起策劃謀略、集思廣益，分享人生觀點與真實經驗，交換心得與建議。

所有優秀的成功者都有智囊團，這群才華洋溢之士在幕後為他們策劃謀略，提供建議與想法。

如果你是企業家，光憑單打獨鬥絕對無法成就霸業。應該吸取那些有經驗者的建議，他們曾經達成你的目標，能提供你不曾想到的觀點。你應該充分利用他們寶貴的知識與經驗，這是你終生要奉行的經營哲學。

第九根基柱：在你的產業或市場中，將自己變身為創意製造機。

第十根基柱：讓成長思維內化為日常企業經營哲學。

你可以光說不練，成天把「對，我們必須成長」掛在嘴邊，但是你的所作所為都會被檢驗。你應該身體力行：「所有的行為都基於成長思維，所有的行為是否有助益，對企業有無貢獻，能否帶動成長？」

第十一根基柱：翻轉風險。你所做的每一件事，都應該帶給你和客戶無限大的好處，以及幾近於零的壞處。

第十二根、也是最後一根基柱：運用安全的小測試消弭有害風險。

就思維面而言，摒棄隧道視野，採行漏斗視野；如此一來，就會受到啟發、衝勁十足。你會不斷地透過測試，實驗嘗試新事物。用棒球來比喻，就像不斷有人安打上壘，卻沒有人被三振出局。顯然，這讓你更能預見贏得比賽的勝利。

戰鬥力倍增效應

第一件事，就是我所謂的「戰鬥力倍增效應」。這是軍事用語，意思就是：當你的戰鬥力顯著提升時，成功達成任務的可能性也隨之大幅增加。

這套軍事準則，就是在同一時間佈署眾多深入敵方的管道。從陸路、海上進攻，發動旁道攻擊與突襲，發射導彈、空襲、秘密攻擊⋯⋯等，透過各種管道滲透，占領敵方，瓦解敵軍攻勢，讓他們棄械投降。**在軍事用語上，這已是獲得認可的制敵過程。**

在商場上，這也經過無數企業實際運用，確實有助於搶攻市場大餅，也已經成為商業用語，畢竟商場如戰場。**集合眾多不同因素的威力，無需聲嘶力竭、死拉硬拖，就能一舉把你推上市場霸主寶座。**

我認為有個放諸四海皆準的心態，深思反芻這個心態，對你而言非常重要。首先，必須能夠設定並實現自己崇高的目標，而且你必須辨識出實現目標的必經過程。

許多人都有目標，但只有少數人能從目標反推回原點，透過簡單卻必要的行動，按部就班走向成功的結果。

你必須發展出有效克服障礙的過程。只有痛苦掙扎根本就是浪費，必須以智取勝、克服挑戰，這是你必須灌輸給自己的心態。

第二點也很簡單。我們談過負面的自言自語，你不能被自己的「玻璃天花板」與經濟情況擊退，不能有負面想法。這個道理很簡單且不言可喻，當你懷抱熱情以及對未來前景充滿無限可能性時，再加上具備達成目標的制度、政策與程序，就能預見如何有效且快速達成你的目標，整個心態將會完全改觀。

當然，這段過程肯定會面臨許多挑戰。然而⋯⋯

逆境是擁抱挑戰者的最佳機會

對自己許下堅持不懈的承諾。堅持就像軍隊，軍隊都希望在前方攻敵致勝；然而，就算遭遇頑強抵抗，他們也不會舉白旗投降。

他們會從邊路、從空中、從海上發動攻擊，也會在夜間突襲敵軍，發射無人導彈，殺個措手不及。他們渴望贏得戰爭，所以會採取任何行動。若是能一次就將敵軍手到擒來，殺個片甲不留，毫髮無傷凱旋歸國，這當然最好；但是，他們當然也會做好最壞準備，不計代價，只求贏得戰爭。

綜觀商業生活中的每個面向，你必須讓自己脫穎而出，秉持最高的道德、正直與誠信標準，經營你的企業。

若是降低自己的標準，隨波逐流地與當前世上大多數人平起平坐，就無法與眾不同、出類拔萃，更無法脫穎而出。

當你把正確的系統和戰略擺在正確的地方與時機，又秉持著最高標準經營企業，就會贏得人心，他們將會留在你身邊追隨你。你的信念與承諾必須自由奔放、所向披靡，卻也必須真實可行，因為這是你為客戶描繪的願景。

每日激勵——每天都必須審視並反思你的信念制度。我才不在乎你的記憶力有多強，有多麼聰明，你終究只會記得所學的3%。

我相信所謂的過程訓練，就是持續檢視複習你的願景、追求的目標、你的系統制度。如果沒有這麼做，你終將忘記這一切。

打造新成就時，如何管理應用這些成功非常重要。這與

你管理一般事務的方法截然不同，你必須回饋給別人；唯有如此，才能企盼別人投桃報李。

這也是我所謂的「複製成功」，是個威力十足的過程，讓那些擁有非凡成就的人，將自身成功最不為人知的秘訣、戰略與哲學傳承給你，如此就能省去摸索學習的時間。

承擔精算過的投資

未來，你必須願意承擔精算過的投資風險，而非單純的風險。當我審視輔導的企業時，最讓人失望的其中一件事，就是企業不願提撥新增收益的部分，進行企業內部再投資。

我會協助企業新增數百個意外收益，但是，有些企業主直接把錢放進口袋，不願提撥其中的一半為公司招募新血，引進全新銷售制度，開發全新市場。他們就是不願進行內部再投資。

承擔精打細算後的風險，戰略性與系統性地投資在你成功的企業，對於未來的成功攸關重大。

最後一個重點：無懼。只要奉行並調整這套哲學，天不會塌下來，世界不會崩潰，你也不會破產或是像個白癡，情況可能還會剛好相反。

維持現狀才有可能招致毀滅與失敗。從別人的錯誤中學習，幫助你在邁向成功之路時，省下無數冤枉路與冤枉錢，以及寶貴的時間。只要你全力以赴、身體力行，它將幫助你飛黃騰達，邁向更高層次的勝利。

利益凌駕特色

對於瞭解你的消費者或客戶，乃至醫生對於你的病人，最重要的事情是：他們對於你的產品或服務中明顯的特色不感興趣，甚至根本不需要你的商品或服務來拯救他的人生。還有一點或許同樣令你難以置信：對於幫助你和你的企業，他們一點興趣都沒有。

所有的消費者——不論他們本身知不知情——只有一個渴望：自身利益。**他們需要你的產品或服務，協助他們的企業，或是改善他們的生活品質。**

人們最關心的就是自身利益

記住，人們才不在乎你有多偉大，只在乎你提供的商品或服務是別人沒有的，而且購買後能獲得好處與利益。

你該如何改善他們的生活呢？如何讓他們的生活更輕鬆自在？你的產品或服務能讓他們更帥氣或更有錢嗎？

他們想知道你會如何提升他們生活的品質、價值、喜悅

與利益，然而，僅有極少數企業家真正明白這個道理。

消費者才不關心你想要什麼！有關廣告、行銷和銷售的所有行為，都應該只著眼於你可以帶給消費者什麼好處與願景，因為他們根本不在乎你。

如果你的企業最大的特色就是快速可靠的服務，在消費者眼中，這代表著他們有更多時間做自己喜歡的事。如果販售的商品是市場上最新潮最前衛的，你的消費者為何會感興趣呢？

你帶給消費者的利益就是讓他們事半功倍、收入加倍。如果你的獨特銷售主張就是販售最低成本的商品，消費者的解讀就是可以省下更多錢，轉而支付改善他們生活品質的其他開銷，像是更大的房子、性能更好的車子、度假……諸如此類的費用。

貝戴爾（Clyde Bedell）在他的著作《如何做出消費者買單的廣告》（How to Write Advertising that Sells）中列出一些對消費者有吸引力的好處：**舒適、氣色更好、省錢、性吸引力、擁有此物後高人一等的感覺、省時、增加個人收入、更健康、名聲威望、更有活力、喜悅**。明白消費者追求的好處之後，你就要在廣告中強調這些好處。

如何找出最大利益

馬帝：分享一下如何找出最大利益！首先該怎麼做？

傑：說真的，我還真沒想過現在就要針對這個問題找出答案。就我而言，這是直覺反應。但是，若是要教別人怎麼

做，我會告訴他們，必須先釐清所有的好處與結果，然後依照價值高低排序。

哪些具有最廣泛且放諸四海皆準的吸引力呢？換言之，我們必須摸清你的市場底細，不同的市場類型就有許多不同的購買要求、快速成交的誘因，以及其他眾多組合因素。

我曾針對郵購業開課，教導他們何謂主觀性與客觀性。我來舉個例子，就能讓你一點就通。以前我有一間坐滿兩、三百人的教室，他們都來跟我學習如何經營郵購業。當我大聲說出「大錢」兩字時，我環顧四周，審視學員的反應，問他們：「你想到什麼？」

對於時薪10美元的人而言，「大錢」就是每小時賺25到50美元。對於那些月薪兩千美元的人來說，月入五千到一萬美元就是「大錢」。而對於那些月薪已達五千美元的人，「大錢」則代表月入25萬美元。至於那些已經賺到25萬美元的人，百萬美元才稱得上是「大錢」。但是，這百萬美元對某些人是終身收入，對其他人卻可能只是年薪。

然後，我詢問參加研討會的學員，為何會來上我開的郵購經營課呢？答案千奇百怪，有些人想要展開新事業，有些人想要把嗜好變成賺錢的管道。

有些人希望搬到更溫暖的地方，卻因為沒有他們需要的專長，尚不足以達成自己的心願。有些人已經準備退休，希望有管道補足他們因退休而減少的收入。

重點在於，假設在場所有學員的目的都是月入五千美元的「大錢」，而他們全都即將退休，這個研討會大概只會剩

下5%的學員了。所以，你必須先找出能吸引最多客群的行銷點，以及滿足這群消費者的最佳報酬是什麼。

傑：這個重點我牢記在心。就影響力與說服力的關鍵而言，利益超過特色。特色唯一的用處就是讓你告訴消費者，他們從產品與服務的特色能得到什麼好處。

假如我在販售電視或其他電子產品，消費者走進店裡，我告訴他們這部電視有二十個功能，還能分割畫面觀看，多數消費者可能會一頭霧水，這就是用特色在販售產品。

然而，假如我用好處來說服他們，例如說：「馬帝，想不想同時觀看七家電視台的節目，如果某台正在播放的節目不容錯過，你可以立刻放大到整個螢幕，也可以瞬間縮小。無論如何，你總是能掌握所有節目，縮放觀賞自如？這部電視內建多迴路存儲系統，十二種不同功能任你挑選。」

記住，你才是關鍵因素。多數業務員都執著於介紹產品特色，其實特色毫無意義。讓那些特色成為消費者生命中可享受的好處，才是銷售重點，也才是行銷重點。大多數人從未努力連結產品特色與消費者購買後可享受的利益。

馬帝：若是正在創業，不論是提供產品或服務，幾乎都能運用這個技巧，提前規劃你的下一步。

傑：如果希望永遠獨占產業鰲頭，幾乎必須這麼做。你必須確定企業的焦點放在消費者身上，理解在他們心中，在情感面與可預知的反應上，就長期與短期而言，在有形或無形中，公司的產品與服務能帶給他們最好最多的利益與結果是什麼。

　　在此關鍵時刻，若是不能靜心思考，列出一張鉅細靡遺的內容，全面性列出自家公司產品與服務所能帶給消費者的整體利益、結果和優勢，你就是自廢武功、不戰而降，永遠沒有出頭天。

　　競賽時自斷臂膀，似乎是非常荒誕可笑的；相反地，你應該解開身上所有的枷鎖、火力全開，趁對手赤腳跑步時，穿上釘鞋卯足全力向前衝。

建立信任感是成功的關鍵

成功要付出什麼代價？

首先必須明白，所謂的安全感，就是相信自己不但有能力、更有信心能充分展現實力。

再者，我認為你必須提升心理層面的認知，明白生命中的回報、價值、企業好壞，與投入的時間多寡無關，卻與你為社會、企業與個人付出的貢獻有關。

明白這兩個因素之後，就準備好脫胎換骨了。

多數人花了大半生的時間，在公司或工廠的環境裡為五斗米折腰。這種工作制度也制約了你的心理，讓你遵循著一個標準模式：「一天必須工作八小時，時薪是二十美元。必須聽從主管或老闆的命令，因為你是一部大機器中的小螺絲釘。」這就是所謂的思想框架。

你必須擺脫這個心理枷鎖，大聲說：「我可以……」

首先，你必須說：「我可以對企業或某人的生命有所貢獻。」「我能拯救遇到危險的人們。」或是：「我可以改善

某件事的流程。」

　　然後，你必須就你所言開始思考，因為企業老闆與專業人士就是藉由提高或保護企業與生命中其他人的生活品質，進而證明並延續自己的價值，不是嗎？

為何必須與客戶建立友好關係？

　　你要做的就是問問自己：「我與客戶關係友好嗎？他們是出於某種原因才購買我的商品嗎？我是否基於信任、可靠與誠實，滿足了他們購買的原因？」

　　假使答案是肯定的，就是個有信譽、有公信力、有親和力的企業，可以贏得客戶的信任。**接下來你應該做的，就是鉅細靡遺地列出其他較冷門卻更有特色、更廣泛的商品與服務。**然後，無論客戶起初向你購賣的原因為何，你都能幫他們找出其他能帶給客戶更佳結果的商品。

　　將這些商品整套販售給客戶。如果你是零售商，可直接透過信件銷售、電話行銷、業務員推廣……等不同的方式，將整組商品販售給消費者。

　　反覆檢測。無需立刻將原有商品轉換成其他商品，可以先在低風險、可控制的環境下，嘗試搭配銷售不同產品，看看是否有某一、兩種組合能帶給企業最多利潤，這些就是你要大力行銷的搖錢樹。好好介紹給消費者。說穿了，其實很容易。

　　很多生意人、想收購企業的人、想創業的人，或是幫人經營企業的經理人，他們讓銷售、賺錢、重複銷售、穩定獲

利這種原本非常簡單的流程困難化了。

其實真的易如反掌，只需要快速瞭解幾件事。

善用一切

首先，你的人生目標必須將所有機會發揮到淋漓盡致。

- 把握每一分每一秒。
- 抓住每一個機會。
- 金錢花在刀口上。
- 善用客戶。
- 發揮機器與設備的極限。
- 知人善用。
- 充分利用配銷管道。
- 善用信譽與親和力，與客戶建立友好關係。

第二、你必須運用優化理論。若是能創造出一座金山，為何甘於一粒金沙呢？

將所有作為發揮到極致

你的目標，就是將所有作為發揮到極致。然而，除非你先瞭解手邊擁有的機會與選擇，否則無法凡事極大化。

多數人幾乎都在同一個領域奮鬥了一輩子。就行銷、經營與管理的觀點來看，他們其中約莫一成只知道該產業其他人的經營之道。

　　就因為同產業其他人都採用相同的經營之道，不代表這就是最有效、最優化、最有趣的方式。你必須走出舒適圈，借鏡其他產業行之多年且更簡單、威力更驚人的方法。

　　就拿出國旅遊來比擬吧！多數曾經出國旅遊的人，大多能擁有更開闊的心智。若是去其他產業見習，心態也會隨之開闊，這就是整體戰略的關鍵。

　　大多數人的心態不正確，他們光想著「不可能」，而非「可能」。你必須改變做事情的心態，否則永遠不會有其他結果。最好的辦法就是改變心態，必須全神貫注在你要進行的所有活動上。

　　建議你師法成功者。相較於你的經營之道，他們已經找出更簡單、更有威力、更具生產力、更有利潤的經營方式。

　　何苦閉門造車呢？這沒道理嘛！借鏡其他產業的成功之道，不但更簡單安全，也更有利潤。他山之石可讓你少走許多冤枉路，將成功方法套用到自己的企業，獲得更好結果的可能性最大。

　　虧錢的可能性最小，省下時間與精力的可能性最高，這是你應該奉行的哲學。

　　請明白做事方法可以更簡單。倘若研究那些偉大的成功者，就會發現多數成功者真的就是重複做簡單的事情。他們把致富方法簡化成一個簡單的流程。

　　理解得愈透徹，就愈能體會，行得通的方法更為簡單扼要，產生的影響力也更大。**完美的流程就是落實那些看似簡單、一目了然的解決之道**。

我有幸研究成千上萬事業有成者的過程，也有幸透過分析、研究、評估並檢測數百種不同的經營哲學、戰略和成功技巧，找出大多數成功者一致奉行的核心本質，並簡化成淺顯易懂的基礎。

基本上，我是客戶的知識變速箱，目標就是在三分鐘內灌輸你一般人要花一輩子、而我卻花了一年就釐清且去蕪存菁的觀念。但是，這不代表它多麼複雜難懂，有時就是想太多了。

這個優雅簡單的流程，就是我研究出來的簡化卻威力十足的成功技巧，可說是智慧的結晶。這些技巧早已通過許多公司的考驗，驗證行之有效。

信任是關係的基石

先從建立信任感開始吧！賓主兩益關係、推薦、背書的基礎就是信任。請你先談談，你是如何明白信任在行銷中所扮演的角色。

信任，基於許多不同的因素。

多年來，我很快地意識到我的成功源於幾個因素。一開始，純粹的信仰體系就是，我掌握如此重要、寶貴、不可或缺的法寶，能讓客戶擁有更佳品質的商業生活；他們若是與法寶失之交臂，對事業的影響可就差之千里。

隨著年齡與經驗漸長，我體悟到自己有個真實願景──非抽象、非理論、非曇花一現──懷抱清楚的願景，心中充滿確定感的我，有能力引導人們走向他們的未來。

　　當我開始理解心理學，明白**每個人都沉默地渴求被指引方向，卻只願被自己信任的人帶領**。而你必須做到以下兩件事情，方能贏得信任；

1 **真心為他們的最大利益著想，永遠把他們放在心中第一順位**。不是因為他們無私，而是因為他們自私。事實上，最有利可圖的方法才行得通。怎麼說呢？若是不能滿足客戶的需求，客戶就不會滿足你在經濟上的需求與渴望。

2 **人們信任客觀教育他們的人**。不是操控他們，而是客觀地傳授智慧、知識、觀點、洞察力，有時甚至是相反觀點。想法可能很前衛，但是他們將觀點分享出去。卓越策略中曾提到：「我看到不同於全世界的生活，以及不合常理、與眾不同的思維；然而，這就是我看到的現實。」

　　另一種說法可以達到相同的效果。你說：「為了你，我希望你跟我一起完成這件事。這是合作的態度，為了你的最大利益，我們應該合力完成這件事。我的任務就像腳踏車的輔助輪，帶你前進；當你跌到時，我會拉你一把。」

　　還有一種說法就是，多數人不會刻意自我限制或阻礙生活中的目標達成，不會讓投資沒有產生百分百的產值，或是讓機會悄悄溜走，讓付出與努力化為烏有。

　　綜觀零售業、批發業、經銷業到專業人士的事務所，如果他們能接受打了折扣的回報，就我的觀察，唯一可能的解釋就是他們沒有參考數據，沒有經驗，沒有全盤瞭解，到底

從投資或經營活動中應該得到多少回報，才能讓企業有更好的續航力。

　　我何其有幸，所有分享給他人的觀念都是源自於真實生活的經驗與智慧結晶。

　　我用奇特的方式審視自己，就像新時代（New Age）所謂的「宇宙智能」（Universal Intelligence），而他們用「百猴效應」（hundred monkey，譯註：「百猴效應」是指，當從事某種行為的數目達到一定數量時，就會從原來的團體傳播到其他地區。對企業組織而言，只要認同某種觀念或行為的人數達到一定程度，自然就會獲得更多人的認同與支持，進而改變現實）來類比。

　　你知道這意謂著什麼嗎？我研究過許多不同的經驗、分析和可變因素，就算未曾親身體驗過，單憑邏輯、或然率、過去的經驗與觀點，我的直覺也有98%的準確度。

　　這就顯示出我的獨一無二。充滿權威感的信心，讓我在許多人心中扮演領導者的角色，因為他們終其一生無法再遇到第二個像我一樣擁有實戰經驗與知識基礎觀點的專家了。我能提供更多更好、更容易、更有利可圖的方法給他們，讓他們運用在目前的工作中。

　　這就是信任。但我必須說到做到，完成每個工作細節。不僅如此，我還必須胸有成竹地做給他們看。

確保別人相信你的三層考驗

　　教育他們，推薦他們某件事，並提供替代方案，分析個

別的優缺點。把你的建議告訴他們，詢問他們想要什麼。

　　提供簡單安全且保守的方法，證明並檢視你的假設或方向是可行的。

　　就是類似這樣的概念。但我真心相信，經營企業時：

1 心中若不在乎客戶最大的利益，應該結束營業。

2 心中若不在乎客戶最大的利益，而且對於參與的各項事務沒有想法，最好趕緊想個主張。

3 若不知道公司未來的走向，最好去外面看看，休息一下。拉下公司鐵門，出外度個假。請教你的經銷商，檢視所有的可能情況……。

　　運用敏銳的判斷力。人們會跟自己信任的人打交道，無論是口頭上或其他方面，為了給他們良善建議，你必須先取得他們的信任。

　　他們必須相信你能提供最好的選擇，你的方法能有效解決他們的問題、滿足他們的機會。針對他們應該如何運用策略去經營管理，你提供的建議與方向都是最好的。他們需要有人告訴他們該怎麼做，才能得到最好的結果。

　　他們需要有人在旁指引，通往更高境界的成功方向。如果因為歷練太淺，或是產品本身出狀況，他們也需要有人帶領脫離險境。這個人不會放他們自生自滅，而是發自內心在乎客戶能否得到最佳結果。

　　審視所有我輔導過的公司，他們真的都是業界的指標企

業。當你相信他們，儘管他們的價格並非最優惠，但是你相信他們會給你最棒的產品。客戶與企業的互動充滿活力且獨一無二。

你可能相信他們是最棒的來源、最值得信賴的企業、最好的選擇、買賣前後都是最棒的，甚至相信他們是最佳合作夥伴──客戶的信任真是五花八門。很難贏得每一個層面的信任，如果企業做到了，真是非常不可思議。

我發現，一開始要保持這種態度，必須費盡九牛二虎之力；然而，過一陣子就變得很自然，根本下意識就完成了。我的大腦現在就是如此運作，而我希望大家都能學會這種方法，因為其中樂趣無窮。

我有道德責任，而這也是基於經濟考量與戰略決策。我必須搞清楚，應該如何在你既有的基礎上，讓你有更好的改變，因為我不想見你的熱情、目標、資產價值……所有投資付諸東流。

有時，客戶會問我：「諮詢輔導企業時，如何知道他們與客戶在哪個關鍵點發展出信任，而且該如何善用這種影響力與原因？」

我認為這些可能都是無意識的，但我會審視這些公司的定位與主張，以及他們自認的主張為何。先認識他們，再瞭解他們認為自己有無意識形態的目標。

我會先提供「卓越策略」給跟我合作的公司中，幾乎毫無例外。我們討論如何強化他們正在進行的事情，然後研發出獨特的經營之道，讓他們成為最受客戶信賴的顧問。

諮詢銷售的價值

我敦促他們立即接受諮詢銷售的訓練，但是我口袋裡沒有訓練公司的推薦名單，因為有太多可選擇的訓練師，完全取決於個別企業的情況而定。

你可以去書店購買相關書籍，或許我會推薦某些書。市面上有一些行銷有聲書，也可以詢問五到六位訓練師，看看誰能提供最棒的訓練，或是參加研討會。

用什麼訓練方法都不重要，重要的是：**你必須堅持一個原則，不是要你學習銷售技巧，不是要你操控客戶心理，而是要你把客戶的最大利益扎扎實實放在心中。**

這種訓練可以解決問題，敲開機會大門。它讓你明白多數人並未說出真正的需求，也讓你學會將市場中多數人無法說出的感受與想法付諸言語的能力。

我們曾經舉辦一場研討會，那是世上最有效的研討會，與會者鉅細靡遺地說出企業面對的挑戰、問題與機會。

我們在會議廳走來走去，請大家表達自我想法，這段過程就像拔牙。大家的想法時而難懂、時而抽象；時而令人讚嘆、時而……。

我們將想法總結為一個強有力的標語，就像頭版標題，然後舉手表決。500位與會者當中，每次都大約有150位想法一致，幾乎沒有例外。透過他們的生理與心理反應，我看到他們的痛苦減輕了、心靈解放了，於是我體會到：「天啊，真的碰撞出火花了！我的任務就是讓你說出感覺。」

同理心是重要關鍵

　　現在要討論的概念是同理心……說來挺尷尬的，十五年前我正在打離婚官司，爭取孩子的監護權。律師告訴我，法官判決的其中一個標準，就是同理心的程度。你多有同理心呢？我從未想過這一點，當時也正開始舉辦研討會。

　　我開始意識到同理心是什麼，以及它有多麼重要。**同理心不只是同情心，不是為別人感到難過。同理心是一種體會與理解，心懷敬意地欣賞、觀看並理解其他人對待生活、價值、生命中掙扎與信仰的方式。**這不是認同，而是尊敬；若是不尊敬他們，就無法與他們打交道。

　　我曾經拒絕一些條件非常好的交易——成人商品與賭博商品——並非因為我是老古板，而是因為那些商品違背我的信仰。

　　我曾訪問過罪犯的辯護律師，他曾購買我的行銷商品。我問他：「你怎能幫那些性侵犯、殺人兇手、強劫犯、虐童虐妻者辯護呢？」

　　他說：「首先，我必須從他們身上找到讓我真正尊敬的點。或許他們性侵26歲女生，但他們非常孝順自己的媽媽，或者是社區教會的執事。我不是說他們是偽君子，而是必須找到能讓我尊敬他們之處，否則無法為他們辯護！」

　　另一位律師客戶專門負責進行醫療疏失、人身傷害等官司，他一定會先到委託人家中住三天，真心感受到同理心與尊敬，才會答應承接案件。

　　同理心是一種感覺，而尊敬是一種認可。對我而言，不

僅要有同理心，更要尊敬市場和消費者，因為這不是匿名市場，過程牽涉到許多人。你的銷售是企業對企業，還是直接面對消費者？在這當中，許多人不是買家就是用戶。

若是想像不出他們是誰、他們的職業與信仰、住哪裡，想像不出他們的笑容、希望、夢想、渴望被保護……如果都感受不到，我勸你轉行吧，那些是你90%的客戶。

賓主兩益關係的價值

賓主兩益關係與推薦關係真的很有趣。

這些關係非常令人興奮，因為你正在做兩件事：利用價值，也讓他們看到價值。對於自己經年累月所累積下來的信任、利潤、尊敬、信譽與誠信的程度，大多數人根本是毫不自知。

我覺得「賓主兩益關係」非常激勵人心，因為我把握契機，善用羅賓與觀眾、柯南特（Vic Conant）與他的讀者，以及報社與讀者彼此擁有的複合利益。

某種程度上，你給他人的就是免費賺錢禮物，讓他們有利可圖。對多數人而言，除了你，無人能提供這樣的好處。

告訴你一件有趣的事吧！剛開始運用賓主兩益關係這種技巧時，我是在通訊社處理廣告刊登。我很厲害，因為我明白只要建立起信任，他們就會預期你關心他們的利益。

於是，我到別家通訊社找到有這種能耐的人。起初，我是中間人。1989年離婚後，我開始舉辦研討會，當時只幫自己背書，沒必要幫別人工作。基本上，我會去找報社老闆或

主管，以及在那家通訊社刊登廣告宣傳商品的人，而我是幫雙方或單方工作的中間人。

一開始我就明白一個道理：身為通訊社編輯，若是想要提供服務給客戶，基於雙方的信任，你的道德責任就是幫他們得到更多好處。否則他們靠自己就好了，何必找你呢？

如果我發現，只要花個五百美元，就能買到通訊社的情報，我對你的信任又算什麼呢？我覺得受辱，因為你沒為我做任何事情。

提供更難以抗拒的報價

所以，最後我總會提供更優的報價、更低的價格、更多的好處、更多的時間試試效果、更好的風險逆轉，也會提供額外優惠的延長合作時間⋯⋯等總總優惠。因此，推薦人一直是他們眼中的英雄。

當我退居幕後，他們開始自己做，卻只知皮毛，並未真正體會到根基是建立在真心信任上的。

就像你來找我，我心中第一個擔憂的就是：「一切結束時，我如何讓你有所收穫呢？」雖然我從未說過，但我認為你應該也有類似的想法。於是，我化被動為主動，讓它成為一種先發制人的積極優勢。你就是我的成功案例，你會幫我背書。

我再舉個例子：

當一家速食業者與電影聯名合作時，他們相信彼此的關係，承諾各自達成目標，魚幫水、水幫魚。

當你對醫生說「我不滿意我的表現」時，醫生可能會說「這是免費試用的威而鋼」或是「這是維他命」，也可能建議某種品牌的抗生素，而非另一種品牌。不論醫生建議你吃什麼，你都深信不疑且照單全收。

有位客戶是整形醫生，他必須付我兩萬五千美元，我想用整形抵掉諮詢費。他說：「傑，你不需要整形，我不會幫你開刀，因為你整下去會有反效果。如果我幫你整形，你就再也不會理我，也不再相信與尊敬我了。我可以幫其他人整形，抵掉我必須付給你的費用。」

於是，他幫我岳母整形。他說：「我絕對不會幫你整形的。」對他，我既感到沮喪又充滿敬意。

還有其他例子：

我兒子想買一部越野摩托車，但我不想花那麼多錢，所以想買二手的。詢問我信賴的車行老闆，他告訴我：「我自己都不會買。」他說售價是兩百美元，比全新的便宜很多，因為二手越野車都被操壞了，使用價值很低。

後來我致電其他車商，其中有位老闆要賣我一部非常大型的越野摩托車，我告訴他不確定兒子會不會買就擺著了。當時我已準備花個一千多美元買車，但是他回電：「我想了想，你可以先買小型的；如果不適合，至少還沒折價太多，也不會虧損太多錢，可以直接拿來換另一部。」我很尊敬這位老闆。

還有另一個信念⋯⋯

你穩賺不賠

有位《富比世》的顧問兼編輯經營資金管理公司，他寄了一些很酷的信件給客戶，信上列出他的最新研究、分析與建議。他說這些財經資訊都是免費提供，而且都是事實。他還說：「分享我的理財知識，讓我學到三件事。」

1. **很多管理自己財務的人若是遵循我的建議，就會管理得更好。就算你永遠都不跟我做生意，還是很可能會認識某個非常需要財務顧問的人。**

2. 有些人聘了財務顧問，但是那些顧問關心你公司的程度比不上我。只要透過模擬交易，或是比較我跟你目前信任的顧問各自對市場的見解，就會知道我的預測準不準，你自己會有想法。

3. 長期而言，提供資訊給大家對我的名聲也有所助益。我在業界脫穎而出，是因為我願意主動先付出，這也讓我得到很棒的回饋。

這是一種真正的態度。在卓越策略中，我曾提及多數人會自問：「你做了什麼或說了什麼，才談成這筆生意？」這是錯誤的問題。你打從心底多麼專心投入、多麼重視、付出多少貢獻？聽起來可能不僅是「虛幻空話」或「新時代抽象言論」，不是這個意思；某種程度而言，這的確攸關重大。

這種態度讓你的工作和事業更有樂趣，讓那些與你互動的人更好相處——不只是你的客戶，還包括你的員工夥伴。

對於他們，你也必須保持相同的態度，贏得他們的信任。

　　你追求他們的最大利益，也必須明白我們渴求的目標是一致的，但是會發生以下某一種情況：一、相當成功；二、普通；三、行不通。

　　不論進行得相當成功、普通，或是行不通，我都有後續的因應之道，請相信我。我認為你對我有信心，所以你比較坦然自在。

　　這不是一種責任，而是千載難逢的好機會。**人們相信某人經過通盤思考過——好的、壞的、醜陋的、偉大的、中等的、糟糕的——各種情況**，他可以幫助你。

　　有人對我說過一句很有道理的話：「**你在生活中解決了多少問題、履行了多少機會，這些最後都是你的收穫。**」但是，多數人毫無頭緒，沒有說出那些問題與機會。所以，若是願意且能夠花時間去思考，一定要徹底想清這個道理。

多數人只想到自己

　　人們太在乎自己了。其實你不重要，我的諮詢目的也不重要，客戶只在乎我搞定他的團隊與最終用戶的程度。對我而言，我的客戶，以及客戶的客戶，就是我的最終用戶。

　　你的團隊也很重要，如果他們認為你不會拚老命給他們最好的一切、最棒的環境，他們也不會為你賣命。我承認我無法永遠能給他們最多，但我會讓職場成為有趣的環境。

　　當團隊承受非常大的壓力時，我會帶大家去吃午餐或晚餐，讓大家下班，多付點加班費，或是直接發現金獎勵，由

我來負擔所得稅。我希望區別出我對他們的感激，或許在付出與要求之間，我付出的少，要求的多。

但我認為，消費者必須覺得自己沒有被當成凱子，他們不是你的信用卡、支票、現金或訂單。必須讓他們覺得，就算沒有購買你的東西，或是只買了一點點，或是買了之後，他們在你心中還是一樣重要。

對多數人而言，這都是個難題；但若是奏效了，很多近乎魔法的好事都會隨之發生。我不知道你會如何解釋這個概念，因為我不知道你的前提與依據為何，但是真的行得通。

勞烏（Rao）博士正在撰寫關於卓越策略的著作，他說：「別要求我們解釋信任，做就對了，會成功的。」無論你想要相信什麼，這都是準則，因為你可能會太執著追根究柢到非常枝微末節的程度。

先相信客戶，才能贏得信任

只要先相信客戶，他們終究也會相信你。你必須對這段過程有信心，不光是要求客戶相信你，你也必須相信客戶與這套模式。

這就像依序行銷：你必須相信這種方法有效，相信自己會秉持信譽與誠信去信任客戶，否則就行不通。任何時刻只要你脫離正軌、便宜行事或自毀長城，都會損及自身利益。你必須相信每一個人，相信只要運用這段過程，就會出現神奇功效，而且必須給予足夠的時間醞釀成功。

萬事起頭難，因為多數人都光說不練。他們會說：「我

試過戰略聯盟，沒用。」「我試過推薦制度，沒用。」「我試過⋯⋯，沒用。」我問他們：「你怎麼做的？」

「我提供一百美元。」這太侮辱人了吧！

「我打給美國線上（AOL, American On Line），問他們可以幫我的網站架設公司背書嗎？」這完全不合邏輯！

如果某個企業家對我說：「我幾乎全都試過了，試過建立客戶，好像對我都沒效。」我該說什麼呢？

我會說，若是專業地檢視自己的失敗，可能會出現以下其中一種情況：一、如何信任客戶，信任哪些客戶，信任機制是什麼，以及展現的方法，你的判斷標準可能都很糟糕。二、你並未真正讓企業戰略深植腦海，也無法保護它，給它緩衝區，讓它不受反彈力道影響。

這是戰略的問題。戰略家會說：「這個願景有何問題？哪裡可能出錯？」你列出二十或三十件會讓你焦頭爛額的事情，然後先打預防針未雨綢繆。

多數人不明白，一切總是在自己的掌握中⋯⋯

答案早就在你心中

我打個比喻：180公分高的人為何會淹死在90公分深的水中？怎麼發生的？這類意外時有所聞，不是嗎？為何會走路的小小孩會溺死在30公分深的水中？只需一個深呼吸，就能逃過一劫！

如果你說你曾信任別人，但是被出賣了，我告訴你吧，我曾損失三千五百萬美元，還是對人性有信心。不過，我不

會全然相信別人，也不會相信曾經欺騙我的人。我自有一把客觀的量尺，評斷對他人的信任與不信任。

然而，信任超越卓越策略、風險逆轉、信任制度。當你堅持目標勇往前行時，必須相信自己變得更熱情自由、更自我實現，因為信任正如同其他事情。

你也必須相信，第一次嘗試就做對的機率是零；無關你做什麼，也無關你的能力。如果你打過網球、高爾夫或是滑雪……，只要想想運動，就會明白這道理。

除非你是天才運動員——有些人的確天賦異稟——否則第一次滑雪都會摔倒，第一次丟球肯定無法正中紅心，第一次打高爾夫絕對會削掉草皮、塵土飛揚。道理是一樣的。

我們的渴望（通常是很棒卻不切實際的）就是學得快、記得牢、兼具能力與專業，但是情況並非如此。這就是為什麼我總是告訴人們：「**一步一腳印穩扎穩打，就算搞砸了也沒關係，因為就是會搞砸。**」

為何要像那個小小網路公司的老闆那樣大放厥詞：「我要去找美國線上談生意，一天要大賺一百萬美元。」真是大錯特錯！

你會一事無成，而且像個白癡，因為你的本事不足、專業不夠。但是，你有能力先從小生意做起，培養自己的信心與成功。

我們來談談「判斷標準」。

首先，知道自己有知識、能力、想法、專業，以及堅決達成的目標。你有產品助你實現理想，提供消費者更好的結

果，但是你必須……

鎖定正確的目標

你必須解決市場上會交互影響的部分，這是你的問題，不是市場的問題。對症下藥吧！

你必須透過一些可驗證、有效的、或至少是明顯的方法證明不同之處。你有意願也有能力持續這樣做。

你必須能欣賞我所謂的「交易價值」，這種價值會延續到未來；就像神經語言學的概念，你的產品與服務對客戶的人生會有保護、改善他們或他們公司的作用，例如軟體。

若是銷售軟體，而你知道生產率提高20％，企業就會增加20％的利潤，人們獲得更多就業機會，競爭力也相對提升，公司股價更高，人們變得更富有，工作也更有保障……

你必須有足夠的信念，否則會一事無成。你必須真心喜悅地關心他們，關心每一個人。就算他們百分之百不會成為你的理想客戶，不會感謝你，不會買產品，不會保留產品。

你必須愛所有人，也要這樣想：「每個人都會來找我買東西，這只是時間早晚的問題，因為我知道你們喜歡我，而我只會愈變愈好。我只會為你們愈做愈多，因為我以一種貢獻態度來愛你們，以同理心來尊敬你們；除了我，沒有其他人曾經這樣想過，更遑論這麼做。」

你不能因為賺錢才這麼做，必須因為它可能讓你付出的努力得到更棒的感覺而這樣做。

隨時提問

如何保有「凡事可能」而非「凡事不可能」的態度？

想要做到這一點，請培養兩個觀念：對外在事物的好奇心，以及想要發現的心。抱持客觀的態度，瞭解世界上發生的事情都是舊有因素的新組合。

要擁有這種觀念，唯一的方式就是必須跳脫現況，觀察一切。最大的機會並非在現有的事業或產業中，而是在這些之外。

開始觀察別人所做的事，並且提出下列問題問問自己：

- 可以直接應用在我的事業上嗎？
- 可能直接應用在我的事業上嗎？
- 如果那件事具有言外之意，會是什麼呢？可以應用在我的事業上嗎？
- 他們發現了多少可以直接或間接應用在我事業上的事情？

　　請培養我稱之為「推論者」的態度，成為說明者、援引者、輸出者、交換者。請看看別人發現了什麼，找出背後的驅動原理。

　　許多人意外發現了不可思議的創新方式，卻不知其實早已使用了這種方式。唯有深入觀察之後才會發現這一點。

　　每次到某處做某件事時，請從這種旁觀者的角度觀察，詢問自己背後運作的因素為何？他們如何持續吸引我的注意力？如何讓我買單？如何讓我成為死忠的顧客？有什麼事情是他們做了、但我卻沒做的事？他們的流程為何，如何在有意或無意間比競爭對手更突出？

　　請寫下這些內容，然後捫心自問：我能實行、運用、援引或外推至我的企業，或是我即將要做的事情嗎？這是簡單的思考流程。

　　首先，我總是研究最有力的一點。我會問自己：「這個活動、經驗、事件背後的主要原理是什麼？」

　　我發現，任何時候只要有事情發生，無論好壞、成功或不成功、出色或平庸，除非神蹟顯現（這相當罕見），不然最終都能歸納出一、兩個讓事情運作的原理，或是因為缺乏而不成功的重要法則。這些同時包含了正面與負面的原理。

找出造成這個結果的終極肇因

　　或是找出這起事件、這個成果的肇因，以及這個刺激最根本的普遍特質。換句話說，在這裡運作的原理是什麼？而我發現那個原理之後，會問自己：「如何讓那個原理在我身

上發揮作用？」

　　例如，我曾經在商店走道上看過有人促銷某個品牌的臘腸，切成小片用牙籤讓大家試吃。我看到很多人邊走邊吃，而且買了一堆臘腸，所以停下腳步問自己：「發揮作用的原理是什麼？」

　　我想，背後的原理可能是有人給你試吃品，或是有和善又積極的銷售人員拿樣品給你，跟你聊天，並且說明產品的各種用法，很多人因此就會買單。如果很多人買單，而且是品質良好的產品，回購的人潮就會很多。

　　接著，我就會把那項原理轉換為可應用在自己事業或生活上的原理，或是兩者共通的原理。

　　我經常那麼做，盡可能詳細紀錄自己觀察到的內容，因為將來可能會忘掉某些部分。我會將這些資料歸檔，盡可能讓它們與自己產生連結，就像現在跟你分享的一樣。因為我希望自己能夠全心投入，可以外推、採用、適應這些原理，並且用來擬定未來的計畫。

　　那就是我做的第一件事，我總是這麼做。

思考組合的威力

　　我會問自己：「如果不只像業界其他人那樣，替自己或其他人做某件事，結果會如何？若是加入兩種、三種、四種或五種不同的組合，又會如何？」

　　我可能顯得有點怪異又瘋狂，很可能會閉上雙眼翻開電話簿，隨意指出七個不同的類別，選出七個產業，接著質問

自己：「這些企業如何銷售、行銷並招徠客戶？」

接著我會自問自答：「他們在分類電話簿上刊登廣告、舉辦研討會、使用現場促銷人員、經營自己的零售商店，或是擁有自己的貨車。但不論他們做什麼，如果我把這七件事組合在一起給客戶，又會如何？」這通常很可笑，卻在思考這個怪異的混合體時，往往會擴展我的想像力，增加許多可能性。

然後，我會先暫時忘記這些，從頭來過。我會問自己：「嗯，那樣可能很不實際、不可行、無法獲利，但是那七項如何？其中一項呢？那些變化形式如何……」

無論是公事或私事，每天我都會用蘇格拉底辯證法不斷地詰問自己。**強烈建議你閱讀與收聽所有關於蘇格拉底的內容，瞭解他發現、提問、進步的方式**。我試著瞭解別人已發現但我還不知道的內容，而且試著將重點放在「外推」這個字眼上。

我想知道，自己如何運用別人挖掘與賴以為生的發現、原則、洞見與關鍵驅力，運用他人事業或企業的特點或主要功能，以及自己如何投射、改變、修正、詮釋、連結、結合那個概念，轉變成我為客戶創造的概念？

我會問：「其他人做的那件事情，如何在我的客戶或自己身上發揮作用？」若是都無法發揮作用（這種情形相當罕見），我會問自己：「那件事如何將自己連結到可以發揮作用的事？連結到哪個其他領域？能夠衍生出什麼？有哪些分支？有什麼變化？」我會不斷地質問自己。

　　跳脫框架思考，代表著不僅要尋找新的連結與可能，也要從不同的角度尋找，找出正確的事，而非錯誤的事。請用這樣的角度檢視每一件事：

別人沒看見的最大機會是什麼？

　　什麼是別人未曾進行的最大連結？

　　跳脫框架思考就是必須體認，無論男女老少，每個人都有洞見與觀點，都有怪異、洞燭先機、非比尋常的綺想，對生命的各個面向都有與我不同的看法。沒有所謂的優劣，只有不同而已。

　　藉由擴展對於平行宇宙許多不同層次的瞭解與尊重，我看見了許多超越自己能力所及的事物。隨之而來的好處，是我能欣賞其他人看待世界的許多不同方式。

　　若是想要讓自己的影響力擴大到極致，讓影響力無遠弗屆，讓自己登峰造極，最終獲得大筆財富，就必須讓許多人採取行動。如果無法先行瞭解其他人怎麼想，就無法達到這一點，因為他們跟你的想法迥然不同。

　　大家看待生活的方式必定跟你不同，擁有的經驗也大相逕庭。因此，參考點、重視、害怕的事物、對其他事物的反應，和你或你的框架也會大為不同。

　　讓你打破並跳脫框架，接觸並連結新事物，鼓舞或影響他人以及創新的唯一方式，就是必須有所瞭解。瞭解的唯一方式是檢視，檢視的唯一方式就是提問。你可以提問的唯一方式，就是想要發現框架外存在哪些事物的心。

「框架之外存在的事物」不僅存在於該處，也存在於框架之內，就如同原子、質子、離子一樣。那是相當迷人的問題，也是很棒的運作動態，但是有點費解，因此讓我從不同的層次來看待這件事。

我認為，跳脫框架思考是願意從與參考點不同的層面去檢視、體驗並接受生活與事業，那些都是別人不敢放手做的事情。

那並非因為你是尋求刺激的探險家，或是個密探，甚至是因為個性狂野，而是由於你必須從許多不同的角度檢視，才能欣賞這些面向、可能、機會與層次。

在研討會上，我總是讓與會者在休息時間不斷移動，一天要進行個五、六次，每次都會要求他們換桌。

許多人喜歡直接坐在前面。嗯，部分原因是他們想要顯示自己的重要性，部分原因則是覺得如此就能擁有控制權。你會發現這些人總是很早到場，總是想標榜自己的地位，我會要求他們坐在後面或角落。

喜歡坐在後面的人，往往是因為不希望自己被看見，我會要求他們坐在前面。坐在中間的人，則是要求他們先坐到後面，接著再坐在前面，四處移動，因為我要他們從不同的視角來看待生活，體驗不同的過程。

我們來談談興趣，聊聊好奇心與發問。我認為，打破典型的首要之務，就是打破自己的界線。要如何打破界線呢？

請全面評估你喜愛與擅長的是什麼，什麼會讓你充滿熱情，願意全力投入。接著，請用有系統的方式迫使自己每一

天、每一週、每個月跨出自己的舒適圈。

　　請保持自己的興趣，並且讓你的想像力馳騁。你平常未曾涉足的領域、機構、事業與產業之所以存在，是因為有成千上萬的人對它們感到興趣。結果如何呢？那些人就成了購買的基礎客群。

　　顧客、機構、買家、決策者、決策委員會的組合五花八門，各種都有。

　　越是瞭解和欣賞他們的價值觀與興趣，知道他們如何看待生活；而且，比他們讓你欣賞的價值觀與興趣更迷人、更能帶來啟發、更圓滿、更有意義，你與他們之間的連結就會更緊密。

連結是成功的有力關鍵

　　連結是達到成功極為有力、卻經常遭到忽視的面向。你可以在自己的產業中建立連結，只要瞭解這一點，甚至可以呼風喚雨。

　　跳脫框架思考，代表願意時時拓展可能性，而非增加雙方的信任度。試著瞭解自己能讓各種活動或努力變得多　不同、更好、更有影響力、更有創意；只不過，一開始請用安全的方式小規模進行，直到一切令你滿意為止。

　　跳脫框架思考，就是瞭解產業的界線正在瓦解。你不僅是跟自己業界的其他人競爭，事實上，現在所有的產業都已跨越界線，對你的客戶和市場虎視眈眈。

提出問題，找出你的獨特銷售主張

你必須透過一連串流程，找出你的獨特銷售主張。就是透過這種來回發問的流程，才能找出你的獨特銷售主張，也就是產生力量的平台。找出一系列獨特銷售主張，透過與顧客交談，看看哪一個賣點最重要，這樣對你最有利。請進行問卷調查，以及非正式的焦點團體訪談。

請不要試圖用一己之力完成一切，你可以跟大家討論這件事。顧客上門時跟他們聊聊，或是在跟他們通電話時進行迅速的問卷調查，如此就能獲得許多資訊，讓你找到最重要的事項。

大家不一定會告訴你某件事背後的驅動力，當那個動力有些難以啟齒時，更是如此。例如，當他們的購買動力是為了展現自己的地位時，就不會希望你問他們買游泳池是不是為了讓自己更有面子。這時候，你可以迂迴地詢問，例如：「買下這座游泳池，是為了讓你的房子在那一區看起來更體面嗎？」

網路行銷診斷問卷

許多人請我提供一些指南、評估工具或診斷工具，用來檢測自己的網路行銷策略與獲利是否已經達到最佳情形。為了幫你做到這一點，我開發了一個簡單卻極為有效的問卷與個人診斷工具，助你一臂之力。

若是想要掌握自己的產業利基，如果想確保目前與未來的競爭對手不會把你逼到失業，假如你就是想要透過網路獲

得大量利潤，那麼，我強烈建議你填寫下方的診斷問卷。

請針對下列問題回答「是」或「否」，進行自己的「免費網路行銷診斷」評估。

關於目標與整體網路行銷策略的問題

你想要透過網路曝光達到哪種目標？

註：針對這項診斷，你的網路曝光包括但不限於：一、你的個人網站、電子郵件、自動回覆的電子郵件、網路公關等等。二、透過網路與電子郵件跟供應商、顧客、員工進行互動。三、使用網路和電子郵件跟其他人進行的合夥事業。

1 你是否擁有降低支出或省錢的目標？

2 你是否知道使用網路、電子郵件等可能降低支出的方式超過七種？如果知道，是否知道確實有哪些？針對每一項，是否訂立了可應用於自己事業的節流目標？

3 你是否擁有增加銷售的目標？

4 你是否知道有些專家指出，今日電子商務占了國民生產總值的3%，並且在未來五年內會增加到15%？假設這樣的估計正確，那代表電子商務每年成長的幅度將超過30%。如果每年打算拓展電子商務的幅度小於30%，你知道對自己的事業會造成什麼影響嗎？

5 你是否有開發潛在顧客的目標？

6 你是否有改善客戶服務的目標？

7 你是否知道自己的客戶跟你在網路上交易之前、之時、之

後，也跟哪些人交易？

8　在與你客戶往來的對象跟你在網路上交易之前，你是否就有與他們合資的目標？

9　在與你客戶往來的對象跟你在網路上交易的同時，你是否就有跟他們合資的目標？

10　在與你客戶往來的對象和你在網路上交易之後，你是否就有跟他們合資的目標？

11　你是否清楚你的客戶參與了哪些出版品、論壇和討論群，尤其是他們對你、你的競爭對手和你的產業說了什麼？

12　你是否仔細檢視過競爭對手的網站，瞭解他們沒做什麼，以及自己能做什麼，以改善現有的行銷策略？

13　你是否有免費的公關目標？

14　你是否有網路廣告的目標？

15　你是否清楚自己在目標達成、訂單處理、網路可承受的訪客數、郵件伺服器與信箱能承載的郵件數量有何限制，以及你的信用卡公司能讓你處理的最大金額為何？

網站最佳化問題

1　是否曾有公司外部的人試圖入侵網站？

2　每個頁面的大小小於35k，因此能夠順利迅速載入？

3　首頁與接下來的頁面是否有大標告訴大家，你的產品、服務和資訊能為他們帶來什麼好處？

4　在每個或多數頁面中，是否列出你的姓名、電子郵件、地址、電話和網址等等，讓大家很容易就能聯絡你？

5 你是否給他們充分的理由，讓他們把自己的電子郵件留給你，並且允許你日後聯絡他們？

6 是否會定期檢視網站的探訪紀錄，檢視訪客來源，他們使用什麼關鍵字（如果他們從搜尋引擎登入），以及從哪個網站連結過來？

7 是否會定期檢視自己在每個搜尋引擎中的排名，瞭解自己在適當的關鍵字搜尋中是否名列前十名？如果沒有，你是否做了必要的改變，確保網站至少在知名搜尋引擎中維持在前十名？

8 是否每天檢視網站上的電子郵件一次以上，並且在需要時即時回應？

9 是否將重點放在客戶或潛在客戶的特殊需求上，並且讓自己處於適當利基中，以增加自己的獲利，並且減少競爭？

10 是否在網站和自動回覆系統中提供你的產品或服務資訊？

11 是否定期收集顧客的使用心得，並且公布在網站上，以建立潛在顧客的信心？

電子郵件行銷最佳化問題

1 你是否在不同的資料庫中儲存了所有顧客、潛在顧客、供應商、合作廠商、潛在合作廠商與合資夥伴的電子郵件，以利和他們溝通、進行銷售，或是未來跟他們進行團體或個別合作？

2 你是否對電子郵件資料庫進行應有的維護，就像維護其他資料庫一樣。維護的內容包括近期狀況、購買頻率、購買

的細目？

3 你是否定期利用資料庫中的電子郵件，進行溝通、銷售、開發潛在客戶？

4 你是否在電子郵件最後都會附上簽名檔？其中是否包含了你的姓名、地址、電子郵件和其他相關訊息，讓收信人知道你是誰，做什麼工作，並且能夠聯絡你？

對你的特定網路行銷策略來說，雖然這些問題可能不是最重要的問題，卻能讓你知道該問自己什麼。

此外，這些問題的前提是假設你擁有自己的事業，知道自己想要的客戶，清楚哪一種動機能夠打動你想要的客戶，明白客戶的終身價值淨值，瞭解獲得一位客戶的成本等等。

如何想出賺錢點子

有人問我：「你怎麼想得出那麼多好點子？我一個都想不出來。」

這種說法並不正確，只要瞭解以下兩點，你一定能想到好點子：**一、所有的新概念都是舊概念的新組合；二、獲得點子的唯一方式，就是研究事情發生的規則與基礎。**

在生活中，每一件事情的發生，例如出現某些過程、事件、成就、災難或意外收穫等等，背後幾乎都有驅動力、原則、重要事件，才會醞釀與產生這樣的事件，也是讓事件發生的重要元素。

若是有足夠的自覺，找出驅動每件事情背後的原理，就

表示你開始仔細檢視生活，注意事件的發生。

你會開始深入思考事情的根源，並且說：「**讓那件事發生的核心因素是什麼？背後的基礎是什麼？無論是好事或壞事，讓那件事發生的關鍵因素、要素和重要事件是什麼？**」

你會在心裡開始發問與剖析，並且將重點放在生命中驅使每個事件、結果和成就發生的核心。你看著自己的配偶，心想：「讓那件事情發生的原理是什麼？」

假如正好遇到知名的成功人士，你可以問他們；「若是要追根究柢，直指成功的核心，那會是什麼？」如果他們願意回答，請再提出一個問題：「讓那件事情發生的原因是什麼？是什麼影響了你？」

你不斷地發問，檢視讓一切發生的原因，並且追根究底找出最簡單的原理。你的內心會開始以不同的方式來思考，開始儲存達到成就與創意的重要精華、元素、成功原理。

那麼，無論想要追求突破、新方法或角度、新點子，你必須做的事情，就是用全新的方式將心中儲存的那些原理排列組合。

不要限制自己的領域

做到這一點的方式，就是不要限制自己著重的範圍或領域。**請在你的生活中持續發現並找出每一個活動、經驗、事件、際遇與觀察中的驅動原理。**

假如看到一則讓你有興趣的廣告，請問問自己：「讓事情成功的驅動原理是什麼？背後的基礎、問題、範例與重點

是什麼？」

如果有人要你購買原本你不打算買的東西，你要問問自己：「讓我這麼做的原理是什麼？」如果你和他人的關係發生了某事，無論是好是壞，除了出現像平常一樣的情緒反應之外，你還可以有其他動作，也就是追尋背後的原理。

找出這項原理之後，請你清楚向自己說明。若是可以，請把它寫下來，因為書寫在筆記本的過程會深植在你的腦海深處；當你需要搜尋已知原理的新組合時，它們就會在那裡任憑你呼喚。

以上簡單說明了你我這樣的凡人如何每天創造新點子。

我們當中的每個人，無論是你、我、每位同事、家中的每一位成員，只要改變看待周遭的方式，每天都能想出很棒的點子。請你不要那麼被動，不要那麼漫不在乎，應該戴起3D眼鏡；只要有事情發生，就請你停下腳步說：「讓事情運作的原理是什麼？即使『運作』代表負面的結果，為何會發生那樣的事？背後的原理是什麼？」

那是威力強大的過程，你一定不敢相信這麼做能為你帶來什麼。

所以，我試著讓自己遵守紀律，時時捫心自問，某個行動的本質是什麼？那篇文章說什麼？對我的意義又是什麼？接著，我會分門別類進入自己的產業中，尋找他人未知的缺乏之處。在我的事業上，則要找出別人沒看到的不足之處，例如我失禮的地方，或是我失去優勢之處。在生活中，則看看是否搞砸了自己和太太、孩子、鄰居、朋友之間的關係。

我在這方面嚴守紀律，因此時時都這麼做。我會廣泛閱讀各類文章，收看各種優質節目，因為我知道這些內容必定有重點，能夠讓人學到教訓，帶來機會與警告，大家才會買單。一般而言，這些內容必定含有其中之一，蘊含著許多教訓或機會。

提問同時就能立刻學到東西

我想要瞭解文章說的是什麼，那個人怎麼樣，他們已經搞砸了什麼？**他們已經花了幾年、幾十年、幾代的時間，幾萬、幾十萬、幾百萬、幾千萬、幾億、幾十億元在做這件事情，我能透過發問、檢視、仔細分析文章提到的背後驅力、核心原理，立刻就可以清楚瞭解當中的本質，並且將它們和自己的產業、事業、生活產生連結。**

這表示我閱讀報章雜誌的同時，生活也能夠更有目標。

現在，我建議你拿起計算紙、札記或是任何一本線圈記事本，只要看到什麼，就隨手記下一頁。請在頁面頂端寫下刊物名稱，以及讀到那篇文章的日期做為參考。例如：《華爾街日報》，1月23日星期二，二版第三篇文章。

然後我寫下「大標」，接著寫下「主旨」，寫出我對該主題的詮釋，也就是：「這篇文章說明股市預計會出現一波短期流行。」

在此之後，我會寫下引申的意義，包括這兩項：文章衍生的涵義，以及文章背後的核心原理實際上對我的意義是什麼。接著，我會再加上策略、協同因素、重點，以及我的因

應方法。

這時我再將它們排序，列出這些內容對我是否有立即、未來、主要、次要的價值，之後再分門別類，將這些內容分別寫進主要、次要和輔助的本子裡。

成為「橫向人」

不過，這裡要提一件事。簡單來說，我相信你的競爭者當中，有99%都不瞭解怎麼做；他們閱讀的時候，不是眼紅，就是厭世。但你卻在自己產業中，除了閱讀自己的刊物，還廣泛閱讀各類可得寶貴讀物。

你想要橫向連結，想要閱讀各種事業、投資和產業的內容，各種競爭激烈、變動劇烈的產業內容。

充滿動態，也就是充滿變化，是許多人想要突破、冒險獲得的東西，也是大家深入反省箇中因素、相互關係、趨勢和引伸意義的東西，更是集合眾人智力與財力想要成就的東西，或是濃縮成一頁或兩、三頁的東西，這些都是你閱讀的目標。

你要知道，撰稿者可能花費一個月、一年，以及出版商數千美元的資金，搭飛機到某處拜訪你幾乎不可能接觸到的人，或是你原本未曾聽聞的人。

只要閱讀那樣的文章，說明並指出背後驅動的原理，就能賺大錢、省下一大筆錢，與某件事物產生連結，成為更好的溝通者、管理人和領袖，變得更有遠見、更會避險，成為更好的父親、母親、愛人、丈夫、妻子等等。我想，那會是

你樂見的結果。

好點子發揮的價值

我這裡要說的重點相當重要。如果你的產業中沒有人瞭解這一點，我卻讓妳每天、每週都透過檢視各種人想出來的內容，無論是好是壞，並且瞭解那些看法的90-100%有哪些直接或間接的引申涵義，如何應用在你的事業、產業和生活當中，提升和保護這些方面並帶來利益，你就能獲益良多。

雖然每週我都要你接觸一百個帶來突破的洞見，但你知道嗎？如果忘了其中的九十個，其實也沒有關係。

沒有對絕大多數的點子採取行動，其實沒關係。**只要有一個好點子發揮作用，就能讓你生意興隆，累積無數財富，多到讓所有的競爭對手相形失色。**

我不怎麼在意你是否想不起大多數點子，只是要讓你養成習慣，將這些洞見、看法，以及事情背後更深、更廣、更清晰、更有力的原理，延伸並儲存在腦海中，讓事情變得更好、更有效率、更有效果、獲利更多、更安全，以及瞭解別人所做的事如何變得更有利或較為不利。

你閱讀的每篇文章，都是費時數年、數十年研究，匯聚數十人、數百人、數千人、數萬人的努力，以及某個個人、機構、產業、市場或國家付出的時間與金錢的結果。

你知道如何以小搏大嗎？這是相當深奧的一件事！

輕鬆累積眾人智慧的結晶

這是不用付出多少成本就能取得某人智慧資產的方式。

你從早到晚都能這麼做。若是認為自己太忙，無法邁出自己的產業做這件事；或是認為，除了與自己產業相關的雜誌以外，其他沒什麼重要的。那麼，你就讓自己與大幅躍進的機會絕緣了。

你就是不給自己機會，讓能力、技巧、商業競爭優勢和理解力都突飛猛進，因此無法在事業上擁有優勢，我認為這樣實在太可惜了。

我希望這只會對觀念造成影響，但我大可對你說，在我的生活中，這種能力已經在財務、運作和事業方面帶給我莫大的好處。

這讓我獲得價值數百萬、數億、數十億的知識、經驗、投資成果與觀念，這些都是由睿智能幹的記者撰寫的，他們前往世界各地，耗費數週、數月、數年，進行調查與分析，並且直指事件核心，歸納出結果，讓我能夠坐著閱讀與收集各種洞見，並且由此向外衍伸。

我沒有什麼特殊之處，或許進行得較為徹底，程度上也較為複雜，看到這些內容的讀者都可以自己在家這麼做。正如以上所見，你閱讀的是不是嚴肅的商業刊物都可以。

你閱讀的是休閒娛樂類的內容，或是概論性的資訊都無妨。讀什麼都沒關係，重要的是有沒有搜尋隱含其中的意義與機會。

不管怎麼說，我要傳達的訊息就是如此。

　　未來回顧你的一生時，如果你會感到後悔地說：「我什麼都做了，如果做法不同，很可能會讓短期獲利增加五倍，長期的獲利增加12至15倍，而且過程還會簡單有趣許多，風險也較低。但我卻沒有選擇那麼做。」這樣實在很可悲，不是嗎？

　　如果我是你，我可能會這麼想，每天都會說：「我用最聰明的方式做了這件事嗎？這是最好的方式嗎？這是風險最低、獲利最大的方式嗎？花費的時間最少嗎？能夠獲得的剩餘價值最多嗎？如果不是，我必須問市場什麼問題嗎？」

　　切記，你的生活品質、生活與事業成功的程度，與你問自己和他人問題的品質及清晰度成正比，也與自己回答的品質及清晰度成正比。

　　檢驗的方式，就是詢問你的市場，將你的假設放入市場中測試。我可以告訴你，即使是最聰明的人，只下大標就能年收百萬的人，都不知道答案。這就是他們必須進行測試的原因。

電話銷售的系列問題

　　擬定或修正電話銷售系列問題時，請謹記下列九點：

1 擬定計畫。撥打電話前，必須清楚瞭解在通話結束前想要得知什麼內容。

2 準備話題清單。請寫下你想涵蓋的領域，並且在每個主題下列出特定的問題。不需將這些主題記在腦中，只需列出

這些主題做為大綱。

3 請求對方的許可。發問前，請求對方的許可，這是應有的禮節。

4 請妥善紀錄發問的時間，避免讓發問聽起來像是在拷問。不要逐字記下回答，讓對話速度變慢，造成潛在客戶感到無聊或不耐。

5 從較一般的問題開始，逐漸進行到較特定的問題。一開始可以提出較廣泛的問題，讓潛在客戶覺得較輕鬆，並且讓他們「開始動起來」。接下來，當潛在客戶表達某些需求或擔憂等等時，就可以提出較具針對性的問題。

6 根據先前的回答來提問。你的回應，能讓潛在客戶知道你正在仔細聆聽。

7 請維持問題數量與類型的平衡。雖然提出太少問題不是太好，但是，提出太多問題會讓潛在顧客覺得你迫不急待想要「瞭解重點」。

8 請不要提出引導式問題，這種問題（例如：你當然想要節省60%的材料支出，對吧？）實在有辱潛在顧客的智商。

9 請放鬆心情，像聊天一樣交談。務必讓潛在顧客說完，並且安靜仔細地聆聽。

升級你的業務表現

提供超越期待的服務，代表增加獲利。

成功的黃金秘密

每一個良好企業都擁有無可取代的基石，亦即「服務」與「誠實」兩項法則。

影響他人的方式僅有一種：提及對方的需求，並且告知獲取之道。想要達到人際關係的最高段藝術，在此提供最佳建議給你：

「若真有成功的秘密，」汽車大王福特表示：「就在於瞭解對方的觀點，同時從對方與自己的角度看待一切。」

這一點說來簡單明白，任何人一看就能瞭解箇中真諦，但目前世上有90％的人在90％的時間裡都忽略了這一點。

行銷的另一個重點就是誠實，你所說所寫的一切都必須完完全全根據事實。

不誠實的程度也有許多：徹底欺騙、占顧客便宜、知法

犯法。無論屬於哪一種不道德的行為，真理依然只有一個，就是使用詐術的公司無法永遠生意興隆。

唯有完全誠實的公司，才能禁得起時間考驗，常保生意興隆。在此重申，只要自由市場存在的一天，誠實就是成功的要素；缺乏這項元素，就會阻礙公司成長。

沃克（Thomas B. Walker）是鐵路業傳奇企業家詹姆斯・希爾（James J. Hill）的好友，本身也是木材業大亨，在明尼蘇達州與加州擁有超過九十萬英畝的林場。他曾表示：

「誠實能致富，反過來說，不誠實幾乎無法致富。要讓大家相信你，吸引大家與你往來，並且增進業務關係，就必須誠實、正直與坦白。」

如果這一點並非攸關重大，我們根本無須贅言。太多新企業似乎將自己的利益擺在客戶之前，欺騙客戶的機會不在少數。

最明目張膽的欺騙，就是服務與價值的不對等。

不堪的行為是必敗的公式

若是做了這些不堪的事，最終注定會失敗，甚至惹上牢獄之災。

大部分生意上的欺詐行為都微不足道，鮮少觸犯法律。這種層次的欺騙相當常見，多半僅是占客戶便宜。

一位相識多年的友人從事物流業，負責將貨物運送到各個暢貨中心。他總是喊著要擴大規模，大生意就在眼前。

然而，他的生意規模卻與二十年前無異，為何如此？

因為他總是偷占顧客小便宜，騙他們一點點。他說要給顧客多一點，卻總給他們少了些。他彷彿蒙著眼睛看待自己的事業，因為他總是從自己的角度出發，而非顧客的角度。因此，他的顧客經常流失，事業成長不如預期。

最多只能欺騙他人或利用別人一、兩次，之後他們必定會發現。更糟的是，遭到欺騙者必定怒不可遏，未來絕不會跟那個人或那家公司做生意。

所以，如果別人遲早發現遭騙被耍，反應也都相同，為什麼還有人會繼續用同樣的方式在做生意？真是愚蠢至極！除了愚蠢，實在找不出其他字眼來形容必定流失訂單與客戶的生意手法。

克洛格連鎖美食集團創辦人克洛格（Bernard H. Kroger）表示：「見過的人越多，就越是明白他們不會被耍！我服務客戶的方式，與對方願意買單的理由有關。價格與外觀也跟對方是否買單有關，這是促成首次成交的因素。但是，對方是否願意再次買單，則是取決於使用後的滿意度；若是不滿意，就無法再次成交，客戶也會因此流失。」

想知道為何許多小型企業大不起來，總是千辛萬苦才做點小生意，一直無法成長茁壯或做得風生水起嗎？原因不證自明，就是因為經營者總是耍小聰明或欺騙顧客。

卡內基的智慧

最富有的企業家卡內基寫道：

「除非擁有最高標準的誠實，否則絕對無法建立偉大的

企業。以生意手段機巧與犀利見長，在大事上注定失敗。企業的準則不該是條文內容，而是精神。」

「要維持成功，重點在於企業必須由公道的精神主宰，而非僅是合法而已。若是採取並恪遵這個原則，給予我們的回報將遠超乎你所能想像，因為對方會在仍有疑問時選擇相信我們。」

美國電子系統數據公司（Electronic Data Systems）創辦人佩羅特（Ross Perot）感謝父親教導他這個重要準則：「小時候他告訴我，某個人向你購買一次棉花的價值不大。除非能跟那個人發展私人交情，或是公平對待他，讓他相信你，否則他明年就不會再來找你了。」

其他阻礙成功的不實商業行為

我們公司決定開拓壁爐生產線時，曾經將繪製的設計圖拿給一家小型金屬製造商。他們研究了我們的設計圖，幾天之內就敲定價格、數量與交貨日期。他們開始跟我們一樣，對壁爐生意興致勃勃。

讓我們失望的是，他們沒有在預定日期準時交貨，原來只是想騙取我們的訂單。等到我們終於拿到第一批貨時，竟然發現他們的用料比我們開出的規格還差。

跟他們爭論這一點時，他們想哄抬價格，開價比原本高出許多。最後，由於持續延遲交貨，產品有瑕疵，不斷爭論價格，整個計畫因此觸礁。

最精彩的還在後頭。欺騙我們的製造商決定瞞著我們，

稍微變更我們的壁爐設計，自己做起販售壁爐的生意。他們欺騙我們，最後甚至偷取我們的設計。

結果他們的壁爐生意當然不怎麼樣，完全不行。他們只是成功趕跑了一位好客戶，繼續當個微不足道的欺騙者。任何行為不正的公司都有這種同樣情形。

若是製造並販售劣等、仿冒和不值錢的商品，最終注定會失敗。假如所言不實或是開空頭支票，過分誇大自己的產品或服務，你自以為是做生意的詭計必定會遭拆穿。

講求誠信才會壯大

名列《財星》雜誌五百大的公司，絕對不會欺瞞客戶。**公司必須講求誠信才會壯大**，如果不講誠信，公司就不會因為他人的推薦轉介而獲益，而這才是生意興隆的泉源之一。這種無價的公司資產用盡金錢也買不到，只能透過商譽來取得，而這些都來自於「口碑」。

消費者首次購買某項產品之前，往往都已打聽過顧客對該產品客觀的滿意評論。打從一開始，福特之所以能夠拿下大幅市占率，都是因為大家口耳相傳他的車子相當可靠。

看電影或是造訪新餐廳之前，大家往往會先打聽口碑。在商場上，產品、服務與公司都深受口碑影響。

大家都喜歡瞭解狀況，跟上潮流，瞭解新知。此外，每個人也都喜歡給予建議，總是熱衷幫助他人，告訴他人相關資訊。

口碑極為重要

有關口碑的重要性，在今日尤其重要，因為網路已經成為大家分享意見的有力工具。

我會對這個簡單的事實叨念不休，就是因為口碑對於剛起步的事業極為重要，對任何新事物而言更是如此。滿意的客戶就會成為最好的業務員，這種不可或缺的資產所帶來的好處，遠勝過各種廣告與促銷。

若是無法妥善對待客戶，讓客戶暴走，無異於趕走最有力的幫手。除非能讓好口碑源源不斷，否則很難擺脫生意普通、遲滯不前的狀態。

馬可斯（Stanley Marcus）的父親是尼曼馬可斯（Niman-Marcus）的其中一位創辦人，他從父親身上學到許多企業經營技巧。年輕的馬可斯打破傳統的客服與誠實原則，讓企業成為出色的高品質連鎖店。

他說他剛開始做生意的頭幾年，對許多不合理的客訴與要求感到傻眼，於是詢問父親：「衣服顯然遭到顧客不當使用，我們怎麼能換新的給她呢？」他指著一件穿過一次的美麗舞會禮服說：「她應該知道衣服很脆弱的。」

父親回答：「是的，她應該知道，但這是她購買的第一件好衣服，所以她不知道。你跟她說，我們會換給她，但是要有技巧地告訴她，精緻的手工蕾絲比粗糙的機器製蕾絲還脆弱很多，我想她下次就知道了。」

他不服氣，繼續追問：「我們怎麼有辦法承受這樣的損失呢？製造商不會退任何一毛錢給我們。」父親有耐心地回

答他：「她不是跟製造商做生意，是跟我們做生意。」

「我們花了200美元獲得一位新顧客，獲得未來消費的可能性。我不想為了這件成本175美元的洋裝喪失這位顧客。」

父親又補充：「跟她解釋的時候，臉上要帶著微笑。」多年來，這位女士向他們購買的服裝超過五十萬美元。馬可斯學到了零售生涯中最寶貴的一課。

在開幕一年內，這家店的口碑迅速傳開，累積了一群滿意的客戶，他們都把這間獨特的店家分享給在地親友。

拿破崙‧希爾也說了另一個類似的好商家故事。費爾德（Marshall Field）或許是當時數一數二的商人，他在芝加哥開設的費爾德商店至今仍生意興隆，顯示了卓越的經營能力。

有位顧客在費爾德商店買了一件昂貴的蕾絲束腰，卻沒穿過。兩年後，這位顧客將這件衣服送給姪女當結婚禮物，那位姪女卻默默地將上衣拿到費爾德商店退貨，換取其他商品；不過，那件衣服已經售出超過兩年，早就退流行了。

費爾德商店不僅接受退貨，更重要的是，接受退貨時並未與客戶發生爭執。

無論在道德上或法律上，店家都沒有義務接受顧客退回售出多時的商品。因此，這件事更顯得了不起。

束腰原本的價格為五十美元，退貨之後就必須放到折扣區，想辦法賣出去。然而，深諳人性者必定明白，費爾德商店不僅不會因那筆交易而有所損失，反而會獲得金錢無法衡量的利益。

拿束腰去退貨的女士得知退回的款項分毫不少，店家給

了她原本不配擁有的待遇，讓她因此變成死忠的顧客。

　　不過，這筆交易的影響不僅如此。那位女士開始到處宣揚她在費爾德商店獲得的「公平待遇」，連續多日都成為她的主要話題。費爾德商店從這次交易獲得的廣告效益，遠勝於其他方式購買的廣告，價值為那件束腰的十倍。

不誠實無法獲得好口碑

　　沒有人會因為受騙而感到自豪，有價值且持久的口碑源於正直的企業家。得到的口碑若是毀譽參半，那就是二流的公司。

　　此外，誠實遠比不誠實更是容易。買到無良商品者的怒火，會導致商家聲譽受損，必須額外支出法律費用；也會引來記者的撻伐，造成公司的財務損失。不過，虛張聲勢、滿口空話的推銷員卻到處都是。

　　很多生意人似乎缺乏辨別是非的能力。他們唯利是圖，使用不正當手段獲取利益。在他們眼中，這樣似乎並無不妥之處，重要的只有能否售出商品或得到訂單；只要能收取佣金獲得利潤，誇大其詞或睜眼說瞎話就沒什麼不對了。

切勿信口開河或濫畫大餅

　　你不該發表或說出有誤導他人之嫌的資訊。所有的事實不論好壞，皆應充分揭露。你的正面說詞也必定會因潛在的負面可能而打折。

　　一般企業家開始從事新事業時，多半會美化自己的產品

或服務，強調優點；若是有人指出缺點，往往會讓他震驚不已。正如上述所言，這些不當行為往往會因為背後自私的動機而合理化。

我們不難理解，創業者必定承受著莫大的壓力，往往也看不到全貌，而且會為了短期的生存輕易做出承諾。

這就是問題所在。要讓這些犯錯者看見自己的短處，幾乎是不可能的任務；我們大可以說，創業時往往會大幅高估自己的狀況。不過，很遺憾的是，一切都會像滾雪球那樣，小謊最終滾成無法收拾的大錯。

無論你是不是自詡為道德操守極高之人，請謹守以下的建議：務必保留自己的說法與促銷手法，減少誇大的言詞。請再三確認所有的廣告與推銷手法是否有不實之處。

特別留意自己與員工是否有不誠實的行為，唯有真正瞭解並恪遵新事業應該奉為圭臬的正直之道（目前多半並非如此），才能真正登峰造極。

以前運送包裹的方式與今日大相逕庭。要寄送隔日到貨的商品時，必須親自到航空公司繳納規費，讓航空公司為你提供「紅毯服務」，這其實已經跟買個機位相去不遠了。

唯一的另一個選擇就是採用UPS的地面服務，他們的十天或二十天到貨服務相當可靠，卻不會主動替你追蹤貨物。聯邦快遞也開始提供隔日送達的服務，他們深知秘書若無法替老闆迅速寄送貨物，就會有大麻煩，因而訴求這一點來大打廣告。清楚包裹正在處理流程的哪個步驟，敏銳察覺客戶的需求，並且能感同身受，都是相當重要的事。

服務始於同理心

服務始於察覺對方認為有價值之處，而非對於自己的價值。服務始於東方哲學的衍生，亦即你的工作就是要體察、瞭解、檢視、觀察、承認並尊重對方的人生觀。

若是無法全盤理解，就無法提供服務；若是無法體察，也就無法尊重。但是，你並不需要認同。

塔肯頓（Fran Tarkenton）教我學會高等的服務藝術。兩個人於生命中共處時，當然包括做生意在內，你會想要從共處之初就希望對方變好。

另一位同事金恩（Bob King）則讓我學會一點：身為教練或顧問時，我們僅只短暫出現在你的生命中，負責教育你，給你忠告，分享我們對於真偽、好壞的概念。

不在你身邊時，其實我們沒有義務必須豐富你的人生，負責保護你，拓展你的視野。因為我們不在時，你的身邊會充斥著許多惡棍、機會、要求與混淆情勢。在能力所及的範圍內，我們必須盡可能扮好自己的角色，保護你的事業或人生。我想，這是個很棒的概念。

連結是服務的另一個面向。在年終分析時，收入固然重要；但是，透過為客戶服務，你能帶來並發現心靈與精神上的連結、成就感、自由，以及莫大的價值貢獻。

即使只是個冰淇淋小販，你還是能讓客戶在複雜且充滿壓力的生活中擁有十分鐘的時間，享受童年的純真時光。那就是你的目的之一，這一點相當了不起。

如果你是財務規劃師，能讓客戶過著自己鍾意的生活；

萬一發生了風險，他們的配偶也能擔起養家的責任。這就是相當了不起的概念。

　　若說做生意只是為了賺錢，大家應該很難認同，更遑論享受其中的過程。不過，我絕對可以保證，這種過程絕對能夠教會他們如何賺取夢想中的財富。要達到這一點，憑藉的並非理性，而是他們能夠多麼深入瞭解這一點。

賺到百萬美元的方式

　　在這裡，我會教你該怎麼做。你願意一天只工作三小時就賺到其他人一天工作十二小時才擁有的收入嗎？你想要在五十歲就退休嗎（假設你現在還沒六十歲）？

　　一切掌握在你手中。但我認為，只要提供高級的服務，一切自然隨之而來。

　　在我看來，所有商業性質或非營利事業的目的就只有兩個：解決問題與提出貢獻。

　　我想，星巴克是個很棒的例子。前任總裁舒茨（Howard Schultz）在《STARBUCKS咖啡王國傳奇》中說了一個故事。

　　舒茨曾經造訪過義大利，他相當喜歡買杯卡布奇諾或濃縮咖啡，站在咖啡館附近享受與其他人交流的感覺。他想讓美國人也擁有這種交流的感覺，當時的美國人習慣帶杯麥斯威爾咖啡出門上班。

　　他必須改變美國人的喜好、購物習慣、價值觀和典範，才能賣出一杯3.5美元的咖啡；而且，讓原本只花50美分喝咖啡的人，現在不假思索就會花錢買杯3.5美元的咖啡。

做生意的目的，在於讓客戶明白自己提供的服務優於競爭對手。你有多少方法能讓自己與眾不同？

如果其他人說：「跟我購買這個東西，我會用UPS快遞寄給你。」而你說：「購買這個之後，我會親自送到你家，還加碼送兩個鈴鐺和哨子給你，並且延長保固。」接著你繼續追問：「明白了嗎？這樣好不好？」

做其他對手不做的事

為客戶多做一些，看看別人做了什麼，自己就做得比他們更多。讓客戶清楚看到自己多做的事，因為如果顧客沒看到，就無法察覺並體認你多做的事有何關聯，你在他們眼中就顯現不出價值。他們眼中認定的價值極為重要。

提供較高等的服務，意味著許多事情，代表做出超乎客戶期待的事，例如後續追蹤、感謝，以及各種不限於與交易本身有關之事。

虛心學習一切，就能觀察到商場或人生所有成功與不成功的面向。接著就能追根究柢，瞭解背後驅動一切的基本法則。這些法則往往放諸四海皆準，永恆不變。

找出這些法則之後，就必須瞭解如何將這些法則直接或間接運用在自己的事業中。

許多人不認為，這樣做能帶來潛在商機或他人的詢價，但事實上卻可以。成交之前，大家都考慮再三、充滿疑問、猶豫不前；只有在成交的那一刻，才表示他們真的買單。

他們想確認自己是否做了正確的決定，其中一種方式就

是向他人宣傳這項產品。只要你做得對，這些人就是最棒的推銷員，而這也是影響力展現的另一種形式。

假使你的企業標準是某個定值，而你做到的卻是兩倍甚至三倍，那就一定能讓別人看到自己的不同之處，不是嗎？

讓潛在客戶因為你而欣喜不已

你的目標就是給予客戶超乎想像的事物或服務，讓他們在交易過程中欣喜不已。

無論做什麼，你都必須問自己：「我能替自己的產品或服務加上什麼，讓我格外突出，別人不注意到都不行，而且會忍不住告訴別人，忍不住成為我的老主顧？」有許多小事不用花你多少錢，卻能讓你與眾不同，造成深遠的影響。

不需因循他人做生意的方式，沒有任何法律、條文與規則強制你，必須使用跟競爭對手相同的方式做生意。你要做的是讓客戶知道對手做生意的方式，並且讓自己超越對手。

無論在程度、面向或應用範圍上，你都有機會讓自己突飛猛進，大幅超越對手單面向的表現。

提供超乎水準的服務，可以增加你的留客率。讓別人看見你為他們提供的服務是一種藝術，**如果別人不知道，就無法感謝你為他們做的事。**

想辦法做到超越一切。不要只做最基本的事，而是要做到極致，找出能讓你最為與眾不同的事。如果無法讓別人承認、瞭解並知曉，就算你做了許多事，也是枉然。

任何團隊、組織、個人和產業的首要營業目的，就是讓

增加的價值超過支出。很少有人不認同這一點。不再這麼做的時候,就是失去目的的那一天,也因此失去存在的理由。

今日美國企業之惡,就是並非人人瞭解這一點。你看到這一點,無疑會說「當然如此」,但是並非人人都能明白。

因此,你的任務就是找出各種方式,讓員工明白:「如果我無法貢獻身為人類的價值,可能就會丟了這份差事。」同樣重要的是:「如果身處的團隊無法替客戶增加價值,我們就會丟了工作;若是無法為機構增加價值,我可能會遭到裁員;如果這個產業無法增加價值,就會失去這個產業。」

假使經歷過1920年代的馬車產業,而且瞭解這個概念,我就會投入汽車產業、火車產業和航空產業。

主要任務就是增加價值

想想你是否接受過良好的個人化服務,因而成為該供應商或服務提供者的死忠顧客?(我對「死忠」的定義是顧客更常光顧、更常分享,願意消費更多。)你會忠於那家供應商,會想要推薦給別人。你接受的服務好到讓你津津樂道,因此不會斤斤計較價格,因為那根本不是問題。

你的經營之道,就是把自己當成顧客,做到顧客想要得到的。時時找出改善待客之道的方式,因為他們會透過最重要的方式投票來回應你,也就是與你交易的金額。

無論是在做生意的哪個階段,都不要甘於平凡,經營顧客關係與衝刺業務更是如此。這兩者構成了每一家公司的基礎,也是讓公司岌岌可危或生意興隆的分野。

提供一個例子給大家：為何有那麼多人喜歡麥當勞？因為他們有效率又乾淨，對待客戶的態度極佳。沒禮貌的櫃檯人員能在麥當勞做多久呢？

坐而言不如起而行

透過客戶服務，強調你的獨特銷售主張（也就是區隔你和競爭對手的獨特優點）。企業中每一位員工都必須瞭解你的獨特銷售主張，而且能清楚地說明與呈現給客戶。

針對各種狀況，都能提供員工清晰明瞭的應對程序。突襲檢查客服人員的表現，以確認獨特銷售主張是否落實，確實傳達給現有與潛在客戶。

你的客服人員應該有什麼樣的表現呢？當然，每個人都應該彬彬有禮，深具同理心，具備完善的知識，真摯誠懇。最重要的是，他們應該提供卓越的服務，務必將你的獨特銷售主張融入客服的職責中。

假如你的獨特銷售主張是提供多樣選擇，請讓客服代表聯絡客戶，看看是否一切都讓他們感到滿意；若是不滿意，務必提供替換、修理、修正產品或服務的機會。你的客服人員應該跟業務人員一樣，清楚所有可能的選擇與選項。授與他們合理的權力，必要時可以提供替換、修理或重新裝配的服務。

讓他們明白，必須實現獨特銷售主張的承諾，才能保有自己的工作。當客戶有問題、抱怨或質疑時，必須提出證據讓客戶相信獨特銷售主張確實存在，整家公司都全力投入，

盡一切努力迅速兌現承諾。

大家都害怕銷售會改變他們的形象，我則將銷售視為最佳的機會，能夠藉此建立終身緊密的友誼，豐富而具有多個面向，並且在過程中發現並學習各種有關人類與人生的迷人之處，這些都是前所未有的體驗。除非你痛恨新發現，否則怎麼可能不這麼做呢？

每一次員工接觸客戶的時刻，都是強化獨特銷售主張吸引力的機會，必須讓你的業務勝過所有競爭對手。

假使有人打電話抱怨產品或服務，很重要的一點是，你的客服人員不能只是記下他們的姓名電話，派遣維修人員；而是必須在電話中強調，服務是你們的獨特銷售主張，並且持續追蹤是否已經解決問題。

接著，客服代表必須繼續追蹤，確保已經提供適當的服務。他們必須在維修後致電客戶，傳達你們公司的獨特銷售主張已經兌現。

當然，維修人員必須帶著愉快、積極與誠懇的態度，願意修正所有的錯誤。接著，客戶應該收到老闆或高階主管署名的信函。

若是有任何員工沒有、無法或不願意倡導公司的獨特銷售主張，都應該立即撤換，改由能夠且願意倡導主張的員工來接手。真正的財富來自重複的交易，只有在事業不斷履行獨特銷售主張時，才能做到這一點。

將未來可能與客戶交易的金額加上重複購買的價值，投資一筆小錢換來對方的好口碑，絕對相當划算。每個人都喜

歡獲得他人的認可，也都喜歡覺得自己獲得特殊禮遇。

　　你可以寄一封個人化感謝短箋或信函，也可以贈送對方禮物或禮券。你可以在不同的節日贈送對方相關節慶禮品，例如在情人節送上一盒巧克力，在聖誕節時送上聖誕紅、火雞或火腿，對方生日時送上生日卡等等。

　　若是大量購買，一張卡片包括郵資只花你五十美分；即使是火雞或糖果禮盒，只要大量採購，價格都相當低廉。

　　長遠來看，一位忠實牙科患者或室內設計顧客不斷地光顧，對你來說值多少錢？幾百、幾千、幾萬美元？無論贈送什麼給客戶，都要寫上讓客戶心情愉快的訊息，讓你的獨特銷售主張躍然紙上。請務必提到你的獨特銷售主張，以及這個主張如何持續讓客戶獲益。例如：

　　「聖誕節時，我就想到自己應該感謝瓊斯先生。時時有人提醒我應該不斷付出，但我做的還不夠。雖然我們提供客戶免費的24小時諮詢專線，以及全年無休的現場維修電話；但是，我發現當初替您維修機器時，居然沒有提供免費的代用品。」

　　「聖誕快樂，瓊斯先生。在新的一年，如果您的機器故障了，我們不僅會立刻免費維修；萬一無法在兩小時內完成維修，也會提供代用品給您，以免讓您久候。我們的事業建立在服務之上，那也是您絕對可以期待之事。」

搶救不滿客戶大作戰

　　即使接觸到不滿意的客戶，也應該融入獨特銷售主張。

　　有人要求退費、換貨或修改時，不該因為必須退錢而感到憤怒，而是應該利用這個機會，再次親自或透過信件傳達你的獨特銷售主張。

　　如果貴公司具有換貨部門，請務必教育該部門員工，要用客氣且誠懇的語氣重申獨特銷售主張，讓不滿意的客戶重拾對公司的信心，願意接受進一步服務、更多選擇、更好的保證等等。

　　接下來，若是提供客戶禮券或支票，請附上預先準備好的信函，表達你們在獨特銷售主張方面的努力，並且對於造成對方的不便、失望和不滿感到深刻抱歉。每當有人要求退費時，請附上一封信函，表達無法滿足對方期待的失望，並且強烈重申貴公司的獨特銷售主張，以及你們追求這一點的努力。

　　然後，請求不滿意的客戶再給你們一次補償的機會。提供折價券或特殊紅利給他們，讓他們可以用兩件的價格購買三件物品；或是提供其他優惠方式，讓那些不滿意的客戶明白，你們希望他們再度上門，因為你們相當重視他們，而且會盡力補救。

增加客戶認定的價值

　　我們來談談提升業務表現、讓業務表現升級的另一個有力方式。透過發掘額外獲利的機會，就可以大幅改善前端效能。要做到這一點，其中一種方式就是增加客戶對產品或潛在產品所認定的價值；如此一來，獲利將會相當驚人。

　　有一次，我認識的一位業務顧問跟從事工程服務的客戶開會，以便進一步瞭解對方需求。他們告訴他許多關於該產業的資訊，讓他知道業務人員該如何有效推銷他們的服務。

　　會議結束之後，那位顧問表示，他在該次會議中學到的業界知識遠超過其他會議。他建議公司，可以在市場上單獨販售他們的簡報服務。公司聽從了他的建議並採取行動，發現客戶願意支付三千五百美元購買原本免費提供的服務。

　　結果，他們銷售這項服務獲得了六萬美元，這是競爭對手放棄的其中一項業務，後來他們甚至還以定價販售這項服務設備給客戶。

　　只要察覺到服務的價值，客戶就會買單。你必須留意能夠獲得額外利潤的機會。

　　如何說明自己提供的服務，會讓結果截然不同。例如，我第一次寄送研討會傳單時，許多人拿到資料之後很可能會想：「我已經試過了，沒用的。」

　　但是，我又寄一次，說明活動的優點，並且從完全不同的角度來說明這場活動，於是研討會就座無虛席了。用不同且更細緻的方式說明產品，能讓你收到三倍、五倍、十倍、甚至是二十倍的效果。

清楚辨別你的潛在客戶

　　辨別你的潛在客戶，能讓你認清真正的機會，不會平白浪費時間。你的潛在客戶必定對你販售的東西有興趣，而且願意、能夠也必定從中獲益。你的業務人員必須影響並勸說

客戶好好利用這項商品或服務，並且告訴他們可以從中獲得什麼樣的驚人好處。

　　如果你的業務人員無法幫助客戶瞭解這些好處，客戶與你將會雙輸。想想你自己提供的服務，你會因為能為他們的生活增添價值而感到自豪。

瞭解你的目標市場

首先，你必須知道客戶在哪裡，以及潛在客戶在何處，但是大多數人都不知道。

如果已經找出並鎖定兩者，請你經常對他們循循善誘，用符合道德的方式引導他們。你必須經常與他們溝通，引導他們進行更大、更好、更頻繁的交易。請打電話、寫信或電子郵件給他們，並且拜訪他們。

請當面向他們示範，讓他們知道購買更多、更常購買、購買其他產品元件與服務為何對他們有利，而非對你有利。只要這麼做，他們的生活、生意、狀況與健康就可以因此提升，受到保護或改善。首先，請你：

寫下你對客戶整體的認知

向你採購時，對方的需求或期待重點是什麼？屬於哪個方面？有關安全、經濟福祉、娛樂、美妝、健康還是科技？

接著寫下我所謂的「生命循環」，也就是你現有顧客或

客戶購買產品或服務前、中、後的合理交易進程。

　　別人購買你的產品或服務時，採購之前通常會先做某件事情，採購期間也會發生許多事情，採購之後可能還會做一些事情，或是和採購同時進行某些事情。這近乎於採購的連續體。

　　換句話說，我購買了後院的露台，在此之前、之中、之後，我還可能會買什麼？我可能購買新的屋頂、草坪家具、草坪、泳池、車道等等。

　　找出採購該產品或服務之前、之中、之後可能產生的交易範疇或類型，仔細列出大致可能的項目；然後，思考如何將這些免費的服務及產品結合自己販售的內容，形成各種套裝組合。

　　若是尊重客戶與自己事業的價值，可以跟其他供應商協商，增加交易的價值，成為對你極為有利的交易。你不需尋找用十塊錢販賣這個東西的人，然後對他說：「我賣你九毛五。」請你向供應商說：「我能讓你開拓前所未有的市場。漸漸地，如果能夠長期供應這項貨品或服務，我就能讓你擁有25％或40％的絕對獲利，但是我要好價格。我不要零售價或一般的批發價，只要特別優惠的價格。」

　　你能讓客戶擁有意想不到的價值，並且帶給製造商或批發商額外的產品或服務，因此在事業逐漸茁壯的過程中獲得越來越多合理利潤，這都是你讓他們開拓了新市場的緣故。

　　你能做到這一點，是因為匯集了所有的金錢、努力和善意。你和客戶建立了緊密的情感，客戶用好價格買到東西，

而你獲得了可觀的利潤，讓公司蓬勃發展。想到這一點不覺得很興奮嗎？

接著再列一份清單，寫下所有的決策者，特別是企業對企業的交易；不過，即使是直接販售給客戶，仍然可以考慮這麼做。請寫下那些最終決定採購貴公司產品的人。

假如販售產品給公司，是人資部門負責採購嗎？是品管部門採購並訂定規格或是做關鍵決定的嗎？是業務部門、資訊部門或是各部門聯合採購的呢？

接著就是要避免事業衰退，確保努力爭取得來的生意不會流失。該怎麼做呢？很簡單：請進一步瞭解你的客戶。

有一次，我和某位客戶在一起一整天，結果他教我的東西比我教他的還多。至少，讓我重新溫習了某些遺忘的重要內容，那就是……

持續接觸市場當下的真正脈動

這麼做的意思，就是每週親自進入賣場，進行二、三十次交易，以瞭解顧客真正有興趣並感到開心的東西。

每週應該接一次客服電話，重閱你收到的指標性客訴。

此外，我發現生意人往往忽略了市場，反而是想要告訴市場，他們應該需要什麼。

在這種漠不關心又矛盾的不景氣環境下，不熟悉市場的心態、慾望和問題，與自殺無異。

你不僅應該解決客訴問題，閱讀公司收到的所有電子郵件，也應該親自接聽客服電話，和十位以上的舊客戶聊聊，

瞭解他們現在為何願意或不願意向你購買產品。

　　我總是建議你購買競爭對手的產品。面對不斷改變的刺激，每個人都會有所回應；但是，除非持續仔細觀察市場的重要跡象，否則你的事業很快很快就會衰退。

　　在不景氣的時刻，市場的態度變得極為矛盾；或是更精確地說，是漠不關心。

　　客戶的態度有了關鍵的改變，他們變得不願冒險，不願投入，不願改變，而且不願主動採取行動。假如你無法瞭解並接受市場的重大過渡改變，你的市場很可能就會消失。

　　反過來說，如果你開始注意業務，開始親自打電話給過去與現在的客戶和他們聊聊，並且光顧自己的公司和對手的公司，就能擁有勝過對手的優勢。以下是我建議客戶採取的行銷策略，以因應這種冷漠矛盾的市場：

- **使用保守的敘述方式和大量的事實，不要使用誇張的修辭法**。重要的是，必須利用大量的事實、範例和類比參考範例，說明行銷時的重點。
- **行銷時，不要從你的基本推測立刻跳到採購的決策**。你應該溫和地循序漸進，使用累加的方式，逐步提出更具說服力的事實與論點。
- **倚重風險轉移**。請記住避險與逃避行動的心態，你可以透過這一點逆向操作行銷。將風險擔在自己肩上，而非潛在客戶身上，就能克服這一點。
- **使用與你的獨特獨特銷售主張價值相關的豐厚紅利**。別變

得漠不關心，而是要比之前更積極謹慎檢驗你的假設與觀念，不要漫無目的地行事。

行銷到客戶的「舒適圈」當中

第一次看到這個概念，是在哈爾波特（Gary Halbert）的電子報，這讓我印象十分深刻。不景氣時，我認為這個觀念正好能應用在各行各業中，所以想要跟你分享其中的精華，以及我個人的看法。

基本上，哈爾波特的論點認為，在你能成功向某人推銷之前，必須委身或高攀至他們的舒適圈。這有點像最小公倍數與扭力轉換概念的結合，老實說，我非常同意他的看法。

哈爾波特使用新穎的圖像式類比來說明他的觀點，例如要將大型貨輪拖出港口的拖船，不需使用粗大沉重的纜繩繫住貨輪。

首先，他們會射出一條又細又輕的繩子到船頭上，讓船員先接住，並且開始拉上船。那條繩子連接著稍粗一點的繩索，接下來的繩索越來越粗，最後會接到一條又大又粗的繩索上，拖船就用那條纜繩將船拖出港口。

行銷的「階梯」策略

哈爾波特比喻的重點，就是你無法用撐竿跳的方式直接對著你的目標行銷。較實際的方式，就是一步一步往上爬，抵達你的銷售或行銷目標；就像運河使用連續緩升的水閘，讓船隻漂浮其上，通過運河。

以前我曾經大量提到並撰寫有關兩階段的內容，但是哈爾波特加入了新內容。基本上他認為，只要不會造成威脅，就應該多實驗各種具有龐大潛能的客戶開發方式，吸引並緩緩引誘潛在的客戶向你靠攏。例如：

- 平面或電視廣告上提供免費的物品，吸引對方前往你的商店或辦公室，藉此提供**良好的展示或試用機會**。
- 或是針對某個大家都想要的產品或服務，提供**令人無法抗拒的入門價**。太多人試過灌籃、一擊必中、銷售馬拉松的策略，但是哈爾波特表示，那些都在客戶的舒適圈之外。我同意他的看法。

試著使用較有說服力卻較不帶威脅性的說法、說明、開場白或方案，而不是要對方立刻全部投入。

沒有人希望受到威脅，尤其在經濟景氣不穩定時，他們不願投入自己不確定是否想要與相信的東西、不知道自己能否負擔以及能否從中獲得最大利益的東西，或者是不知道自己為何會喜歡的東西。

首先，請採用階梯式銷售策略。我的意思是，你可以先打電話給某個人，後續寄信追蹤，寄出說明資料，提供教育講座等等，接著再打電話追蹤。或許，讓他們以極低的價格與完全沒有風險的方式，試用你的產品。

最後，你就能讓潛在客戶同意你的觀點，讓對方願意花錢購買價格較高的產品或服務。

請記住以下的觀念：

若是能吸引上萬人去見你，即使一開始只是買小東西，或只是進一步瞭解關於產品或服務的更多資訊，最後就能養出數以千計的長期客戶，不斷地向你重複購買產品或服務。

請採用較全面且不具威脅性的方式，一步一步接近你的目標。只要這麼做，就能成功向更多人行銷，更容易行銷，你的行銷策略也更容易奏效。

你的潛在買家客戶是誰？

如果可能，請從現有的客戶著手。如果這是新產品，請讓該類產品的潛在客戶瞭解產品資訊。

請將重點放在適用該產品的類別。行銷個人用品時，年齡、性別與教育程度較為重要。如果目標是針對企業客戶進行銷售，較為重要的就是類型、大小和公司地點。

年齡_____性別_____

教育程度　_____

職業／職稱_____

公司規模　_____

公司類型　_____

地址／區域_____

收入_____

資本額_____

客戶類型（客戶最可能喜歡哪一種方式？）_____

　　身為客戶，我們的生活五花八門，涵蓋各種領域、不同活動，以及種種問題，我們沒有能力也沒有機會完全瞭解一切；然而，我們卻可以也往往會透過網路進行調查。

　　很可惜這些資料並非完全正確，雖然無法清楚瞭解供應商之間的差別，但至少讓我們足以瞭解是否危險，足以瞭解附加價值。這麼做往往會讓大家圍於理論上的買家，以及專注於商品的買家。

　　不過，這樣做的缺點對客戶的影響更勝於賣家，因為我們若是傾向接受威權領導，就會在不知不覺中妥協，接受了部分結果與利益，受到的保護也會變少。

　　從古至今，人類總是受人領導，也想要接受領導；但人類希望的領導對象，是能夠真正維護他們最大利益的人。

　　這是從古至今人類掌權的模式，是摩西帶領追隨者出埃及的方式，也是希特勒這類人士掌權的危險所在，更是柯林頓選上總統的方式。

　　大家想要被領導，希望領導者高瞻遠矚，就像白宮裡的那位一樣。如果大家只能靠自己，就知道得不夠多，不夠有自信，不知道如何持續進步，看不見事情的重要性，不知道如何得到符合邏輯、可以持續改善甚至歷久不衰的結論。

　　所以，他們很可能不會採取任何行動，只會採取表面的行動，或是產能不高的行動，甚至是危險的行動。他們很少能自行採取最佳行動，因為他們不能、不習慣、不願意這麼做（除非是一家大公司，裡面有很多專家，讓他們在仔細評估後，根據分析結果做出決定）。他們會衝動做出決定，或

是迅速做出決定。

　　希望你能明白，若是能獲得某人信任，他們往往就會委託你，因為他們希望覺得你在為他們的最大利益著想。

　　你確實如此。只要不斷地教育他們，不斷地讓他們知道有哪些選擇，告訴他們你推薦的行動、採購策略、訴求與活動為何對他們有利，你就做到了這一點。

　　你告訴他們缺點，讓他們比較不同的選項，他們就會明白你真的是替他們著想。

　　如果不努力讓服務對象獲得最好的成果，就無法達成遠大的目標。

　　想要做到也相當簡單，但是在九成的狀況下，大家的潛意識裡真的想要、十分感謝、也需要某個能夠領導他們的人，而且會用非語言的方式表達這一點。

教育你的顧客

行銷的基石是教育

行銷計畫的基石,應該是教育你的客戶。首先必須教育他們,讓他們瞭解你的產品或服務。

假設你賣的是家用暖爐,在你的廣告與促銷資料中,就必須包含暖爐結構與相關功能的有趣細節。

接著,你應該出一本手冊或報告,教大家如何節省家中整體的電費開銷,促銷多項產品時皆可使用。最後,你應該準備一份如何選購家中節能產品的手冊,或是選購節能產品的注意事項,甚至是涵蓋範圍更廣的手冊,說明居家裝修或持家時如何省錢;不過,只需提到家庭能源支出與暖氣系統即可。

換句話說,你教育他們,讓他們瞭解你的產品與公司,讓他們全面瞭解這個對他們非常實用的領域,也教育他們整個領域的相關主題,這樣就能讓他們喜歡你。

我見過最可悲的錯誤行銷之一,就是無法透過教育客戶

讓他們得知產品的獨特之處。如果你研究過自身商品的一百位製造商，請讓你的顧客知道這一點。

這樣做能讓他們印象深刻。你已經替他們篩選掉品質、耐久度、保固、製造商支援、維修保固與信賴度不符他們所需的產品。

或許你的保固是競爭對手的三倍，或許保固範圍是對手的五倍。除非採用有技巧的方式向客戶透露這一點，否則他們根本不會知道。

教育客戶時，就可以看到獲利大幅增加。想想你自己的情形：購買或考慮一項產品或服務時，無論是替自己、替家裡、替家人、替公司購買，或是買給別人當禮物時，你對該品項的瞭解往往不如自己預期的多。若是對某項產品有未解的疑問，掏錢購買的可能性就會降低。

某家公司或是業務人員主動花時間，以客觀的方式告訴你某項產品的資訊，而該產品正是你打算購買的物品，就能獲得你的信任與青睞。

教育是強而有力的行銷技巧。教育你的潛在買家，讓他瞭解一切（包括產品或服務的少數缺點，或是較不具優勢之處），買單的客戶就會倍增。

「教育客戶」這個概念，能讓你具有莫大的優勢，遠勝過對手。

挽著顧客的手

很少有企業明白，除了擬定具有說服力的行銷計畫，他

們也必須帶領顧客採取行動。

　　大家需要有人清楚地告知他們如何採取行動，以獲得產品或服務。因此，每通行銷電話、每封信件、每個廣告或每次親自拜訪客戶，都應該提到如何取得你的產品。請用簡單扼要的方式教育潛在客戶，接著挽著他們的手（象徵性的說法），告訴他們接下來應該採取什麼樣特定的行動。

　　假如你販售的是衝動之下才會購買的商品，或是限時販售的商品，請告訴你的潛在客戶立刻聯絡你。不要用過於抽象的方式告訴他們，若是透過電話行銷，請叫他們拿起電話撥打某個號碼。

　　每個人的心裡都默默希望有人領導，他們大聲吶喊著，想要進一步瞭解某個企業的產品或服務。當你教育客戶的同時，就能看到獲利大幅增加。

　　請想想自己的經驗。購買或考慮一項產品或服務時，無論是替自己、替家裡、替家人、替公司購買，或是買給別人當禮物時，你對該品項的瞭解往往不如自己預期的多。若是對某項產品有未解的疑問，掏錢購買的可能性就會降低。

　　然而，某家公司或是業務人員主動花時間，以客觀的方式告訴你某項產品的資訊，而那項產品正是你打算購買的物品，就能獲得你的信任與青睞。

　　你希望能獲得教育的反應一點都不奇怪。**教育是強而有力的行銷技巧**。教育你的潛在買家，讓他瞭解一切（包括產品或服務的少數缺點，或是較不具優勢之處），就能讓兩倍於目前的客戶買單。

教育大家欣賞你傳達的價值

　　教育大家，讓他們懂得欣賞你的產品與服務的價值。不可能無中生有就突然體會到某項事物的價值，除非有人告訴你，否則就無法體會。說到行銷，很多人會忘記這一點，這會讓他們損失好幾百萬元！

　　許多人經常要我解決公司的問題，我能讓公司出清過多的存貨，或是刺激顧客購買某些銷售得不好的產品或服務。

對顧客說實話

　　我該怎麼辦？我有什麼秘密？答案再簡單明顯也不過，說出來保證讓你大笑。我要客戶對他們的顧客與潛在顧客說實話。

　　例如，假如你有九千件物品困在倉庫中長達六個月，讓你有九萬美元的資金卡住不能動，卻沒有人要買那些東西，那麼，請你透過書信、平面廣告或電視廣告，讓你的顧客與潛在顧客知道：

1　你有那些物品大量庫存。

2　那些物品的好處為哪些和哪些。

3　你有興趣零售那些物品。

4　那些物品的品質、結構、維修服務、性能標準為何。

　　接著告訴大家，其他零售商或大盤商通常會以何種價格販售這項物品，或是類似的物品；並且告訴他們，你願意開

出的什麼樣的單價或量販價。接著告訴潛在顧客，為何你能以如此低廉的價格販售這些物件，請告訴他們真正的原因，只不過稍微修飾你的說法。

例如，對潛在客戶說實話，說你的倉庫有九千件貨品，旺季已經過去，要到明年秋天才會再遇到旺季，因此你願意以成本價、甚至是低於兩成的價格售出。不過，這麼說的時候，請你務必加上一些修飾詞，像是：

「但是，我們只針對貴賓提供這樣的價格，以感謝您的支持。」或是：「但是，我們僅針對首次購買等量其他產品或服務的新顧客，提供這項優惠方案。」或是：「我們只針對購買（某樣其他特定產品）的顧客提供這項優惠。」

很重要的一點，事實上是超級重要的一點，就是除非你先教會顧客與潛在顧客瞭解某個價值或優惠的好處，否則他們就無法瞭解或體會。

僅僅以特定價格（即使是最優惠的價格）提供某項產品或服務，根本無法讓大家感到興奮或是有所回應。必須告訴大家能獲得什麼，而相較於其他產品或服務，你的產品或服務有何價值，為何你能具備這種價值。這種方式適用於各種問題。

當你的公司發生問題時（假設你已經收了某項產品或服務的費用或訂金），卻出了某些差錯，讓你無法完成服務，請不要遲疑，立刻承認自己搞砸了，否則無異是讓你的清譽掃地。請務必坦誠以對，打電話、寫信或是親自拜訪顧客，告知他們問題所在。

　　請確切告訴他們你應該怎麼做，告訴他們無法完成服務的原因，並且讓他們清楚知道你何時能完成。

　　這就是關鍵所在。提供可觀的補償給他們，彌補對他們造成的不便。送他們小禮物的支出，遠低於被迫退費損失的利潤。你也可以提供折扣券給他們，或是退回部分貨款。

　　無論你提供的補償方式為何，請告訴他們，你為何這麼做，並且針對錯誤向他們致歉，感謝他們跟你做生意。誠實地向他們保證，你能夠也願意修正問題，而且能在某個時間之前改正，或是用某種方式改正。

　　對於教育功能的注重，絕不能少於你對事業其他方面的關注，這一點相當重要。這個建議相當好，也很容易執行。

將你的公司定位為業界專家

　　這裡有個呼籲你擁有的市場優勢。重新定位你的公司，成為資訊中心，成為業界專家，業務量就會因此大幅增加到讓你驚訝。

　　首先，請做點作業。閱讀手邊現有的資料，瞭解業界的潮流與發展，以及未來的展望。

　　你可以請人替你寫一本書或報告，在參加記者會和商展的時候發送給大家，免費分發給想要索取的人，或是免費／販售給書店老闆。

　　聯絡各家書店，讓他們販售你的出版品，販售所得歸書店所有，目的只是為了展示書籍。如果那是一份報告書，那就免費贈送給大家，或是讓他們自行販售獲利。如此一來，

就能獲得免費的宣傳，唯一的費用是撰稿費與印刷費。

你可以在當地的各個研討會發表研究結果，無論是免費研討會或是費用不高的研討會，都可以多多參加。也可以跟其他業界非競爭對手的專家合作，他們能夠提供免費的產品或服務，共同籌辦研討會。

例如，你是會計師，可以跟財務規劃師、律師、管理顧問合作，舉辦企業未來如何增加財富的研討會。

你可以花錢購買廣播時段，做個半小時的節目，也可以成為各類組織機構會議的專題演講人。你可以開始固定在機構內（或餐廳內）主持早餐或午餐會議，討論自己擅長的主題，也可以宣傳自己和自己販售的產品。

事實上，你可以打電話給電台，免費上他們的脫口秀。

這麼做也跟你在企業內形塑個人的風格有關。若是成為各方公認的專家（這需要幾年的時間），讓顧客有信心，這就塑造了品牌。

換句話說，品牌認知的力量十分強大，能自動為你和你的產品帶來顧客。其中一種明確的做法，就是採用你的名字做為公司的名稱。

例如，我喜歡「哈利大衛汽車」這樣的名稱更甚於「第四街汽車」，也可以在廣告和行銷文件上加入自己的肖像。不過，如果讓自己成為名人，最好從頭到尾都提供絕佳的服務與品質，否則負面口碑很快就會讓你聲名狼藉。

發送新聞稿

　　開始發送大量新聞稿，就會接到記者來電。設立當地、地區、全國的電話諮詢熱線，並準備免費提供訊息的語音服務。語音播放結束時，請加上：「如果您想獲得更多資訊，請改撥這個電話號碼，將有客服專員為您服務。」

　　你也可以逆向操作，設立付費諮詢專線，讓撥打的人認為自己能夠獲得寶貴意見，其實那正是你想要推銷的內容。設立專線的成本不高，也是一筆小小的獲利來源。

　　每一項生意都有數不清的機會可以教育客戶。

　　例如，證券公司應該教育潛在客戶，讓他們瞭解公司的服務內容、可投資項目、財務方面的強項，以及公司為了協助客戶而聘請的研究人員數量、特殊的員工以及其他有趣有幫助的事實。

　　除了標準的研究報告之外，應該也要準備相關書籍與報告，教育並鼓勵客戶投資股票與債券。

　　他們應該準備一本書給大戶，書名為《如何管理你的共同基金》；或是準備一本書給散戶投資人，告訴他們為什麼應購買共同基金，卻不該自行管理。除此之外，可以重印上千篇有趣的文章與書籍，免費發送給客戶，做為吸引潛在客戶的方式。

　　你或許知道，要透過電話行銷人員成功替證券公司行銷相當不易，或是在接電話的前三十秒內，某個厚臉皮的人就詢問了深入的理財問題，實在令人相當難堪。然而，假如我主動訂購他們的免費書籍，就會主動閱讀其中的內容，這就

是人性。

這裡有個小故事,說明上述範例如何奏效,同時也會加入其他有效的策略。

我要說個自己在1980年代最成功的故事,也就是和罕見投資公司(Investment Rarities, Incorporated)合作的案件。

1978年,我首次與罕見投資公司的人碰面。我在前一份工作時,負責銷售培養領導力的課程給財務公司,因而接觸到他們。罕見投資公司是一家小公司,卻是在我的潛在客戶名單之內。

我還記得第一次透過電話跟他們接觸的情形,他們的總裁非常誠懇,卻完全不注意任何重要的行銷策略。

儘管如此,罕見投資公司卻只透過知名財務通訊出版公司的轉介,就讓旗下開設的小證券公司大發利市。

透過「提供教育」達到「為自身利益服務」的行銷

不過,我大力要求罕見投資公司說明,他們收到潛在客戶名單時會怎麼做,聽到的結果讓我瞠目結舌。他們會郵寄一份為自身利益服務(而非提供教育)的銷售資料,當中充滿了推銷台詞,卻一點都無法打動客戶。如果對方沒有立刻買單,他們就放棄那位潛在客戶,之後再也不會向該客戶招攬生意。

一開始我還難以置信,但後來就隨機應變,想出一個策略給罕見投資公司參考:

首先,我將整體的公司重點放在合理且「明顯」的想法

上。我仔細地向罕見投資公司說明，如果有人對他們公司有
興趣，主動打來或寫信來瞭解更多資訊，他們一定要進行後
續追蹤。

接著，我草擬了全新的教育資料，供人索取或贈閱。

之後，我撰寫了詳細的個人感謝函，與教育資料一併寄
出，信中主要內容為提醒來函者可聯絡罕見投資公司，以瞭
解更多有關黃金、白銀、罕見錢幣等投資訊息。

接下來的內容就是淺顯易懂且深具說服力的入門介紹，
說明了相關主題，並提醒潛在客戶在決定開始投資時，應謹
慎小心、保守為上。

信中最後，建議潛在客戶先與貴金屬專家（我絕不會稱
他們為經紀人）討論，說明自己的期待、恐懼與動機，然後
再出手投資，無論他們是否跟罕見金屬公司往來皆是如此。

如何吸引大批群眾

在此之後，我擬定了一套長期策略，以大幅增加罕見投
資公司客戶的**邊際淨值**。擬定這項策略的原因，是深知其他
所有競業的貴金屬公司都希望客戶購買越多越好，掏光他們
的錢財之後，就不再跟他們往來。

我決定將罕見投資公司定位為長期奉獻且關心客戶的券
商，將客戶獲利擺在第一位，更甚於公司獲利。

為了達到這種**獨特銷售主張**，我替業務人員樹立全新的
行銷哲學：不要強迫客戶大量購買，而是先賣一點東西給客
戶就好。先讓新客戶購買一些黃金，接著再買白銀，之後再

買稀有錢幣,然後再增加黃金的持有量等等。

這種耐心長期等待客戶投資的專業方式,迅速獲得大量新顧客青睞,迅速讓罕見投資公司的銷售金額飆漲至五億美元,再訂購因素高居業界第一。

當然,這並非全是因為我剛剛說的基本行銷策略,還有一些其他「操作手法」也功不可沒。

例如,我們發現一名潛在客戶之後,就會進行一系列後續追蹤與教育(絕對不要強迫推銷),並且寄出罕見投資公司總裁署名的相關資訊信件給他們。有時候,一個月會寄出超過二十萬封信件給顧客與潛在顧客。

我替每個類別設計了群組信件,顧客、白銀相關諮詢、黃金未來展望、罕見錢幣兌現金額等等。透過寄出更多教育指導信函,一步步增加現有與潛在顧客的知識,加強他們購買的動機。

我們絕對不寄出只有推銷內容的信函。

我建議罕見投資公司購買各種令人印象深刻、深受推崇的文章,內容既寶貴又客觀。我們大方地免費發送這些資料給有興趣的人,不久之後,成千上萬前來索取資料者當中,成為顧客的比例超過7%。

光靠一兩位大客戶,我不相信能撐起整家公司的業務,這樣會讓公司的結構岌岌可危。所以,我大幅拓展罕見投資公司的客群,也擬定了轉介/背書計畫,讓幾家財務通訊出版公司定期為罕見投資公司背書。

任何人購買前必須先接受教育

同時，我舉行了豪華的免費研討會，會中並非由罕見投資公司的內部人員擔任專題演講人，而是重金禮聘知名經濟學家與暢銷書作家擔綱，成功吸引了數千名與會者。

此外，我也擬定詳細的後續追蹤計畫，鎖定交叉銷售、跨界整合、預售、再銷售顧客、潛在顧客、可能成為潛在顧客者。

我們賦予罕見投資公司的特色，就是要求任何人購買之前，都會先接受教育。

這是強而有力的技巧，但是很少人使用，因為大多數人不知如何使用。

我們會購買報告供人閱讀，也會購買操作手冊和他人出版的通訊。我們會免費提供入場券，供客戶參加昂貴的研討會。我們會說：「**好好學習吧！等您學會之後，請打電話給我們，我們會回答任何問題，仔細地對您打開天窗說亮話。**我們會讓您避險，會直接說明，無論是否賺到您的錢，都會客觀地為您提供意見。」

將他人利益置於自己之前，實在相當罕見，這暗示著他們一定好到不行。他們必定相當誠實，值得信賴，提供的價格也相當好，因為他們肯定擁有足夠的自信，才能不收費就先教育你。

教別人懂得欣賞自己販售的商品，通常就會把單次消費的買家變成長期客戶。

大家都渴望獲得認同，希望有人說自己很重要。請教導

他們，但不要讓他們覺得自己笨，然後引導他們採取行動。你相信嗎？其實你必須告訴大家自己希望他們怎麼做。

告訴他們接下來該怎麼做。「我已經認可了您，您相當重要，您的需求更甚於我的需求。我們教您懂得有關產品或服務的事情，現在輪到您了。假如您聽起來覺得有道理，就親自試試看吧！」

提供令人無法抗拒的方案

「到我的商店裡看看吧！您可以買件家具，享有三十天試用期；如果不適用或不舒服，如果產品不夠好，我們願意回收。」但是，請你務必付諸行動，提供這個讓顧客無法抗拒的方案。

金融業引人入甕的方法相當簡單：提供一種合法卻令人難以抗拒的方案，給予其他人無法提供的價值，或是更大的折扣、更多的紅利、更好的保固，給他們無法抗拒的誘因。

你說：「假如您訂購，我能提供價值一百美元的某樣物品給你。如果品質不如預期，可以全額退費，但是東西就麻煩您留著。」這種技巧適用於任何行業。當然，一定會有人想占你便宜，但是會這麼做的人不多。

我們現在提供相當吸引人的方案，是不公開的報價。這也就是說，我們以100美元的價格售出某樣物品。如果你不喜歡，我們會退你120美元。大家會說：「我的天啊，你會賠到脫褲子！」

同樣地，當然一定會有人想要占便宜；但整體而言，這

樣的方案實在相當吸引人，能讓那些平常不會回應的人採取行動。然而，產品若是沒有這種價值，如果不是高級品，或是你無法兌現承諾，賠錢就是罪有應得。

要做出這樣的承諾，無論定價如何，你提供的都必須是品質優良的產品或服務，不論價格高低都一樣。**不過，如果產品無法符合大家的期待，那很抱歉，你賠錢活該。產品的品質相當優良，就能大幅提升顧客回應的機率與銷售量，這是因為你能避免顧客遭受任何風險。**

先發制人行銷法讓顧客先想到你

先發制人行銷法是所有行銷方式中最有威力的一種。**假使原本沒有人採用這種方式，先在該領域採用這種方式就能擁有勝過對手的絕對優勢。這種方法既簡單又威力十足，只要花時間向顧客或潛在顧客解釋企業的傳統製成工法即可。**

最經典的例子，就是施麗茲啤酒（Schlitz Beer）。大約在1919年，他們仍是市占率不高的品牌，原本排名僅為十至十五名；然而，在我景仰的知名行銷策略專家霍普金斯出手相救之後，立刻就讓市占率大幅躍升。

他進入該公司之後，第一件事就是瞭解啤酒的製程。瞭解啤酒釀造過程並巡視整座釀造廠之後，他發現施麗茲酒廠座落在密西根湖畔，儘管擁有取之不盡的水資源，卻依舊在湖邊鑿了五座深達四千英呎的井，以獲取較為純淨的水。

接著，廠方給他看酵母菌的母細胞，告訴他這是廠方進行了兩千五百次實驗之後，才找到這種能夠產生適當風味的

精華酵母。然後帶他參觀這間特別的實驗室，並且告訴他實驗的詳情。

後來，他們又帶他參觀五間三呎厚玻璃建造而成的不同房間，啤酒就在這些房間中進行濃縮、再蒸餾、冷凝等淨化過程。他們告訴他，品酒師會試喝五次；也指出沖洗酒瓶之處，告訴他酒瓶總共要在此沖洗十二次。

「說出你的故事！」

最後他覺得相當不可思議。他說：「天啊，你為何不告訴大家釀造啤酒的過程？」

他們說：「啊，每一種啤酒都一樣啊，啤酒就是這麼釀造的。不是只有我們這樣，釀造啤酒本來就是這樣啊！」

接著他說：「是啊，但是第一個將這件事告訴社會大眾的人，就擁有先發制人的優勢。」大約六個月的時間，他就讓這款啤酒榮登市占率第一。

我也替許多人做過同樣的事，就是把實情說給他們聽。假如你賣衣服，可以告訴他們總共縫了28次，是一般值的三倍，接著還有14人負責篩選品管之類的。假如是染色織品，就告訴他們染了四次，染料來自歐洲，你能用的只有一種。

一定要率先將某些事情告訴一般大眾，即使每一個競爭對手都做同樣的事，但只要大家都還不知道，聽起來就像是重大消息。

只要告訴大家，你做了什麼事，即使那些事情是你跟競爭對手都視為理所當然的，一般大眾也不會視為理所當然。

因此，他們會認為你是第一個為他們這麼做的人。

若是不主動說明，大家不會知道你為他們做了什麼。這是一件相當微妙的事情。假如你從一百家廠商的一百個樣品中挑出三個值得販售的品牌，卻都不說，大家又怎麼知道你做了那麼多事情？

除非主動告知，否則大家都不知道你做了什麼；但是，這樣做的時候，必須手段高明些。我認為，大家應該努力比別人多付出一些。

假如你用創新的手段做這件事，自然會成功。

你可以提供較長的保固期，也可以在消費者購物時提供其他人沒有的贈品；而在顧客要求退費後，仍可保留贈品。

我想，大家都應該要提供令人無法抗拒的方案。你要做的事情，就是讓你的產品名列前茅，讓大家購買並且試用。如果無法發揮作用，如果螺絲不是品質最好，沒有辦法固定你的房屋，那就退貨吧！

讓我用下列故事說明教育與指導的重要性。

有一對夫妻去了倫敦的美術館，付了五英鎊購買展覽型錄。他們走到畫廊的第一條走道，環顧四周，看見大師的作品非常感動。他們認識那些畫家，有雷諾瓦、林布蘭、高更等等。

他們轉彎之後，看到一些可怕到極點的壓克力壁畫，上面塗著迷幻的螢光漆。這些畫作並未列在型錄裡，完全找不到。這對夫妻嚇壞了，急忙離開，繼續欣賞其他大師的傑作與雕塑。

但是，走到了美術館盡頭，赫然發現那幅他們討厭的畫作寫著一些數字。仔細一瞧，那是該藝術家僅有的四幅畫作之一，其中兩幅在巴黎羅浮宮，另一幅在大都會美術館。該藝術家花了22年才完成這幅畫，他被視為此類畫作的大師。在羅浮宮的兩幅畫作價格高達四百六十萬美元，剩下那一幅的價格則是三百二十萬美元；至於倫敦這一幅，則是館方剛以四百萬美元購得的。

那對夫妻立刻跑回去欣賞那幅壁畫，現在他們學會欣賞那幅畫的價值了。

你必須知道，如果不說明，大眾不會懂得欣賞。假如你告訴大家，自己身上的襯衫是唯一由某種材質製成，染料由巴基斯坦空運而來，請裁縫師從香港搭飛機來替你量身製作等等，就能透過教育別人，讓他們瞭解價值所在。不要以為大家自動就會瞭解你的產品或服務，你必須要教育他們。

我要說的就是精簡與邏輯而已。所有人都想獲得資訊，如果你告訴他們資訊，並且坦承以待，即使並非每次都能讓你獲利，卻已經讓大家知道你很可靠，大家願意聽你說話。

大家都想知道如何改善現況，那就請你替他們回答一個問題：不跟別人做生意，選擇跟你做生意有什麼好處？如果你能回答這個問題，就能雀屏中選。

教育、教育、再教育你的顧客

教育你的顧客，向他們說明複雜的產品或服務，讓他們瞭解你的產品或服務能帶給他們哪些好處。

銷售高端產品或奢侈品時，必須小心處理價格問題，但是一想到自己能提供的價格，心裡就會覺得掙扎。你無法避免提及價格，那正是99%客戶會考量的問題。然而，若是要扭轉劣勢並轉換為優勢，可以著重在產品的特色與價值，並且強調他們所能感受到的莫大價值。

以下是簡單的範例，可供家具經銷商使用……

XYZ客製東方地毯為精選上品
每一件都是獨特的藝術傑作

布料由傳統家庭紡織廠的匠師織成，仍維持百年來的傳統，以手工織造。每一碼布料都含有X呎蠶絲與其他天然纖維線材，織就精準複雜的藝術圖案，縷縷到位。刺繡亦由同樣追求完美的匠師監製，打造精彩絕倫的織毯。

該地毯工廠每年只生產四千五百碼手工編織、手工刺繡的地毯，經由專人嚴格檢視品管，為一般地毯密度的四倍，一整年僅能生產X張地毯。本公司包下該工廠五月的產能，歡迎您洽詢客製圖案的地毯。若是無法耐心等候三個月，無法支付相當的價格購買獨一無二的經典藝術品，無誠勿試。

教育你的顧客，告訴他們「原因」

教育顧客，告訴他們多數人行銷的缺點。

同樣地，在你自己的事業，或是與孩子、配偶、廠商、同事、員工相處時，這種方式都能讓你擁有最佳的機會、優

勢與影響力。

在這段過程中，你可能會發現自己的定位以及獨特銷售主張。

主動傳遞你的訊息若是對你有利，主動權就掌握在你手中，而非他人手中。**能不能讓訊息盡量簡單、直接、淺顯易懂，並且獲得他人的信賴，全都掌握在你的手中。**

以下是近乎相同的直接行銷狀態，結果卻迥然不同，一位成了輸家，另一位則成了大獲全勝的贏家。

幾年前，我認識一名野心勃勃且以客戶為尊的直銷商，以低廉的價格販售商品。他認識一位高階廣告文案編寫人，負責撰寫直銷文案。兩人都是優秀的文案編寫人。

一位熟知後端的運作，成為我的良師。另一位則不是。

大量獲利在後端

那位沒成為我良師的編寫人，其實既主動又充滿創意，但是完全不瞭解後端。蘇聯鑽剛剛問世時，他提出了一種想法。他在《洛杉磯時報》刊登滿版廣告，寫了一篇可讀性相當高的廣告；但由於他是傾向前端的人，因此完全不在乎後端，而是直接開疆闢土。

第二位朋友（後端專家）也對這方面有興趣，於是坐下來開始撰寫蘇聯鑽的廣告。他替公司取了一個非常天馬行空的名字，所撰寫的廣告其實沒有前一位來得好，但是同樣在《洛杉磯時報》登了滿版廣告。那篇廣告其實沒損益兩平，因此，實際上他是稍微處於下風。

不過，他卻沒有因此感到懊惱。我朋友不僅沒有排斥這種做法，反而決定向更有錢途的地方邁進，改變遊戲規則。

寄出買家花了39美元購買的兩克拉散裝蘇聯鑽包裹的同時，他附上了一封信，內容大致寫著：

「我們很高興提供散裝寶石給您，您注視著寶石時，會發現兩件事：首先，這絕對比你想像中更燦爛奪目、閃閃動人；其次，你會發現寶石小了一些。這不是我們欺騙你，而是因為蘇聯鑽的密度比鑽石還高，也就是較小的寶石具有較重的重量。」

「當你看著寶石，若是覺得比你想要的寶石還要小，我們願意讓你用原價換貨。更重要的是，不論你想要保留手上的寶石或是換貨，我們都要事先提醒您，如果您前往傳統的珠寶店，想要把它鑲在戒指上，或是做成一副耳環，可能都所費不貲。」

「由於之前一些散裝寶石買家要求我們提供配套方案，因此我們排除萬難，提供了鑲嵌在14k、18k、22K金底座的五克拉、十克拉蘇聯鑽鍊墜或耳環等等。我們很樂意以廠商提供的定價販售給您，價格約為傳統珠寶店的一半，但我們建議您先自行詢價。如果您想要型錄中任何一款鑲鑽飾品，我們很樂意提供這個機會，讓您的投資價值倍增。」

一位朋友僅將整段過程視為一筆交易，另一位則僅將這段過程視為開發潛在顧客的計畫。視為交易的朋友，生意起起伏伏，賺了錢又賠了錢，最後一無所有。融入後端概念的朋友，在市場飽和之前，賺了兩千五百萬美元，之後才將公

司轉售給他人。

後端行銷可以說是瞭解需求的有力機制。我們談的是教育，但是你必須不斷重新教育自己，各方面皆適用這一點。

不論你做什麼，只要多向大家說明產品創造製作的專業過程、原理、成分、技術、努力與差異，就越能突顯你的產品，讓你的產品獨一無二。

未告知顧客背後的原因，實在是罪不可赦。解釋得越清楚，大家就越信任也越瞭解你。我保證你們當中有些人之所以閱讀這本書，是因為我費盡氣力告訴你們可以得到什麼，以及為何可以獲得這些。

你會經歷的一切，都是意料中的事，因為我早就預言過了，是我一手規劃、操作、在心理層面運作的結果。我跟你說過我要這麼做，結果確實大幅改觀，不是嗎？

基本上，你要尊敬自己。你不能害怕教育別人，他們才能同樣尊敬你，就這麼簡單。原因就是：越是清楚告訴大家這麼做的原因，你的主張就越有力、越成功，大家就能更瞭解基本原理，或是你瘋狂的方式；也會讓你不論提供什麼方案，或是用哪一種方式提供，他們都會感到越來越自在。

當你做了與眾不同的事情時，更是如此。大家必須瞭解背後的原理，才會採取行動。如果你提供折扣，最先面對的問題往往是：「那是不良品嗎？」「為什麼可以這麼做？」「為什麼這麼貴？」「為什麼這麼便宜？」「為什麼我現在要買？」

買家的抵制心態相當強烈，如果你提供他們購買的合理

理由，他們就會接受。

請切記，大多數人會用非語言的方式表達「向我買而不要向他買」；但是，他們都忘了一個很重要的詞，就是「因為」。這個「因為」不能是「因為我想要你的錢」、「因為我想讓金庫滿滿」，或是「我有很多帳單要付」。

「因為因素」的具體範例

「因為」因素是什麼？以下就是良好的範例：

一家賓士經銷商寄了一封信告訴老顧客，銀行要撤回貸款，不願續貸，因此他們必須轉型清倉。這封信讓他們的銷售額在一天內就達到一億零五百萬美元。

行銷時，必須字字有所本；即使看來像是在說假話的時間只有半秒鐘，依然會完蛋，所有的正能量都會離你和你的產品或服務而去。只有當你恢復說實話之後，大家才會回到你身邊。

誠實地操作時，大家不會介意；但若是用不誠實的手法操作，能量就會朝反方向流動。大家時時刻刻都在檢驗你的可信度，誠實可靠時，商品就能大賣，否則就相反。誠實以對，就不會因為使用過多行銷手段，造成前後不一或事後後悔的問題。

別忘了誠信，小訂單也不例外

加州有一家高級連鎖超市「喬氏超市」，他們的廣播廣告相當與眾不同。

那個人說：「聽著，我們做這些事，我們是這麼做的。我們發現一個好機會，可以從法國買到一貨櫃特別的卡本內葡萄酒。假如我們還購買其他東西，就能用極優惠的價格購買兩櫃東西，所以我們就這麼做，並且分享優惠給你。」他們聊了一下酒，並且提到價格相當合理，真的很不錯。最後他說：「謝謝您的收聽。」

真是了不起的廣告！怎麼說呢？**內容可靠，沒有誇大的內容，而且打破你對廣告的成見，因為你聽這個人說話就像在聊天，就像在跟他對話。**

一談到大家討厭提及的價格問題，大多數人都會避而不談。你必須瞭解產品或服務如何產生更好的成果與獲利，在更短的時間內做更多事、更有生產力等等。

你必須瞭解以上這些事情，知道其中的關係，才能明白它們對顧客有何價值。如果你讓大家知道某樣東西最少值一千萬美元，而你想開的價格為五千美元，就可以說：「我大可以提高價格，提高到開價的十倍；但我覺得那樣做很不厚道，因此決定維持最低價五千美元。」

若是不知道這些問題的答案，就不知道顧客向你購買的理由。除非你仔細分析當中的細項，並且反覆斟酌，否則就無法得知真正的原因。

有時候，你必須追溯自己做了什麼，其他人做了什麼，或是你產生了什麼。這些將會影響決策者，他們會根據許多方面的價值做出決定。

很可能是金錢方面的價值、增加的生產力，或是顧客滿

意度，也可能是各種其他因素。除非你知道，也只有在你明白之後，才能讓客戶感到滿意，並且看見關聯性，否則他們不可能會掏錢投資你的服務或商品。

你必須詢問曾經跟你擁有完全或部分相同經驗的人，可以評估這些經驗，或是協助他們進行評估，讓他們評價自己的投資。

如此一來，你就擁有參考的基準，可用來強化你對自身價值的信心，展現那種價值。基本上，所有購買的決策（除了透過電腦購物之外）都取決於情感，你必須強化這一點。

圖表一目了然，大家就會明白你說的情境。若是不清楚自己可以為他們做什麼，你可以說：

「除非仔細查帳，個別分析對服務反應最好、最適用、獲益最多的領域，才能瞭解我的服務能帶來什麼差異與整體結果。因此，我願意免費進行價值三千美元的查帳；唯有如此，我才能知道可以為你們帶來什麼影響。我認為，替你們做到這一點才稱得上公道。」

你必須在各個領域花更多時間，清楚說明原因或原理。這是業務中重要的一環。即使客戶認為他們已經瞭解一切，偶爾還是必須向他們說明背後的原因。

增加大眾對產品或服務認定的價值

教育客戶越多，「價值的認定」就越容易發生。

不論你做什麼生意，都可以教育客戶。

教育客戶，讓他們瞭解製程，瞭解你有多麼與眾不同，

需要花費多少時間進行教育、生產與製造，產品具有何種成分與結構特性；必須去多少地方、研究多少東西、雇用多少員工、投入多少技術成本與設備開銷；產品的精準度、性能表現、適用範圍為何，以及在生產前進行了多少研究。

告訴顧客產品或服務能達到什麼結果，帶來什麼好處，事前投入了哪些，顧客就會認為產品的價值越高。

有多少生意人未曾將產品或服務背後的原理告訴客戶？他們會認為：「我這個業界的每個人都是專家，大家都知道我銷售什麼，都知道這是什麼東西以及背後的原理，也知道價格。所以，基本上我什麼都不用做，站在這裡做做樣子、發傳單給他們就行了。事實上，我只要等他們打電話來，讓他們做所有的工作就行了。」

或許還有其他方式，你可以教育他們，告訴他們一項產品的價值勝過另一種，某個選擇勝過另一種，你替他們做的勝過別人所做的，如此你在談判桌上就夠先發制人。只要你稍微採取先發制人的態度，品質比別人好一些，服務比別人好一些，這樣還無法與眾不同嗎？

即使販售的是商品，看看能不能結合不同的服務元素。販售商品的同時，提供你能負擔的服務，或許就能賦予先發制人的優勢。看看你能不能融入這一點，將它列入你的待辦事項中，成為你能採取的另一項行動。

販售商品的同時，忘記或向來不知道必須教育客戶、解決業務問題，是行銷方面的天大錯誤。你不能只是想到降價而已。

假設我打電話對你說：「想要買我的法拉利嗎？只要十一萬美元就好。」你會答應嗎？

透過教育加深顧客的渴望

如果我打電話對你說：「我有一輛法拉利，是628款，全世界限量五輛。那是四年前出廠的車，剛推出時要價一百萬美元。後來價格跌到了大約五十萬美元，但是那輛車的標準配備是六汽缸，我選購了十二汽缸的車款。現有的其他四輛車當中，一輛為科威特王子所有，另一輛為某國國王所有，還有一輛是美國第二大企業主擁有的（只不過，他使用過那輛車，我的里程表則是兩英哩）。」

「此外，車內還包含價值兩萬五千美元的選配內裝，由英國匠師打造，共使用一百張皮革才完成無懈可擊的內裝。噢，還有，原車配備了價值兩萬五千美元的烤漆，而我又花了十一萬美元在烤漆上。上一輛在四週前拍賣出去的車，成交價為二十八萬美元。您有興趣買嗎？」

我要說的重點是，教育你的顧客，讓他們瞭解潛在的價值，以及為何可以用低價出售之後，顧客想要該產品的渴望就會提升了。因此，建議你採用這種方式，而非僅僅提出單面向的優惠方案。

對於自己所做的事情，大多數人都相當封閉，不清楚他們的銷售對象其實無法瞭解產品的既有價值。

若是出現以下這些情形，就表示你犯下了這個致命的行銷錯誤。其中一項是你或你的公司員工四處走動說：「噢，

我們所有的顧客都知道。」「他們不在乎這個。」「大家都知道這件事。」「對他們來說，那不是重點。」或是：「我想，這不證自明，你不用提那件事。」

嗯，或許你的顧客確實知道，但是顧客以外的人呢？為何這些人不是你的顧客？很可能是你的顧客都不知道，你卻以為他們都知道。

只有透過你自己與核心人員教育大家，更尊重自己所做的事情，才能辦到這一點。換句話說，如果大家只將某樣事物視為商品，就只能當成商品來販售。

若是將某樣物品視為偉大的發明，既耐用又不會出錯，就能輕鬆賣到三倍的價格，因為商品的設計者已經設想過所有的問題，並且提出修正方式。例如，某樣物品是由一種特殊合金製成，硬度為十倍，防水程度為四倍⋯⋯。

沒有人可以肯定，卻有紀錄顯示該產品能運作四十年且不故障。製造商提供的保證是同類商品的兩倍，販售價格卻低了15%，這真是相當有力的說法。

大多數人都有這類故事，只是沒拿出來使用而已。你可以訪問製造商、供應商、零售商，瞭解當中的故事。

有時候，某些人會給你耗資兩億美元研發的產品，無論是金融商品、硬體產品、化學產品，都有可能。

他們可能實驗過各種配方，可能進行了十五年的實驗，你卻僅僅當成商品來販售，沒看見箇中價值，這實在是太可惜了。

除非你能採用沒有架子且有條理的方式分享給顧客，否

則他們無法欣賞你為他們所做的投資、教育與其他一切。

　　假如你不告訴別人，自己的產品能替他們做什麼，他們就不會知道。如果他們不明白產品的價值，產品就是一文不值。教育甚於一切！

　　請教育客戶，教導他們如何使用你的產品。你對他們的影響、教育和幫助越多，讓他們明白從目前所做的事情中獲利，就越是能夠獲得他們的青睞。

價值來自認定，而非只來自事實

　　如果你設計了一種很好用的捕鼠器，卻沒有採用任何方式促銷，那就等著窮困潦倒過一生吧！**若是不將產品的價值告訴他人，又如何期望別人會知道？你一定要告訴他們。價值的本質，來自於他人的認定。**

　　每個人都有先發制人的優勢，都可以將產品結構、成分來源分享給顧客，並且提供專業服務所需進行的教育，告知採購過程所經歷的一切。

　　想要做到這一點，最全面的方式就是，以尊重自己的方式來進行分析、判斷、規劃、評估與指認，透過鉅細彌遺的比較，說明你的產品或服務能替目前的顧客帶來何種真正的增值、獲利與正面結果，接著回去訪問你的顧客，請他們幫你一起釐清。除非真正瞭解這些，否則一切只是瞎猜；除非能夠找出價值所在，否則就不具有價值。

　　假使你發現，每次有人在第一年向你購買了一千美元的產品，就能省下相當於兩萬到三萬美元的成本；或者是，如

果他們正確使用，產能至少會提升15%，或是看起來會讓負債低於X，或是讓他們高枕無憂，知道不會發生某件事……除非你知道這一點，並且發揮到極致，否則就無法發揮全部的影響力，建構產品與服務的價值。

除非你教育客戶，告訴他們製程中納入的一切，或是你做了哪些努力以獲得相關知識，例如你的技術人員平均求學時間為十五年，每年耗費兩萬美元和五週的時間送他們去進修，或是員工當中有一位唯一的X博士……

你總是抽驗十五個產品，不斷地改良，現在已經是第七代，其他人還停留在第一代；假如你不說，你的顧客不會知道這一點，也不懂得欣賞。

大多數人沒有用正確的方式教育顧客，他們都以為，提供服務或製造產品中的種種元素皆理應如此。

我深信，越是經常提到產品或服務中融入的特色、組成成分、教育過程與關鍵因素，或是挑選所有製造商和供應商販售哪幾項產品的過程，顧客就越是懂得欣賞。

讓大家瞭解越多的經歷過程，就越是能夠發揮先發制人的功效。

何謂行銷？就是教育、產生或創造產品的需求。這通常代表著，必須告訴擅長比較的顧客如何區別你和競爭者的產品。雪佛蘭和凱迪拉克的差別為何？你可能知道，但他們可能不知道。兩者可能看起來相同，兩種產品外表相同時更是如此。教育顧客，告訴他們兩者之間的差別。如果你相信這一點，這樣做絕對值回票價。

業界的每一個人可能都會這麼做，但是你可以選擇當第一個向大家說明的人。

教育潛在顧客

我曾建議一家財經通訊出版商，要他們將成本與原因明確告訴潛在顧客。我教他們這麼說：

「為了出版這份通訊，每個月的固定支出為四萬六千美元。我們有一位執行編輯、十位撰稿編輯、十二位知名編輯顧問、六位全職研究人員、一位財經類圖書館員，以及兩位全職財經讀者，他們專心閱讀數百份鮮為人知的出版品，以搜尋所需的資訊。」

「我們訂閱了四家間全球知名的電訊社、兩個全國資料庫。每個月實地調查的差旅費超過一萬美元。」

「之所以會有差旅費支出，是因為我們不會道聽塗說那些熱門議題，而是實際造訪該處，確認生產量正如股票發起人所言。換句話說，我們認真肩負起顧問的責任。」

你明白教育潛在顧客可以增加傳遞訊息的面向以及銷售的威力嗎？

除了告訴讀者，你為製造現有商品所做的一切，我通常也會要求大家比較自家產品與市售產品。這樣做也是教育潛在顧客的一種方式，省去顧客自行購物比較的麻煩。

我曾建議精品地毯商，要他們對潛在顧客說以下的話：

「我今天打過電話給布洛克，請他們針對接近我們X234的產品報價。他們每平方碼的價格為38美元，外加10.5美元

的鋪設費用，也就是總價為48.5美元。我們的X234含鋪設費用只要28美元。」

若是這樣做，潛在顧客哪有不感激這種教育的道理？

運用「白紙黑字的可見價值」進行道德賄賂

我最愛用的特殊促銷方式之一，就是「**道德賄賂**」，針對大家想要的產品或服務，提供令人無法抗拒的方案。例如提供一套書籍、教育訓練課程、手冊、藝術通訊，或是其他「非金錢的好處」，例如大家都想要的紅利等等。

清楚說明你的道德賄賂方案，讓你的潛在顧客都能清楚瞭解可以獲得哪些好處。

這可以讓顧客擁有「**相較於保證零風險更好的方案**」，因為即使在最差的情形之下，他還是賺很多，甚至還能要求退費。

道德賄賂讓我的顧客賺大錢

只要設計得好，這招向來都不會失敗。

靈活轉換這些促銷概念，以符合你的產品或服務，並且運用於信件、廣告、行銷文件或電視廣告上。

道德賄賂是我用來描述透過金錢價值大膽吸引顧客的方式，讓顧客無法抗拒。

令人驚訝的是，許多人未將道德賄賂融入自己的多元行銷活動中，藉此提高成功的機會。相當諷刺的是，大多數人沒做到這一點，是因為擔心這麼做會減少獲利，這實在是錯

誤至極的自私想法。

　　道德賄賂以極低的價格提供已知金額的產品、服務或兩者的套裝組合，加上合理的解釋，說明你為何能提供這樣的價格。

　　我促銷通訊訂閱時，用這種方式說明賄賂讀者的原因：通訊的收入來自續訂，所以我願意開出吸引人的價格，讓訂閱者知道我現在讓出大量獲利，除非他們續訂，否則隔年很可能不賺錢。

　　事實上，透過獲得翻印權以及大量訂購，整個紅利套裝的成本為20美元，通訊的成本為6美元。我以95美元販售的組合成本為26美元，但是價值為695美元。

　　你可以將道德賄賂運用在各個方面，但是，提供給顧客的整體價值不可過於低廉。請告知顧客真實的價值，並且清楚說明你能提供優惠方案的原因。

　　道德賄賂還可以進一步延伸。

相較於保證零風險更好的方案

　　即使客戶要求退費，也要讓他們保留最有價值的紅利或贈品。**即使顧客要求退費，當他們瞭解你的獨特銷售主張之後，未來還是可能掏出上百甚至上千美元購物。**

　　在標準方案之外，加上相較於保證零風險更好的方案，就能增加顧客的回應率或是從中獲得的利潤。

　　當然，這麼做必須多付出一些，但是前端回應會大幅增加二至三倍，就能彌補因為退費而增加的少量支出。

此外，藉由提供相較於保證零風險更好的方案，讓顧客即使要求退費也能保留最有價值的產品或服務，就能傳達你對產品的信心，相信產品的表現必定令人滿意。

顯然，若是經常必須自掏腰包支付這些退費，一定會慘賠。因此，**相較於保證零風險更好的方案，暗示了你的方案必定符合保證的內容。**

透過提供相較於保證零風險更好的方案來獎勵客戶，或是補償所造成的不便，最能彰顯客戶對你的價值。

每次提供一種方案，要求舉行特賣會、刊登廣告，要求業務人員對顧客或潛在顧客說明公司的價值主張，或是以特定價格販售產品或服務時，務必說明原因。

為何你能以低於競爭者提出的價格販售產品或服務？是因為你的固定成本較低，還是因為你大量採購？是因為你買零碼貨，還是因為你沒有提供全部的服務？為何你能提供這麼好的價格？

如果你的價格很高，同樣必須告訴顧客與潛在顧客背後的原因。你提供的是超高水準的產品嗎？你的產品明顯是由較好的材質製成的嗎？

你的產品比競爭對手的產品更持久、耐用度為2.5倍嗎？是手工製作的嗎？是耐用程度為兩倍，或是以手工縫製達到三倍的密度，還是你用純手工打造的產品、別人卻是用機器製造？

為什麼？

假使你的價格或包裝具有特別吸引人的價值，請告訴我

為何你能提供這樣的方案給我。

　　是因為我即將向你首次訂購，而這是提供給首購顧客的特別優惠嗎？是因為你購買了整套的所有或部分零組件，而省下一些錢，要跟我們一起分享這些優惠嗎？

　　還是因為你的庫存過多，消化速度過慢，想要換取更多現金，因此現在能夠也想要用賠錢的價格販售產品給我，因此提供產品或服務的價格遠比其他公司提供的還低廉許多？

請告訴我原因！

　　為何我要向你購買，而非向其他競爭者購買？請告訴我你正在做什麼，將要做什　，或是會避免做什麼，所以我跟你交易的好處遠勝過跟別人交易。

　　為何你的業務人員能比別人更妥善處理我的訂單？

　　請告訴我原因。

　　跟我做生意時，告訴我越容易理解、真實、可信、合理的理由，我就越能夠信服，越可能跟你做生意。

　　你曾經看過好到不真實的方案，因而讓你心生懷疑嗎？這是相當正常的反應，要避免這一點很簡單：務必告訴對方為何能提供這樣的方案。如此一來，不僅能令人信服，也變得真實許多，大家也越可能採取行動。

　　例如，你可能在淡季提供顧客高達六折的折扣。你不該只是提供這樣的折扣，何不告訴他們理由呢？「在我們這個業界，每年這個時候銷售量都相當不振，但我該支付的成本完全不會少。與其付錢讓員工無所事事，我決定提供六折的

折扣，吸引你們在這個時候囤貨，而不是等到旺季，那時我就會以原價出售。」

或是，你想要以一件商品的價格售出兩件商品。除了說明這個方案之外，何不進一步告訴顧客：「我們最近買了好幾車的商品，價格優惠到令人難以不買。但是，現在我們需要清出倉庫空間，以容納秋季新品。為了盡可能銷出貨品，我們鼓勵你大量購買，只要你買一件，我們就送你一件。」

讓大家知道「你的瘋狂方式」

如果你有問題，請跟大家說。

相較於讓貨品閒置在倉庫裡的成本，如果用成本或近乎成本的價格來銷貨的成本更低，請告訴大家。

如果為了獲取大家的好感，讓大家願意成為老主顧，再從之後他們的日常消費賺取利潤，請告訴他們。

如果你現在面臨存亡關頭，請告訴他們。

如果你做了錯誤的採購決策，採買了商店或該產業中滯銷的商品，請告訴他們。

若是無論如何都必須支付薪水給一群技術良好的員工，他們卻沒有積極工作，因為沒事給他們做。你找事情給他們做，多少補貼一些，總比他們無所事事還好，請告訴大家。

告訴大家越多你的瘋狂方式，你就越正直，他們就越相信你，越是可能接受你提出的方案。

告訴我越多事實，我就越支持你

請告訴我所有的原因。**你指出該跟你做生意的理由越真實、可信、可靠與合理，我就越信服，越想跟你做生意。**

撰寫郵件時，我會做其他多數人不會做的事：我會把秘密告訴讀者，告訴他們為何提供優惠，優惠的內容為何。接著，我會承認不知道這樣對他們好不好，所以他們訂購之後擁有不同的選擇；若是合用就留下，若不合用可選擇退貨。

大多數人在廣告中只會說「請向我購買」。如果某樣東西相當昂貴，他們不會說明昂貴的理由。例如某樣產品可能由多達十二倍的材料製成，擁有三倍的強度，並由現有最佳的材料製成。

以下為簡單的練習，能幫你鎖定「原因」：

- 列出六個單句的原因，說明某人應該購買你的產品或服務的原因。你必須要說明細節。
- 列出五個原因，說明你的產品為什麼能改善顧客的情形或狀況。

鼓勵你的客戶採取行動

現在，你要如何透過微妙的方式，引導潛在顧客採取行動？有時我們會懷疑自己的判斷力，或是懷疑做出正確決定的能力。憑藉自己的判斷就採取行動的情形相當罕見，決定購物之前，往往都想再次確認。因此，我們必須要用溫和且微妙的方式引導他們採取行動。

負起引導顧客採取行動的責任，你不僅同時做了生意，也幫了顧客的忙。在你的廣告中，別再認定顧客有辦法瞭解如何或何時該採取行動。

要求潛在顧客採取行動，現在就採取行動。確切告訴他們該怎麼做，現在就說清楚。**大部分廣告業主都忽略了這一點，往往讓他們損失了大筆生意。抓住簡單就能成功的秘訣吧，這是行銷策略中最強而有力的一招了！**

別讓這個重要步驟任憑顧客的心血來潮定生死，告訴他們該做什麼、怎麼做，為何現在就該這麼做，並且在每一張傳單中都要確實提及以上幾點。我必須一再重申，引導大家採取行動極為重要！以下是這樣做的幾個範例：

「如果您的壁爐壞了，別生氣。無論是幾點鐘，都請您拿起電話撥打555-1234。我們專業的客服人員將會幫您初步排除問題，並且立刻派遣維修人員到府服務。」

或是：

「您的地毯看起來死氣沉沉，聞起來有霉味；或是地板造成地毯出現斑點，沒有任何方法可以去除。請您撥打555-1234給ABC地毯清潔公司，我們將在24小時內到府服務。如果那是緊急狀況，我們可以在更短的時間內抵達。這是我們向來引以為傲的服務，但不僅如此而已。」

「我們提供無條件保固，目前的優惠費率為每平方英呎只需25美分，包含清潔後的防斑服務。如果您的地毯失去光澤，請立刻撥打555-1234。現在請您立刻行動，因為這個優惠只到（日期）為止。」

或是：

「因此，下次您要邀請貴賓共進晚餐時，歡迎蒞臨布洛德街的豪華肉市。我們的營業時間為早上八點到下午六點，週六照常營業。在這裡，您可以買到通常要到奢華餐廳才有的頂級肉品。」

「您會愛上我們的頂級牛肉，因為我們保證肉質一定瘦30%，多汁的程度提高25%，並且百分之百更加美味。只要事先來電，我們就能先行備妥您選擇的肉品，等您前來取貨。此外，只要您訂購50磅以上的肉品，就能免費送貨到府。」

「現在就採取行動，因為頂級牛肉免費送貨到府的數量有限，先訂購者才能先享受服務。」

或是：

「孩子需要裝矯正牙套時，您有許多『好的』牙醫可以選擇；然而，我提供的特別服務卻是您在其他地方無法享受到的。例如，我們提供您完全免費的初次諮詢，能讓我熟悉您與您的孩子，而您也可以熟悉我。此外，您也可以詢問各種問題，並且在辦公室與其他候診者及孩子的父母交談。」

「我會讓您看看附上照片的實例，讓您自行判斷我的矯正成果。我也很樂意延長您自由付款的期限，讓您不會因為經濟方面的考量，因而延後處理孩子的健康問題。」

「請您盡快來電，我的助理強生很樂意為您安排免費的初步諮詢，時間由您決定。傍晚與週六也提供服務，讓您擁有更多選擇。何不立刻撥打555-1234給強生呢？」

　　幾年之前，寶石相當流行，後來就退燒了。某家大型公司有大量的優質寶石庫存，當時進貨價格約為一百萬美元。他們想脫手時，卻沒人想買，即使降價也乏人問津。這讓他們相當難受，因為他們的資金全都卡在寶石上了。

　　他們來找我，希望能做最後一搏。我轉身直接對著聽眾說：「事實就是如此。我們花了一百萬購買這些寶石，若是趁市場價格高的時候賣出，可以用兩百萬賣給你們；如果你們向真正的珠寶零售商購買，很可能要付三百萬。現在，我們可以用批發價九十萬美元賣給你們，如果你們拿去珠寶店估價，他們會估三倍的價格。」

　　我一次推進一步，最後告訴他們：「如果想要寶石，可以花一萬四千美元就買到一年前要價兩萬美元的寶石。這是絕無僅有的機會。」

　　接著，我告訴他們該做什麼。我要他們打電話，廣告郵件上則列出這些寶石的說明。我說：「請選擇你覺得最適合的寶石，你可以打電話給當地最可靠的珠寶店，向他描述那顆寶石，問他購買這樣的寶石需要多少錢。價格若是沒有我們的二至三倍，就不用向我們購買；倘若確實如此，你可以有條件向我們購買。請拿著寶石去給你報價的珠寶店估價，如果價值沒超過我們的售價，可以直接來退貨。」

　　切記，教育你的顧客，他們就會對你言聽計從。

16

提供最佳方案

提供更大量的採購，組合不同的產品，利用價格增加吸引力，提出令人難以抗拒的方案。

在超市業界，像Price Club、Sam's Club這類折扣聯盟，對市場的衝擊有多大？一般超市往往著眼於少量購買，而這也是他們唯一考量的形式。

但是Price Club和Sam's Club卻知道，民眾願意透過大量購買來省錢。他們發現：「或許大家要的不只是一罐貓食，而是一整箱；他們要的不是一磅米的價格，而很可能是25鎊的價格。」

現在，如果你加入了其中一個俱樂部，必定知道進去賣場一次要買個十五瓶番茄醬、六十捲衛生紙、一罐超大的花生醬。我們真的需要那麼多嗎？當然不需要！只是因為價格優惠吸引我們，讓我們無法拒絕。

帶來數十億美元產業的現象

　　Price Club和Sam's Club藉由落實這個原則，每年大約賺進四十億美元。有人會利用大量購買而獲利，藉此大幅改變他們或你的整體獲利。

　　你該採用這種戰略嗎？如果你建議他們固定購買較大的容量、數量或是不斷購買，難道不該給顧客更好的價格或服務嗎？

　　這是心懷客戶最佳利益的另一種做法，他們知道將會獲得更高的價值或是更豐碩的成果。反正他們總是必須使用這種產品，而你也會在交易中納入避險機制，讓他們不會因為交易而減損價值或有所損失。

　　若是消耗量大的產品，你的利潤可能就會降低；但是，如果他們消費的頻率維持不變，其實你能賺到更多錢（必須評估這一點，因為如果你較常販售物品給大家，大家就會較習慣購買；但是，有些行銷方式卻只有在你的包裝夠大時才有利潤）。

　　這種戰略的經典範例隨處可見，在肥皂市場、寵物食品市場和速食業比比皆是。有時候，大塊肥皂可能比小塊肥皂更貴，但大家都以為尺寸較大代表利潤較低。

　　或是大家會以為購買了大瓶裝飲料的容量為兩倍，所以花出去的錢較為划算，但事實往往並非如此。

　　有時候，零售商不會貼出每單位多少錢的標籤，讓你以為買大包裝較划算；然而，有時候經濟包或是大包裝的每單位價格其實比小包裝還高。如果你消費時不夠小心，很可能

會多花冤枉錢。

提供更大的誘因與組合

假使你通常販售一令（五百張）紙，請改賣1/2籮或1/4籮的數量，這樣至少比只售出一令還好，對吧？假如你銷售每單位的獲利只有一半，但每次卻多販售36個單位，總獲利的金額或許高出許多，不是嗎？

你也可以讓顧客採用所謂的「另行通知」手法（「另行通知」或「直到取消為止」）：「反正都要使用這項商品，何不讓我們給你折扣，一次送三個月的數量給你，或是一卡車的數量，直到你要求取消為止？」

許多不具威脅性的簡單方式都能給予顧客購買更多的誘因，卻又不需要讓他們當下花一大筆錢。這些人未來甚至不一定會回店裡向你購買小單位的東西。

假如你鎖定一百個人，讓他們每個月都向你購買一貨車的東西，現在先給他們一點小折扣；不過，你知道當中有十個人可能貪小便宜，回家後就會取消訂單讓你賠錢，但是另外九十個人卻會繼續購買。透過這種小技巧，你的銷售量就會變成十至十二倍。

由於售出時間較長，因此必須拉高銷售的單位量；遇到這種情況，就請你重新包裝，改為大包裝的形式來販售。這很可能會改變你的目標客群，卻能讓之前無法存活的生意繼續下去。

相反地，如果同業市場都被大量販售鯨吞了，請你限制

包裝的大小。假如你的公司太小，進行許多小筆交易讓你賺不了錢，那就不必提供各種尺寸了，可以不要販售太小的尺寸，或是向想要拆開大包裝零購的消費者收取額外費用。

許多人不希望自己無法獲得折扣。對於那些保存期限短的商品，大家往往會購買小包裝；但若是用密封袋包裝，或許他們就會購買較大的數量。

為何包裝組合不限於產品

說到包裝組合的時候，請不要局限於產品，請把一切都納入。你可以包裝整套醫療服務，例如讓患者不僅接受醫療注射，而是接受整套檢查與篩檢等等。請從消費者的角度來思考這件事。

通常販售大包裝產品時，其實販售的是便利與服務。假如你發現有人將會使用或是需要比過去更多的某樣產品，能夠提升表現、產量與品質，就請你提供這樣的包裝。

針對超出的數量，可以提供更高的價值或更好的價格；如此一來，就能讓許多人下手購買。

你可以創造不同品牌風格的不同產品線（這就是「品牌化」，是一種防禦性產品銷售策略）。以「消化餅」為例，你可以生產極為便宜的產品線驅逐競爭者，或是創造中價位品牌，同時讓一部分消費者透過大量購買獲得優惠價格的同時，也能獲得較好的品質。這樣做能同時讓你的產品線生存下來，也能讓競爭對手屈居劣勢。

假如你的產品其貌不揚，請你選出當中兩個最好看的顏

色，標上較低的定價。然後，將吸引人的另一項產品放在旁邊，那項產品的利潤必須相當好，品質也和第一項差不多，讓消費者集中火力購買你想販售且利潤豐厚的產品。

提供更大的數量或更好的品質

你必須說明，如果他們能夠負擔，相較於品質較差的產品（但是避免批評那些產品），你的產品具有更高的價值，大多數人都會買單。

許多人不願意讓步，不願意提供折扣，因此猶豫不前。他們不瞭解這樣做能為他們帶來多少利益，你必須將眼光放遠，注意最終的成果，而非自己的讓利，否則很可能流失未來的生意。

但也有另一種可能，就是讓大家消耗產品的數量變大，他們就會更常購買。你可以試著使用80/20的法則，想必你希望擁有那些大量購物的20%顧客吧！

大多數人購物時都相當直覺，有什麼買什麼。如果你決定改變購物的單位，無論是最小單位，或是現存的包裝，就可以提高平均銷售單位。如果你平常將10個產品包在一起，或可考慮改為將24個包在一起，結果會如何？你的平均交易量就會提升。

請不要只提供一種版本的產品，應該提供三種版本：好的、較好的、最好的三種。「較好」可能是指品質與數量較好、較大的單位，或是組合包裝。例如一個是一千磅，一個是一千三百磅，另一個是一千六百磅。

　　請實驗這種「基本、較好、最好」版本的方式。這樣做的時候，請從「最好的」開始，因為這會使「好的」看起來相當便宜，平常不買的人也會出手購買。

　　此外，在乎品質或獨特性的人，至少會購買第二階或第三階的產品。若是分析邊際淨值，就會發現這樣做能夠大幅提升平均銷售單位，通常提高兩成至三成。

　　例如，倘若以1,000美元販售頂級西裝，顧客拒絕買單；提供650美元的西裝，他們同樣不買。但是當你提供350美元的西裝之後，就有許多原本不買的人都會購買，因為這樣的價格相當具有競爭力。

　　同樣地，許多不買1,000美元西裝的人會購買650美元的西裝，平均訂單金額即增加了四成至五成。

結合免費產品或服務，增加平均交易金額

　　我不斷提及適當的包裝對潛在顧客有何深遠影響。在夏威夷度假時，我發現這麼說其實還低估了真正的威力。

　　從最早吸引我去夏威夷的因素開始說起吧！

　　一家豪華旅遊公司提供了名為「豪華夏威夷」的絕佳旅遊套裝行程。「豪華」一詞會在你腦海中浮現出什麼形象？對我而言，它代表經典又高級，這個很棒的「豪華」行程提供了：

　　洛杉磯出發的頭等艙機票，豪華的克萊斯勒紐約客轎車接送，總價只要五千美元，你一定會覺得相當物超所值。

　　附帶一提，過去我自己安排豪華旅遊時，也想要搭頭等

艙，也想要租豪華轎車，並且住同樣的萬豪酒店海景房。

唯一的差別是，我必須自行安排行程，處理那些訂房瑣事。而且，想要享受這樣的「豪華夏威夷」，必須付出一萬美元。

一切都有人打點，只要付出一半的價格。

那個套裝行程讓我買單的原因，在於具有價值、相當豪華、減少麻煩，並且讓我省下一大筆錢。**套裝行程絕對是最能有效吸引人的行銷方式。**

再來看看另一個過去曾讓我買單的套裝行程。

不久之前，一位英國紳士帶著非常誘人的提案來找我。他說只要240美元，就會連續替我進行汽車美容13週。每週二下午，他會到我的辦公室、家裡或其他指定地點牽車。

他會努力用手洗車，用皮革擦車。此外，接下來三個月之內，若是有需要，他會免費提供仔細的汽車美容服務。

三個月手工洗車，加上我要求的汽車美容項目，總共只要240美元。

一開始我有些猶豫，這樣的價格看來相當高，但是那位不願放棄的英國業務員很快就讓我簽名買單。他指出，要幫我的賓士轎車裡裡外外做好汽車美容，隨隨便便都要100美元起跳，這一點我同意。

接著，他問我手工洗車要多少錢，我回答：「15至20美元。」但他表示，我必須把車子送去洗車店，洗車店不會派人來取車。

他用心算幫我計算一下，13×20＋100就已經等於360

了，還沒計算花時間送車去清洗與打蠟所造成的不便。他負責做完所有事情，費用還少了33%，自動來找我取車並且送回來，有需要時還會進行免費的汽車美容。

他的套裝方案，再加上他讓我更瞭解原本付費所做的事情，讓我心甘情願買單。

透過重新包裝現有的產品或服務，或是至少提供入門的產品或服務吸引顧客，都能持續讓大生意上門，或是讓現有客戶不斷續約。無論你行銷的是什麼產品或服務，以固定的單一價格提供超值或紅利的組合包裝，就能贏得市場青睞。

假設你仔細告知並且教育潛在顧客，讓他們瞭解並可望獲得你的產品所帶來的總價值。那麼，請你在現有的業務範圍內，找出包裝產品與服務的方式。

例如，假如你開設水電行，可以考慮結合年度維修的合約、每季管線維修、24小時緊急服務、每年更換鬆脫墊片與閥門等等。你可以將年費分期請款，讓屋主用信用卡季繳，對方就無法抗拒你提出的方案。

園藝修剪師可以收取年費，提供每月修剪植物的服務；同樣地，請將費用分成多筆小額的費用，例如每月或每季付款一次，讓付費者不會感到有負擔。

若是經營加油站，請結合每季維修、免費加油與機械保養服務，提供比個別服務加總更優惠的價格，然後以分期付款的方式減少對方當下的支出。

如果你是牙醫師，請提供年度洗牙、修補檢查等服務；或是進行第一次口腔檢查之後，提供免費的補牙服務；或是

以優惠價格提供其他清潔美容服務。同樣是讓對方只付出小額款項，以信用卡月繳或季繳的方式付款。

　　若是服飾零售商，可推出每季兩套長褲或休閒褲、襯衫或上衣、夾克或運動外套、連續四季只要一定金額的方案，同樣可用信用卡分四期付款。

　　如果你是辦公文具供應商，可以提供基本的標準辦公室文具組合，例如每位員工每月可無限使用計算紙、釘書針、長尾夾，並可使用多達五百或五千張影印紙。

　　若是髮型設計師，可以收取固定年費，提供每年八種造型加上需要時無限次修剪，以及一年一次燙髮或局部燙髮的服務，也可用信用卡分期月繳或季繳。

　　你的套裝方案還能納入哪些產品或服務呢？盡量發揮想像力，**但是請記住下列幾點：**

1 **你的套裝方案能帶來的綜效越大，就越吸引人。**
2 **提供大家年度化的服務**，就越容易讓他們續約，就能讓單次銷售變成長期銷售。
3 **將費用減少成不高或是不具負擔性的金額**，就能大幅增加銷售金額。
4 **使用簡單且不具威脅性的詞彙**，像是「以信用卡季繳」，就能吸引顧客提供卡號給你，每三個月自動付費，避免一般公司麻煩的請款程序。
5 **將許多不同的產品或服務組合成套裝方案，就能售出較不具吸引力或是銷售速度緩慢的產品或服務。**即使你可以針

對特定物件或服務提供折扣，因為每位顧客或每次銷售的總獲利高出許多，但假使你能吸引十倍的顧客購買套裝組合，而非原本的零售物件，就能讓你在獲利降為一半時，公司的總獲利仍能達到三倍。

6 別忘了，你必須先教育市面上的顧客，他們才能看見並體會你提供的價值。

套裝產品中的許多因素，讓你很有機會綁定許多人，長時間鎖定並挹注穩定可預期的現金流與利潤。無論從事哪一種行業，請認真考慮推出套裝組合的可能。

用優惠價格提升消費頻率

這裡的概念，是要透過「另行通知」的方式，培養顧客的習慣、忠誠度與正面黏著度。長期不斷的購買，能讓顧客的單次銷售轉變成持續的細水長流關係與收入。

關鍵是透過消費頻率變高，獲得較高的收入。不過，這麼做仍必須謹守且奠基於「卓越策略」的思維。

請提供一些措施獎勵常客，他們就會更有購買的動機。

你可以提供這些優惠措施：價格的優惠、紅利、回饋金、升級、折抵、點數、免費商品，或是購買頻率或金額達標就能獲得的優惠價，以及旅遊、獎勵等等，可提供的優惠措施還有許多。只要合法，就盡量給吧！

飛行常客里程

例如，你可以辦一張多功能卡，用來看電影、喝咖啡，也能累積飛行常客、用餐常客、購物常客點數，甚至連建材店都能推出常客計畫。如果顧客來店購物的金額夠大，甚至可以獲得一輛貨車。

你簽了一份長期合約，購買二十萬美元的工業用產品或是廣播節目，他們一開始就會給你優惠利率。若是達不到他們要求的量，可能會減少優惠；但如果你達到了，他們可能會給你更多。

飯店的情形也相同。表定價格很可能為每晚五百美元，但假如要讓全公司員工住進去，或是一年至少住25次，或者在那裡舉辦研討會；那麼，使用的頻率越高，就能獲得越好的費率。

購物俱樂部

地毯清潔服務、金牌會員俱樂部、Priceline.com百貨公司等等，都會在你購買達到一定金額以上就提供紅利禮券。提供紅利的基準可以是購物頻率，或是購買數量。

不過，這種方式的原理在於哪一種方式對顧客較自然。假如顧客的經濟狀況非常好，就會在需要時立刻購買許多東西；假如顧客的狀況並非如此，很可能會選擇一季或更久才購買一千美元的東西，然後獲得兩百美元的禮券。你可以自行選擇，不管顧客的購物方式是哪種，都能刺激顧客購物。

其他例子還有樹木修剪。我們希望樹木修剪工能以較優

惠的價格持續提供修剪服務。地毯清潔服務亦然，你也可以提供這樣的優惠，讓生意變得更好。

洗車服務也一樣，這是很好的例子。他們提供五百美元無限洗車的服務，想要洗幾次就能洗幾次，甚至想要每天都來也可以。

許多經銷商會送你每週洗車一次的服務做為獎勵，當你的車輛需要維修時，自然就會去那裡，因為那是你習慣去的地方。此外，造訪的頻率也有影響，即使不是購買也一樣。無論是造訪的頻率、接觸的頻率、讓你訂閱通訊、每週電子報等等，都能增加你們溝通的頻率。

多溝通等於更大的長期獲利

統計結果指出，無論是個人親自溝通或是透過他人進行溝通，只要擁有越多高品質的溝通，大家購買的東西就會更多；購買的時間越長，兩者的關係也越緊密。這是相當棒的概念。

這就是我們要採用的策略：沒有什麼事物是由單一成分構成的。一個策略就猶如一根由鐵與碳組成的鋼棍，往往由許多不同的纖維與層次組成。

這種將策略視為多層影響的看法是一種突破，我希望自己謹記這一點。我想出來的新概念帶來許多突破，如果都寫下來，就會像我的「本日大突破」一樣！

這種策略就是利用背後的哲學，利用背後潛藏的觀念。

這種方式透過能強化或幫助策略本身的工具與戰術，回饋策略本身，共同帶來回報。然後，這些工具就能用來執行這些策略。

策略就像三明治，不是只有單一成分而已。背後的哲學是什麼？潛在的觀念是什麼？對這種策略特別有效的潛在工具是什麼？

最近閱讀有關策略的書籍不下一百五十本，但我是為了建立自信並建構自己的概念才這麼做。我很可能花了四千美元才確認自己達到想要追求的程度，知道這一點之後，讓我覺得這些錢值回票價。

刺激消費頻率的價格優惠方案有成千上百種。不希望自己死無葬身之地，若是購買一整塊能安葬家族的墓地，價格一定比購買單一墓穴還優惠。

全家人的健康計畫

全家人的健康計畫是另一個很好的例子。在當地的基督教青年會或是基督教女青年會購買全家人的運動會員資格，就能享有較優惠的價格。其他可以全家人都參與或享用的產品或服務也可以這麼做。

在咖啡館也能獲得熟客回饋。在美國的星巴克，購買19杯咖啡，第20杯就能享有免費之類的優惠。

還有，有位鄰居經營建材行，他提供免費出借卡車或大型機具的服務，這是鼓勵大家經常購買的有力方式。

大量又低價的交易方案

　　AT&T提供簽約優惠價格給大量使用的顧客。例如，某位AT&T員工某天告訴我，像諾斯洛普（Northrop）那種五百人以上的大客戶就能獲得特別優惠的費率。

　　由於用戶人數眾多，他們的費率並非每分鐘45美分，而是大約27美分，因為諾斯洛普讓他們賺進了五百萬美元。

　　用電戶的情形也類似。我向你保證，工業用電戶的費率跟我們一般家庭的費率必定不同。

　　因此，這個法則適用於各行各業，背後的原理就是你能夠也應該獲得回饋。一切並非齊頭式的平等。

消費頻率的觀念

　　購買頻率的概念奠基於三項假設：

1　想要獲得特殊有利的優惠禮遇。

2　大部分情況下，大量提供某樣產品或服務較不昂貴，因此規模經濟的好處就會傳遞到消費者身上。

3　利潤較低但數量龐大的交易，往往會帶來更多總利潤。

　　瓦根沃德（David Wagonvoord）只賺取10%的利潤，有些人會說這樣的報酬率相當低，但是他的交易量動輒上百萬美元，每個月都以倍數成長。如果你的營業額是100萬美元，獲取的利潤是10%，10萬美元乘以12，賺到的就是120萬美

元，實際上賺到的錢是120%，不是嗎？如果你有足夠的資本這麼做，這會是很棒的做法。

雜貨超市也是同樣的情形。每樣物品的獲利可能只有二美分，但是每年周轉的次數可能是五十二次，甚至更多，可能高達五百次，一天補貨上架的次數可能就高達四次。

如果你在節日大量購買可樂和洋芋片，很可能價格相當低廉，因為這些品牌的目的就是要讓你無法抗拒，改變你一整年的飲食與購物習慣。

這就是透過優惠價格改變購物頻率，但我們講的只是一般情形，也就是利用價格優惠提高購買頻率。不論用什麼方式讓你賺到錢都行，可以用較低價格、紅利回饋等方式，只要能讓你獲利即可。

飛行常客方案讓經常搭飛機的乘客成為俱樂部會員，享有各種優惠，例如免費使用貴賓室與機票等等。

經常購物者往往可以獲得獨特的高級產品，或是優先購物與接受服務的全面禮遇。購物頻率最高者，能夠獲得購買限量商品的優先權。

賓士推出一輛要價三十五萬美元的車款。你說：「他們必須向特定人士推銷這種特定車款。」沒錯，但是他們會向這些人推銷，是因為確實存在這樣的客戶，而且這些客戶確實會買單。

假如這些人購買的頻率不高，就不會擁有這樣的權利，商家不會優先提供他們頂級的產品，兩者之間就像伯樂與千里馬一樣。

付費服務

　　每兩週我就剪一次頭髮，即使我希望的時段當下已經額滿，他們還是能夠盡量幫我空出來。如果我希望在星期二的五點理頭，即使沒有事先預約，他們也會盡量在五點半或六點半服務我。這是提供給貴賓的服務，有時候他們甚至會到家中幫我理。

　　我知道有一間餐廳提供大量與常客服務，那是一間總是高朋滿座的餐廳。只要購買五千美元的儲值卡，就能獲得優先訂位的權利。我經常在那邊消費，所以經常收到他們給我的運動賽事入場券。這兩者並不是非黑即白，也可以是綜合方案。

折價券

　　只要購買多筆商品，亞馬遜商店會寄折價券給你。我同事透納在博德斯（Borders）書店擁有企業帳號，可以獲得八折的折扣。他成為書店會員的時間已經很久了，因而總是擁有那樣的優惠，讓他在那間書店買了許多書。

　　最後，增加平均交易額最明顯的方式，就是……

提供更大的採購單位

　　我指的是透過「更大的採購單位」達到這一點。如果大多數人都購買一週的用量，請你提供吸引人的優惠價格，讓他們購買一個月、三個月甚至一年份的物品。

假使大多數人通常只購買一張票，你可以讓他們在購買一定張數以上的票券時，提供特別的優惠方案，讓他們願意買票給整個辦公室的員工或是全家人。如果大家通常獨自前來，請提供優惠價格，讓他們和朋友、同事、家人、情人一起來。

批發價

讓我告訴你一個經典案例。過去兩、三年來，整個零售業市場遭到批發價全面顛覆。Price Club、好市多、Sam's Club等等皆如雨後春筍般出現。

他們以每盎司或每磅極低的價格販售大罐花生醬、超大桶洗衣粉，遠大於傳統超市販售的尺寸。結果如何？大家趨之若鶩。

化工原料業者的生意也相當興隆，因為他們都販售五十五加侖的包裝，或是一個棧板以上的數量。若是需要打掃，或是需要某些化工材料，你不要只買一天份或是一星期的份量，而是改買一個月、一季、一年的用量，這樣就能讓你省下許多錢。

較低的手續費

在投資業當中，券商會針對特定基金的大額交易提供優惠手續費，因此共同基金的交易相當熱絡。如果你投資的金額在五千美元到十萬美元之間，交易手續費可能從原本的2%降至0.75%，結果會如何？

大家在單筆交易時，會針對單筆基金投入更多錢，這就是券商的目標。

多功能票卡

迪士尼樂園之前販售過一種單人票，可以搭乘某種遊樂設施一次，以及其他某類遊樂設施三次。透過實驗，他們發現購票一次就能搭乘多種遊樂設施，園方就能提高收費，購買者也會變多。

現在他們推出家庭票旱季票方案，購買的單位量較大，獲得的價格也較為優惠。

家庭折扣

這次放長假時，我帶全家人去搭郵輪。我會這麼做是因為郵輪公司推出全家六人的住宿方案，比大部分飯店都優惠許多；對我來說，這是極大的誘因。

每多一名家庭成員，每個人的費用就會降低。想到有這麼多獎勵與優惠，就讓我非常願意花錢帶媽媽和岳母跟我們一起去旅行。

這就是提供大量購買優惠的魔力。做法很簡單，就是盡可能提供優惠價格，但是這並非必要的方式。假如之前沒推出過大量購買方案，請推出這種方案，許多顧客或客戶就會選擇這種方案。

不過，你不用光聽就相信我，可以親自嘗試看看。你可以今天、明天或是下週就這麼做，做法相當簡單。

假如你通常販售單樣產品或服務，請你捫心自問：我還能提供客戶什麼樣的大包裝或多樣包裝？接下來就提供這種方案。

****

親自嘗試

試試看！試著以原價販售，也試著以優惠價格販售，看看結果如何。假如你向十個人兜售，看看有多少人買單，也看看相較於原本的情形會出現什麼樣的改變。我想，你應該會覺得相當驚喜，這是增加交易量有效又容易的方式。

立刻就能增加購物量與頻率的方式之一，就是給予顧客紅利或是獎勵等誘因。提供價格或其他方面的優惠皆可，鼓勵他們購買更多，或是更常購買。

如果我一年購買十次，你認為怎樣才能讓我來購買十一次？或許頻率不是高出許多，對吧？但是，每位顧客一年多買一次，就能讓你的獲利增加許多。

就像之前所言，我一年理頭髮20次。假如髮型設計師給我一些優惠，鼓勵我一年去25次，或許我真的會這麼做，因為我希望自己看起來永遠沒變過髮型。若是這麼做，設計師很可能從我身上多賺250美元。將這個數字乘以三百位顧客，你就明白這樣的影響有多大。

每隔一週，我都會洗車一次。假如洗車業者提供誘人的優惠方案，鼓勵我每週去洗車，或許我會考慮這麼做。以上

舉出的這些例子能不能說服你呢？

外出努力花時間與金錢投資時，必須先強化「內在」。請將重點放在你已知卻還沒完全明白（或是充分利用）的顧客心理與趨勢上。

首先，請著重在顧客曾經告訴你以及他們有興趣的事物上，讓你的努力事半功倍。請捫心自問……

你提供了令人難以抗拒的方案嗎？

或者說，你提供的方案有辦法讓人忍住不消費嗎？兩者天差地遠。你提供的方案要讓大家說「不」比說「要」更困難嗎？對現有或潛在顧客來說，提供的方案沒什麼特別，而且必須自行承擔風險，要讓他們說「是」比較困難吧？是不夠迷人或是沒有吸引力嗎？若是如此，這樣的方案很容易讓人忍住不消費。

你是否向顧客說明了原因、優點與好處，而不是只有主要特色？特色並不是讓顧客購買的主因，那些只不過是說明優點的看板而已。

用特殊禮遇獎勵常客

對你而言，購物一百次的顧客相較於僅僅購物一次的顧客更為珍貴。當然，所有的顧客都很珍貴，但是不該用同樣的方式對待他們。這當然是符合邏輯的事情，不過，你這麼做了嗎？

許多公司都提供常客優惠，獎勵經常用餐、搭機或理髮

的顧客。假如顧客平均一年消費兩次，消費金額兩百美元，而你賺取的利潤為五成；如果你能提高購物頻率，結果又會如何？請拿起紙筆計算。

其實你的獲利率不會減少，而是會增加，這是非常有力的方式。

你也可以用動態方式來提供獎勵。如果某人消費一次，你可以說：「我們提供新的優惠費率，只要您每月消費，就能享有這樣的優惠。」

常客費率折扣卡

有些行業，例如大部分出版業和媒體業，都有整套的常客優惠方案。雜誌的廣告常客單次消費時沒有折扣，但是刊登12次廣告之後，就能提供八折至六折的優惠；刊登24次廣告之後，會提供更優惠的折扣。

這樣做的次數若是不只一次，就能獲得更低的折扣。雜誌社會提供常客折購與優惠費率，基本上，他們會讓你刊登固定頁數的廣告，因為他們真正在乎的是時間的長短。

CD俱樂部

CD俱樂部正是前端實踐這個策略的範例，他們提供的不是價格優惠，而是優先擁有的誘因。

你可以提供各種不同形式的誘因，一切由你決定；只要你能提供，就不需多加說明。如果那是可行的方式，就請你記下來；如果不是，請捫心自問，是否在稍微調整之後就能

夠付諸實行。

　　若是無法提供折扣，能不能花錢提供其他物品給顧客，為他們進行什麼服務，或是讓他們擁有其他服務？

　　許多人往往想到自己辦不到的事，就跳不出泥沼。

　　＊＊＊＊＊＊＊＊＊＊＊＊＊＊＊＊＊＊＊＊＊＊＊＊＊

想出你能做的事情放手去試

　　如果可行，請多做一些。你必須思考這些因素：

1 提供了所有的獎勵誘因之後，實際上會遇到的最糟情形是什麼？
2 最差的情況下（包括通貨膨脹在內），實際上的最低必要支出是多少？
3 接著，你必須計算從中可獲得的利潤。
4 留下一些周轉金。
5 接下來，請思考這樣做的持久度。

　　這樣做的目的，是要讓顧客享有規模經濟的好處，而不是要敲他們竹槓，所以必須雙方都獲利。你必須確認自己所做的一切能夠達到健全的財務狀況，不是因為即將歇業或是沒人上門才這麼做。

　　這麼做是期望生意興隆，希望顧客光臨。只要能保證做到兩點，你就能獲利：

1 能讓顧客付款的速度加快，就能動用更多錢，更明智地使用這些資金。

2 讓顧客和你維持長期關係，後端也能源源不斷地供應產品或服務。

　　你是否考慮過，顧客更常消費時，提供他們浮動的優惠價格？或是在第一次交易之後的一段時間內，提供一些優惠獎勵給他們？

　　假如顧客持續自動購買某個數量的貨品，或是購物達到某個金額以上，就能享有較低的價格，你覺得這樣如何？如果他們達不到那個數量，你可以調回原本的價格，你認為這樣夠吸引人嗎？

長期付出享有的低廉費率

　　廣告商會提供較優惠的費率給長期刊登廣告的業主。那麼，如果你不使用某種服務或產品，費率就會被調高，努力達到消費量的人也會因此變多。有時候，若是真的拿出紙筆計算，用較高的費率消費反而划算；但是，就心理學來看，我們往往希望看到自己的付出可以獲得獎勵。

　　你不需持續如此。如果有一段時間較冷清，或是貨品售出的速度較緩慢，不需要將這樣的方案用於所有的產品線。你可以提供這種方案促銷不易售出的物品，或是用在淡季。

　　這種方式的另一種變化形式，也是對顧客相當有幫助的形式，就是自動提供顧客特價訊息，並給予優惠價格。

　　若是只做單次生意，相較於顧客固定到店、郵購、持續宅配購物者的商家，你的穩定度就遠不如他們。 假如顧客未取消，你能持續宅配固定單位的商品到府，這樣其實是幫了他們大忙，免去他們固定紀錄甚至運送貨品的麻煩。

　　顧客購物頻率較高時，許多商家會以較優惠的價格提供產品或服務，但是顧客很可能不知道或不明白。提供優惠價格的誘因，就能讓他們擁有更常購物的理由，並且提升服務的價值。請發揮你的創意做到這一點吧！

「我達到了高達四至五千萬的終生訂購額」

　　一輩子當然是最高的頻率。

　　你可以享有固定的價格，幾乎就像年金一樣。基本上，計算自己至少會使用的數量之後，接著就一次付清總額。

　　許多人往往無法分辨自己的競爭對手。你的競爭對手多半不是顧客更改選購的商家，而是現有與潛在顧客或朋友的無所作為。

　　然而，假如你設計了價格或購物頻率獎勵之類的計畫，就能獲得這些原本沒有的交易與服務。你會想要獎勵顧客消費得比平常還多。

　　你可以讓顧客預先儲值，然後以有利雙方的金額購買產品或服務。**如果他們預付一筆金額，你就能讓他們跟你維持長期關係，不必擔心他們是否願意付費給你，因為你已經收到錢了。**

　　這一點值得再次重申：**請獎勵購買最多的顧客，給予他**

們獎勵的誘因、紅利、免費商品、旅遊、滿額折扣，最終你的獲利仍會比他們只購買原有數量時高出許多。只要合理、合法且符合道德規範，請盡量能給就給。

用特殊禮遇獎勵常客

你可以在顧客首次購物時、首次購物後、後續購物等時機給予價格優惠獎勵，甚至可以在特賣會一週或十天之後致電說明：「我一直想告訴您，您前幾天只消費了一次，花了兩百美元。我記得您提過，您會再次購買那項產品；假使我沒記錯，您似乎打算每兩週就買一次。」

「因此，我們應該提供更優惠的價格給您。您再次購物時，我會優先提供紅利給您。如果您沒購買那麼多，我們就會調回原價，但我真的很想給您這樣的優惠，並且定期將產品送到府上之後再開發票向您收款，或是用信用卡請款。或者，我也可以每兩週或每四週打電話提醒您。」

你是在提供服務，只要態度對了，很容易就成交。你有沒有想過，有多少商家沒提供獎勵給常客？他們提供獎勵金給新顧客，卻對現有顧客提高價格，反而造成常客不願購物的反效果。

千萬別認為，只要讓顧客上門消費過，他們就會永遠對你忠心耿耿。別欺騙自己，認為顧客成天坐在那邊等，整天什麼事都不做，隨時都想著你。

別以為他們不會受到對手誘惑

你必須不斷地販售給他們，帶給他們好處、服務他們，每天、每週、每月都帶給他們價值。**請給予大家誘因，獎勵他們提高購買頻率，他們就會產生更強烈的動力向你購物。**

你可以針對適當的商品或服務提供折扣，讓他們加入某種獎勵計畫。如果他們沒定期購物，你最終可以調整他們的費率。

如果你能讓顧客願意接受定期宅配產品或提供服務，之後再送發票請款，或是讓他們用信用卡付款，這樣不是很棒嗎？請發揮你的創意。

如果顧客承諾購買某個數量以上，或是年度購物頻率達到某個次數以上，就能讓他們享有優惠的價格。如果他們願意簽約同意，購買數量不足時，你有權調回原價，一開始就能讓他們以同樣的價格獲得更多商品。

假設一位新顧客只想購買某樣東西，統計數字指出，他們每週前來購物一次的機率是八成。請告訴他這一點！

你可以說：「先生啊，您開始使用這項產品之後，有八成的機率會在一年內購買26次，甚至是52次。與其用單次購物的費率、也就是優惠費率的三倍販售給你，何不現在就用消費26次的費率購買呢？如果您簽下消費26次的合約卻無法達到，我們只會向您收取差額，這樣方便嗎？」大多數人的心理往往會努力達到消費26次的門檻。

你可以一開始就給予他們優惠的價格，或是採用相反的做法。你可以說：「先生，只購買單樣物品或只消費一次，

價格較高。建議您考慮是否每週都需要使用這項物品。如果答案是肯定的，您可以跟我們簽訂長期合約，我們就能全額退費給您，折抵您的消費，或是免費送您一個同樣的商品。我無法事先提供這樣的優惠，但是，簽約之後就能立刻提供給您。」

切記，你的顧客是所有競爭對手公平爭取的對象，他們會用各種方式爭取顧客的每一分錢與青睞。你必須不斷地努力，才能爭取到顧客。請你寄信、打電話、登門拜訪顧客，寄送廣告、手冊或禮物給他們，同時特別留意過去的客戶清單，因為他們往往在你給予特別優惠時才會購買。

使用會員卡計畫或現金回饋

除了貴賓特賣會或折扣，你還可以提供其他優惠給現有客戶，鼓勵他們更常購物。例如，我家附近的一間麵包店就使用集點活動來鼓勵大家經常光顧，我太太克莉絲汀每次購物就能累積一點；集滿點數之後，就能免費換取五美元的現烤麵包。

我們經常可以在餐廳、加油站、咖啡館、甚至鞋店看到這類常客回饋方案或集點卡。雖然看起來有點像在耍噱頭，但實際上卻能建立顧客的忠誠度。

你自己的事業也應該考慮採取類似的措施。不需印一堆集點卡，也不需零售物品，所需要的就是提供顧客購物幾次（或是金額達到幾元）的獎勵方案，可以是用來購買其他商品的紅利點數回饋，或是用來兌換其他服務。

　　另一個可以考慮的類似方案是折價計畫。就像集點回饋方案，折價系統能刺激顧客多購物。折價計畫相當有價值，因為這種方式可以收集購買產品者的姓名與地址等資訊。

　　請利用集點折價計畫做為延長購物的方案。折價就如同提供產品或服務的折扣，但是比直接折扣更好，因為顧客實際上能夠獲得現金或支票。這比當下提供折扣更令顧客印象深刻，因為顧客不僅已經享受了你的產品或服務，還能獲得收到郵寄支票的喜悅。

　　折抵也是能透過第三方暢貨中心大幅刺激買氣的有力方式。假如你的產品或服務透過零售商或第三方販售給大眾，可考慮根據一段時間內商品售出的數量，提供浮動折扣。這種做法可以積極鼓勵零售商大力促銷你的產品，讓產品的市占率大幅躍升。

提出難以抗拒的方案並說明原因

　　若是真正明白終生購買的價值，知道一位顧客能夠帶來的淨利，就會明白自己的目標是讓顧客很容易跟你做生意，而且無法抗拒你提出的方案。

　　你必須提出令人難以抗拒的方案，簡單到不跟你做生意還比較困難。所以，你的挑戰是：「我如何提出令人無法抗拒的方案？」

　　令人無法抗拒的方案，就是提出保證而且能避免風險的方案，讓客戶在首次購物時享有不可思議的優惠，並且告知客戶優惠的原因。你提出的方案讓他們在購物之外享有大量

的紅利，而且可以免費獲得其他物品或服務。

這些提供誘因的方案有成千上百種，你提供的優惠不一定要與產品有關。我曾看過有廠商提供免費旅遊、機票或農產品做為促銷獎品，與廠商的本業相差十萬八千里，藉此吸引顧客開始向你購物。

別忘了在分析策略時必須考慮是否有後端，你的行業回購率高不高，產品與服務何者較多，顧客是否會回購。

如果現有顧客購買的數量已經足以讓公司獲利並存活下去，你可以將首購者帶來的利潤全部用來進行促銷，這會是對於未來很棒的投資。投資的方式有很多種，不限於購買其他贈品（再次聲明，贈品可以是完全無關的物品）。

提供無風險的試用方案，讓顧客無法抗拒，同時附上大方的保證與紅利，讓顧客穩賺不賠。你可以採用試用方案做為誘因，再加上免費的「禮物」補償他們的不便。

提出令人無法抗拒的避險方案，以及即使退貨也能保有的紅利。你可以讓顧客免費試用某樣物品，付款前先試用三十天，參加免費的研討會，免費試用產品一週等等。請你持續提供令人無法抗拒的方案。

將詢問轉換為銷售

大多數人不明白「入門障礙」與「入門風險」。我們剛剛提過避險，也提到提供的方案本身，甚至是在此之外的大量方案。

你的經營哲學本該如此，不是嗎？

　　或許在許多情況下，你的經營哲學過於強硬。你想讓顧客點頭，想跟他們發展一段關係，想讓他們習慣接受你的服務品質與產品表現。如果你有把握能讓他們繼續跟你維持關係，剛開始採取低姿態並沒有什麼不對。

　　你必須瞭解，怎麼做才能讓你的方案令人無法抗拒。這是數字遊戲，如果你的產品表現良好、公司運作良好、服務良好，如果你能讓十倍的人數開始跟你往來，或許十之八九會繼續跟你做生意，關係進展到下一個層次，甚至發展成永久的關係。

　　為何應該提供比零風險更好的方案？因為客戶的時間對你來說相當寶貴，顧客購物時對你的信心相當寶貴，他們感到滿意對你而言也相當寶貴，你也希望他們因為這些可能而獲得回饋。

　　若是認清了這一點，你如何尊重客戶，他們也會同樣尊重你。

　　我想，最經典的架構如下：首先，在對方有機會看看產品、試用、使用事先獲得的紅利或優惠、或是讓顧客檢視產品是否相容或合用之前，不要兌現支票。如果對方決定不購買，還是能夠保有紅利，因為他們已經付出了寶貴的時間。

　　結果必定在意料之中，只不過這樣做的人不多，問題在於你對自己的做法是否有信心。

　　有些人擔心這樣行不通，結果會不如預期，擔心有欺騙之嫌，或是太過普通。

必須對自己的產品有絕對的信心

若是不相信產品的表現，就不該提出任何保證；**不過，假如你對自己以及產品或服務的表現有信心，就能估計與預測顧客的反應，根本不必擔心。**

我們使用數學方法仔細計算一下。如果「風險由顧客自負」能夠擁有X位顧客，提供「零風險方案」能夠擁有2X位顧客，那麼「相較於零風險更好的方案」就能擁有3X位顧客，一切端賴你用何種方式吸引顧客。

正常的方案能讓你免於冒險，並且享有紅利。相較於零風險更好的方案，能讓你在退貨之後仍能享有所有的紅利，甚至是其他物品。

替客戶承擔風險，就是傳達這樣的訊息給他們：「我重視你們的時間，只要你們花時間看看，我們就給予補償。我時時刻刻都將你們的利益放在第一位。」

雙方相處時，無論是否用言語表達，用暗示或明示的方式，總是有一方要另一方承擔風險。

排除越多風險，就越能帶給對方更多利益，讓他們覺得值得看看你的商品。先是研究一下，接著再深入一些。

如此一來，選擇你而非對手的人就會變多，徘徊在兩者之間的人就會選擇你。之前從未考慮過的人就會說：「嘿，我們來試試看吧！」

都是數字遊戲

若是覺得太冒險，請你調整風險。些微的避險總比完全

沒避險來得好。

請務必確認你的避險措施是顧客認定的避險措施，而非你認定的避險措施。我有位客戶廣告冷暖氣系統，提供了兩年保固。我問他：「你在做什麼？」

他說：「比傳統的保固多一年。」我說：「聽著，如果我買了冷暖氣系統，會希望能用二十年，而不是只用兩年，只有兩年會讓我擔心。如果你只能提供兩年的保固，不如不要廣告。」

你必須清楚說明，不要只是拿「保證滿意，否則退費」做為避險方案。越是清楚說明結果，顧客購買的可能性就越大，也會有越多人受到吸引。

你必須清楚完整地說明，如何能讓顧客感到滿意。

詢問最佳顧客的需求

詢問最佳顧客，瞭解你提供的是否正是他們想要的。請不要讓律師負責撰寫問卷的內容。

冒個險吧！假如你擔心，可以用保守的方式測試一下。例如：「在47天之內，工廠的效率若是沒有提升一成以上，或是退貨比例沒有降低兩成以上，或是員工產能沒有提升等等，如果你想要，我們願意全額退費。」請清楚地告訴他們可以期待什麼。

使用越強烈、戲劇化、視覺化、強而有力的方式描述顧客可以期待的成果，他們就越能瞭解並且願意買單。

若是有可能，請參考我的版本，我花了許多時間列出大家可期待的成果。我一點都不擔心會出問題，因為大家若是依照我說的進行，或是我那些客戶促銷產品與服務的方式進行，保證絕對行得通。

請幫助他們，讓他們瞭解應該期待什麼樣的成果。

我們曾經替顧問舉辦過研討會，這些人都在販售自己的專業知識。

我說：「不對，大家要買的是結果。請幫我用量化的方式衡量結果，向他們保證結果，保證在行不通時全額退費、按照比例退費，或是用雙方同意的方案退費。」

顧客都希望，只有在他們獲利、獲得好處、達到預期結果之後，你才能賺到錢。

以下是我一位客戶的例子，示範了如何使用不同且具有創意的方式提出保證：

壁爐推銷員

我要告訴你一個三個月前才推出的保固方案，保證令你滿意。用這個方案售出價格在五千美元到一萬美元之間的壁爐數量，多到超乎我的想像。

我們借用競爭對手的說法：「試試看，保證好用。」這個保證滿意的方案，保證技師到府安裝時會穿手術鞋套，並且會在家具上覆蓋罩布，也不會在你家裡或車道上抽菸。

他們不會在你家裡說髒話或嗑藥，如果在你家爆粗口或是違背上述規則，你可以不用付費。

「我們還在等待您的付款。」

我們也在員工休息室中張貼了上述警語，你一定難以相信這些能讓你享有何種完美的經驗。

稀有錢幣經銷商

我曾經跟一位銷售錢幣的客戶合作，而我們都體認到，必須讓潛在顧客感到滿意才行。

多年前，稀有錢幣是熱門商品，許多人都在販售那些錢幣，銷售環境競爭激烈，各種手段紛紛出籠，於是我跟客戶共同擬定了長期漸進的行銷方式。

雖然每個人都想要直搗黃龍，殺得競爭對手片甲不留，但我們決定採用不同的策略。我們知道，許多人相當冷酷無情，因為他們擔心會做錯決定，所以我的廣告訴求就針對這一點：

「只要十九美元，就能擁有兩枚摩根銀幣，以及價值一百美元的珍貴報告。」

我和許多產品、報告、書籍的廠商協商，用量販價取得原本分別購買需要一百美元的商品，只要支付一次性版稅一千美元，外加每份印刷費用二美元。

我們提供給潛在顧客的錢幣，量販價只要二十美元。

同時，我們也提供訪問三十至四十位各地知名經濟與財務專家的報告。其中有些人並不喜歡稀有錢幣，但我們仍將他們列入報告中，以維持內容的平衡性與可信度。

我們告訴大家，首先必須分析各種錢幣，才能做出明智

的購買決策。他們也能實際擁有兩枚錢幣，親自體驗稀有錢幣的神秘美妙之處及其歷史意義。他們可以遙想錢幣代表的歷史事件。

我們認為，他們必須親自擁有這些經驗，並且在決定購買之前先進行研究。我們要求他們盡量閱讀相關的報告與資料，也會提供有關我們價值觀、哲學與購買建議的專題報告給他們。

我們也讓顧客親自體驗是否適合購買錢幣，跟我們交易是否愉快。我們認為，如果他們做了研究，並且瞭解35位專家（大部分都是大家耳熟能詳的專家）當中，有25位推薦我們，或許就會十分信任我們。

但我們告訴他們，再經過客觀理性的評估之後，若是認為他們不適合購買與投資稀有錢幣，就請他們退回那兩枚錢幣。退還錢幣之後，我們會退還21元給他們，而非19元。

為何退回21元？有兩個原因。首先，那是我們實際付出的成本，我們希望他們明白，涉獵罕見錢幣能讓他們獲利。

我們也告訴他們，要他們先留著價值一百美元的報告，謝謝他們付出時間與努力相信我們。就這麼簡單！

大多數人讓事情變得相當困難，設下許多限制，讓大家很難跟你做生意，或是繼續做生意。

這個策略的基礎是，讓大家可以輕易開始跟你做生意。請告訴潛在顧客為何跟你做生意利大於弊，請告訴他們為何繼續購買會對他們有利。請用有道德的方式，讓他們透過跟你做生意獲得最大的利益。你降低了入門門檻，幫了他們大

忙；若是排除了風險與障礙，就能賺到更多錢。

假如潛在顧客都相信你，就會成為你的顧客。假如你提供了替顧客排除風險的方案，他們就沒有理由不嘗試看看，產品或服務能否符合他們的需求。

令人難以抗拒的方案，很可能只是解決了你是否真實可靠這個小問題。他們或許不需要百分之百的保證，只要知道你言行一致即可。

對潛在顧客而言，銷售過程很可能相當費時、花錢，還會產生焦慮。如果你能做任何事情降低顧客的焦慮，減少顧客的不安，讓顧客覺得更自在，讓顧客相信跟你做生意是明智的選擇，這就是令人難以抗拒的方案，顧客哪有不跟你做生意的道理？

我相信，只要如此，即使不跟你做生意也會推薦你。在我曾經規劃的兩、三個計畫中，我並不憎恨離開研討會的那兩、三個人。我會寄信給他們，感謝他們，告訴他們應該從研討會當中得到什麼，希望下一次他們還願意再度嘗試。

所以我心懷善意，因為他們遲早會瞭解，我的方法能為他們帶來超乎想像的收穫。可能會發生某些好事，會閃過一些靈感，會產生強烈的連結，他們將會欠我一個大人情！

因此，我不會榨乾顧客，因為我瞭解這是不斷行進的行列，你也應該明白。

我曾做過一項金額高達一萬美元的實驗，並且成功完成了實驗。當中有半數的人原本曾經前來詢問，卻因為不適合他們，所以最後沒有接受，或是曾經參加之前的活動，卻因

為與預期的結果不同而離開。

但是，他們依舊非常重視獲得的資訊。回家後，他們實際運用仍然記得的一、兩項資訊，就賺進了大把鈔票，互惠法則也因此產生了效果。事情總是如此。

我需要做的事情，就是再次提供資訊給他們，再次告訴他們，我們隨時歡迎他們，他們也會根據之前得到的資訊獲得應有的回饋。此外，他們也能從新資料當中獲得更多寶貴的資訊。

這是放長線釣大魚的概念。

以下是這個概念讓其他企業成功的範例：

丹佛的飯店老闆

長話短說。我在丹佛擁有一間旅館，搜尋這些概念，並且將這些概念連結起來，最後達到的效果相當可觀。我大量售出房間的機會始於顧客來電詢問：「住宿一晚多少錢？」

如果沒有多花心思，只是回答「80至170美元」，他們可能會說「謝謝」，然後就掛斷電話。我多半會花點時間說：「您熟悉我們的環境嗎？」或是：「您打算何時入住？」

我會向他們稍微介紹飯店，說明提供的早餐與茶點，提到房內鋪了三層床單，並且介紹房內提供的免費設施。

接下來，我們很可能直接遇到價格障礙。他們可能說：「我不可能花150至170美元。」現在，他們唯一會提出的問題就是：「你們的總統套房何時有170美元的優惠價？」原本價格是問題，但我們提供的方案令人相當難以抗拒，最後他

們就決定訂房。

只有在你不明白其他資訊時，價格才是問題，因為你沒有其他評斷價值的標準。如果大家不買，那是因為你提供給他們的價值不夠。你是價值的創造者，提供給他們的價值越多，他們就越可能買單。

相信你應該會同意，提供令人難以抗拒的方案確實能夠奏效。

我曾經做過相當愚蠢的事情（你可能因為我的教訓才獲益）。我提供一個課程，卻有規定的作業，他們必須先讀過所有的資料才能參加課程。

我寄給他們的資料太多，破壞了我的規則，讓他們很難買單。**你必須讓一切變得容易，並非只是易於避險、易於入門，還必須容易跨越門檻才行。**

紅利帶來的貢獻最大，讓你改變交易的特性。如果你販售的是商品，可以立刻改變交易規則，在套裝組合中加入某些東西，或是加入完全不同的東西。

還記得第一位販售微電腦零件的K-Pro公司嗎？他們就是使用紅利的最佳範例。的確，這家公司已經歇業了，但原因卻與創新及科技的快速變遷有關，無損那個範例的效力。

個人電腦剛問世時，除了電腦之外，還必須另行購買顯示器與軟體，實在相當麻煩。還有，你也必須另外買螢幕。

K-Pro想出了一個好辦法，讓電腦內建軟體與螢幕的驅動程式，售價接近競爭對手的一半。K-Pro因此賺進了好幾百萬美元，不是嗎？（後來他們瓦解了，不過那卻是另一回事。）

替顧客承擔越多購買的風險，就能夠銷售越多。

你甚至可以獎勵潛在顧客。我曾經為哈德（Alan Haad）工作，替他們寄信給潛在顧客，請他們訂購我負責促銷的服務。有位男士在還沒收到訂閱內容前的六個月，只因為促銷信的內容，就賺了六十萬美元！

所以，讓潛在顧客越不用冒險就能試用產品，或是提供獎勵讓他們試用產品，就越是容易讓他們變成顧客。請你盡可能替顧客承擔風險。

只要你願意這麼做，就能擁有優勢。若是擔心這麼做必須先證明自己辦得到，你可以先小規模地實驗。

如果你販售的產品或物品通常無法完全避險，那麼，請你讓他們有信心進行交易；在考慮交易組合之前，做某些事讓他們避免交易的風險，並且在發生問題後盡力補救。

做生意並非精密的線性活動，而是不斷行進的行列。

****

不要忽視組合的可能性

你是否曾經提供套裝組合方案給顧客或客戶呢？如果沒有，請你考慮這麼做。套裝組合能讓你增加許多顧客，為你帶來重大的突破。

在零售業中，最經典的案例就是麥當勞促銷可樂、漢堡和薯條的組合。麥當勞發現，大多數人來店裡就是想要買一份全餐，而不是一份這個一份那個，因此就推出套餐組合。

對你來說，你的挑戰是要推出對顧客或客戶最有利的套裝組合。我的建議如下：

針對最受歡迎的產品或服務組合，你可以給予折扣。若是販售一些大受歡迎的物品，可以在組合中搭配一些價格最低的「良好」產品，以及價格最高的「最好」產品。

曾經有位擔心的客戶詢問我，如果他提供顧客「好、更好、最好」的選擇，是否會引起顧客的反感。我的客戶說：「這三種選擇會不會冒犯某些人？如果有人只買得起最便宜的怎麼辦？會不會覺得我將他們歸類在最窮最『無購買力』的一群？」

相信我，提出「好、更好、最好」的選擇，會激怒的顧客屈指可數。這絕對不會構成問題，只要你確認最便宜的方案具備應有的價值即可。這樣做也有助於將價格最低的方案結合紅利，以利促銷價格最低的方案，讓三種方案更具有吸引力！

換句話說，請讓顧客自行選擇。選擇最高價方案的顧客數量，必定會讓你大吃一驚！

包裝是連醫師都能做的事情。

我認識一位醫師，提供患者半年一次常規體檢搭配各種血液檢查的方案。

我認識一位牙醫師，推出牙齒美白方案與正規療程的套裝組合。

請回想你最近的購物經驗，一定能夠想到套裝組合的例子，而且你也往往買單了。

永遠讓交易不只是交易

增加平均交易金額最快的方式，就是提供「加值」的選擇。所以，拜託你快快採取行動吧！

太太克莉絲汀因為最近的加值方案而責備我。她指出，每次我購買新西裝，結果都不只買了一套西裝，而是西裝加上襯衫、領帶、皮帶和袖扣。

我最常購買西裝的地方是間小店，通常都由老闆親自服務。剛開始在那邊買東西時，決定要買一、兩套西裝之後，老闆都會建議我加值購買一些周邊配件。但是，大約一年之後，也就是我們熟識之後，老闆發現根本不需向我促銷！

「你買西裝的時候，比我購買洋裝時還糟糕。」克莉絲汀說：「你完全無法抗拒那些加價選購的商品。」

「我知道，克莉絲汀。」我回答：「但是，跟別人做生意不是很棒嗎？」

以下這些例子說明了，與零售業相去甚遠的行業也能透過加值方案達到神奇的效果：

- 專業藝術家不僅能販售畫作，還能提供居家裝飾建議。
- 醫師可針對健檢顧客提供優惠的流感疫苗接種方案。
- 攝影工作室可向顧客販售精美攝影集。

無論從事什麼工作，隨時捫心自問：「除了這筆交易，我還能提供什麼加值服務給顧客，以達到更好的結果？」

汽車出租

　　我買了一輛全新的賓士，但是受不了繳車貸這件事，而租車方案優惠到會計師一直說服我接受。

　　租車公司提供的方案並非逐月繳款，而是如果我先一次繳清租約的總額，就提供相當優惠的方案給我。於是，我開了一張每月112美元、為期三年的支票。他們事先收到錢，不怕我成為呆帳，這種方式開啟了無限的可能。

餐廳

　　連鎖餐廳經常推出晚餐方案。他們推出集點活動，點數可兌換免費食物，獲得外燴服務與到府舉行派對服務，甚至提供免費的旅遊，因而讓許多人經常再度消費。

　　你也可以預付款項，獲得優惠的消費額。若是支付五千美元，就能獲得價值高達七千五百美元的食物，這是相當優惠的方案。他們也會保證你每次光臨的時候，十分鐘之內就為你安排好座位。每間餐廳都售出了大約四十套優惠方案，為餐廳挹注了不少收入。

瓶裝水

　　特賣會時，客戶想要一罐瓶裝水，業務員就說：「如果你認為自己一個月會用三罐以上，我可以用優惠價格賣你第一罐水，之後每週送水給你，或是讓你加入『每個月四瓶』的計畫，覺得太多再調整。」大多數人都會同意。

樹木修剪服務

　　某家樹木修剪服務公司把廣告費用降到零，業務量變成三倍，讓每一位客戶都變成一再消費的固定客戶。他是這麼做的：顧客來電詢價，要求單次修剪的報價；不過，如果他們願意加入每季或每半年一次的修剪服務，就能獲得更好的價格。

　　這樣的方案會直接用顧客的信用卡扣款，費用比單次修剪優惠許多。擁有最初的九位、十位客戶，以及這些客戶推薦的客戶之後，第二年就開始擁有源源不斷的生意。

洗車

　　這家公司提供「瘋狂週二早上」的方案。通常週二早上洗車的客人相當少，所以他們決定以成本價販售汽油，搭配讓大家週二早上來洗車的方案。提供洗車服務時，他們不擔心汽油生意能不能打平開銷；他們心裡想的，是獲得更多利潤較高的洗車生意。

唱片俱樂部

　　你們都看過這類廣告，他們讓你用一美分購買最初的十張唱片，讓你重複消費八次、十次、甚至十二次。

人力銀行

　　一般介紹工作的佣金是第一年薪水的30%，但這家公司提供的方案是，如果他們安排的人員眾多，多達5位以上，費

用就降低至25%。

這種做法也讓他們在客戶的機構內遇到更多經理,建立更廣的人脈。

批發花店

每週固定訂購是這項生意的關鍵。花朵在各季的價格可能會波動,我們具備的優勢是,整年都以穩定的價格供應花朵給客戶。這樣做能讓零售商較容易報價,而且瞭解我們的成本。

營養果汁

加入我們的續訂計畫,就能獲得較優惠的價格;更重要的是,客戶也能因此獲益,因為你每天都需要這項產品。這種方式的成果相當好。

合格會計師

我們的客戶通常每年只需要我們服務一次,這也是競爭相當激烈的行業。我們保證,如果他們跟我們續約,價格將維持三年不變。結果,客戶當中有25%跟我們續約。

慈善團體

我們每個月都會寄信親自感謝他們。我們會寄出「愛心卡」給他們,這些卡片就像棒球卡,正面是加上編號的動物照片,都是我們營救的動物,背面則是這隻動物的資訊。因

此，捐款人就會想要收集這些卡片。有時捐款人不在家（可能出去度假之類的），就會寄信告訴我們：「上個月我忘了捐款，這是兩個月的捐款，你們可以補寄上個月的動物卡給我嗎？」

保險

在一戶當中，你有售出多張保單的機會，因此可以給予第二張保單一些折扣，第三張更多折扣等等。這種方式相當有用，因為拜訪一戶就能收到三、四張保單，而不是一張。

業界提供了所謂的「長期獎勵計劃」，這是十二個月前預先設立的目標。只要達標了，就能獲得各種不同的折扣。到了年底如果還有缺，大家往往會努力加買。若是一位信用良好的客戶，你可以讓他們適用遞延條款，並且給予紅利，鼓勵他們更常消費。

酒吧清潔服務

我們有許多連鎖酒吧，為了爭取其他分店的生意，我們針對他們介紹的其他分店提供優惠。這個方案相當有用。

肉品加工

越是經常向供應商採購，就能獲得越好的價格。因此，我們將優惠分享給客戶，讓他們以相當優惠的價格購買。現在這麼做就不必多花錢了。

常客系統

現在有一種值得注意的新科技叫做「智慧卡」。這種信用卡具有晶片，使用這種技術的方式有許多種可能（仍有待發掘）。這種晶片可以追蹤常客系統中的許多參數。

訓練公司

有時候，你無法再次為同樣的公司提供服務。我們接觸員工數一萬至三萬人的公司。「如果你們所有的員工都使用我們的服務，就能給予常客點數。」他們可以不花錢就使用這些點數來進行企業訓練，或是其他部門訓練。

運動酒吧

請販售酒吧的季票。你需要一張集點卡，集滿後能讓你獲得三杯飲料，或是晚餐與一杯飲料。你必須發行自己的卡片，他們會收取工本費，以及平常利潤一半的費用。大家不會每次都使用這張卡片，只要提供七五折的折扣，就足以讓大家感到有興趣。

這麼做的關鍵在於，鼓勵他們消費得比原本更多。如果客戶平均一週來兩次，購買兩杯飲料，你獲得的利潤其實並不多。

然而，假如你能讓他們支付比兩杯飲料還多一點的錢，就能購買三杯飲料（只要別讓他們喝太多）和一份三明治，只不過讓他們事先付款，他們必定會更常來這邊消費。除此之外，購買其他東西也能獲得折扣。這是相當好的做法。

保險

保險業非常清楚這一點。有些人可以在預付保費二至三年後，讓保障維持到一百歲。

17

站在第一線，待在顧客面前

親自與顧客溝通

親自以正式的方式，透過電話或信件持續與顧客溝通，以維持正向關係。請跟客戶培養與建立緊密的關係，表達你的關心，瞭解他們的情況，而非僅是自身的情況，同時以適當有效的方式進行溝通。

建立緊密關係是最終的目標。請認真看待包括潛在顧客在內的每一個人，彷彿你們之間建立關係是遲早的事。你的目標是終身服務與嘉惠顧客，提升並創造他們的價值，而非僅限於單次交易。畢竟，他們是具有希望、恐懼、問題與壓力的血肉之軀。

越常跟顧客溝通，就能建立越深的互信，顧客也會進行更多實質上的採購。他們會把你當成在乎自己的朋友，跟你的關係也會更緊密，對你更熟悉。

若是分析每週、雙週、每月、每季、半年或年度通訊的讀者，就會發現每週通訊訂閱者閱讀得較仔細；相較於閱讀

頻率較低的讀者，他們與出版社的連結也較為緊密。

　　你的問題在於認為自己沒什麼好說的嗎？別忘了，你必須跟其他人打交道。你可以關心他們，分享自己的想法給他們，對吧？聊聊他們的家人如何？

　　告訴他們市場上有哪些新東西，給他們免費試用，或是有條件的測試。提醒他們有哪些新東西上市，並且提供預購服務。提供這類服務可以大幅增加銷售量與業務量。

　　曾經有位客戶非常有主見，眼光遠大，無論對政治、農場、道德方面都有相當宏觀的看法。他相當迷人，每個月我都跟他天南地北大聊特聊，錄下他說的話，打成逐字稿，再後製成一封信。最後他的信變成了我們的收入來源，大家都很喜歡他。

　　上次跟每一位顧客面對面溝通是什麼時候？沒時間嗎？你甚至可以聘僱一位說話清楚的專業助理，代替你打電話給顧客，說自己有多麼欣賞顧客，並且分享對方可能覺得有價值的概念。

真心從顧客利益出發，與顧客打成一片

　　你也可以針對某一種對自己有利的物品說：「如果這也對他們有利會怎樣？我如何讓這個東西也對他們有利？」請你多多傳達自己對他們的關心，而非只關心他們的支票。

　　所以，經常跟他們交流，打電話或寫信給他們，寄送手冊、報告或CD之類的贈品，甚至可以寄送對他們事業與人生都很重要的筆記或文章給他們。

　　請用整體的觀點檢視他們的事業，而非侷限在你們交易的商品，這樣對方就有持續溝通的基礎。

　　溝通與交流時，別忘了關鍵在不自私。無論對方會不會跟你做生意，請將有利對方的資訊分享出去。如此一來，對方明白你的用心，你們之間就會有所連結。

　　有時候，最微小的改變也會讓表現不佳的客戶或公司增加一成、兩成或五成的獲利，他們都會相當感謝你的幫助。

　　假如你的回答是「我們不做那種生意」，我就會問你：「為什麼不做？」

　　請檢視你自己的態度。若是不願溝通，最好檢驗自己做的是什麼行業，為什麼做這一行，因為你必須與顧客維持誠實、開放、友善、相互支持的關係。

大家都默默希望被領導

　　每個人都希望得到認同與讚賞，也希望有人幫助他們成長。沒有人是靜止不動的，改變無所不在，持續不斷地進行中；而且，改變會帶來全新的機會。

　　經常接觸並瞭解業界的成長與整體情況，以及可能發生的狀況，是增加後端銷售最立即且最佳的方式。

　　請切記，你也必須寄感謝函給自己人。無論是否刻意為之，員工都會受到你的耳濡目染。請務必讓他們知道你相當感謝他們的努力，他們若是能獲得認同，一切會變得更好。

　　有多少人除了買賣不會打電話給顧客？大多數人都在守株待兔，其實過去的客戶正等著我們主動詢問。

我們最大的利器之一，就是與客戶建立的關係。我們都撒出大把鈔票吸引顧客，卻在他們上鉤後就拋棄他們。保有現有顧客的成本往往相當低廉，只需要一通電話或是一張郵票而已。

你應該多常聯繫客戶？若是對自己的工作有信心，就應該在交易之後立刻打電話給他們。至少每季打一次，看看他們的近況如何。別忘了，他們是你的朋友。

直接行銷的標準法則就是：若是按照名單寄出一系列郵件，能夠賺到十至十五倍的報酬，隔天就可以再對同一批人寄出同樣的郵件，至少還會吸引五成的客戶，有時候甚至能吸引高達八成。

為何如此？因為有些人根本沒收到信件。有些人可能收到了，簡單看過就擱在一旁，然後信件就不見了。有些人收到並看過之後，對內容有興趣，卻沒採取行動。只要能帶來良好的成果，你應該寄送你想傳達的內容與提供的方案，讓顧客與客戶知道他們有這樣的機會，或是打電話給他們、拜訪他們。只要有效果，越常這麼做越好。

別以為你不再一次寄送廣告（不想打擾顧客），競爭對手就不會覬覦他們。

該如何評估回覆情形呢？視情況而定。例如，你寄送的若是實體信件，可以在第二封信附上彩色折價券，或是不同的分機號碼供他們洽詢，由專人回答這封信件的問題。你提供的若是線上即時回覆，可以請他們指名索取特定的優惠方案或紅利。或許無法獲得百分之百精確的分析結果，但我們

這個世界本來就不是非黑即白；就算不是絕對精確，至少也能指出一條明路。

定期與你的供應商溝通，讓他們變成你的朋友。發生問題時，他們就會挺身而出，為你解決各種問題。

如果你相信自己會不斷努力保護並提升產品與服務，讓顧客享有市面上最頂級、最有利的一切；那麼，這些都必須歸功於你不斷地透過行動，讓客戶持續瞭解並欣賞這些產品與服務。

別忘了「不斷行進的行列」

此外，你也會瞭解「不斷行進的行列」。你會瞭解，需求改變通常也可以從中獲得生意或是他人推薦。當你開始動手之後，這會是獲利甚豐且相當愉快的過程，因為整個銷售或是做生意的過程本應如此。

假如從建立、維持、拓展友誼與關係的角度來看待這整件事，做生意就不會那麼痛苦，而是相當令人興奮的美妙過程。只要重新調整心態，將重心放在做生意的過程上即可。

親自透過電話或信件與顧客或客戶溝通，維持穩固的正面關係，這方面最好的例子就是我跟美國運通往來的經驗。

我有三張不同的美國運通卡，其中兩張為企業卡，一張是個人卡。從來沒有其他跟我有業務往來的人，像美國運通一樣寄給我這麼多美妙的信函、驚喜的禮券與禮物、這麼多近況說明、這麼多提醒與這麼多溝通。結果如何？這些舉動讓我下意識想要使用美國運通卡，而非我持有的其他卡片。

這種方法很簡單吧？沒錯，但是也非常有效。

看看其他企業如何透過不斷溝通來增加交易次數：

跟我合作的一位整脊師，每四個月就會寄發信件給他的顧客。他每年會親自打電話給顧客兩次，提醒他們進行自我健康管理篩檢，並且告訴客戶他提供的新療法，以及年度免費服務的機會。

如何早早就獲得訂單

這樣做有效嗎？告訴你，預約這位整脊師的顧客每天都大排長龍，等著預約他的門診，因為他的時間都約滿了，必須預約好幾週之後的時間。我剛遇到他的時候可不是這樣。

澳洲有位汽車經銷商見了我之後，開始採用這種方式，業務量因此增加了兩成。他們會打電話與寄信給顧客，甚至實際登門拜訪顧客，運用有技巧的方式與顧客溝通，從此業務蒸蒸日上。

必須運用有技巧的溝通方式

若是無法進行有技巧的溝通，「經常」溝通依然無法奏效。所謂「有技巧的」溝通，是指必須持續進行有目的的溝通，也必須有利於顧客。

與顧客或客戶溝通，並且告訴對方自己有多棒，並不能為顧客帶來好處。與顧客溝通，並且讓他們瞭解車子的性能如何，提供他們免費檢驗，以及免費換機油的服務，提供適當的建議，延長輪胎壽命，或者進一步進行微調，都是可提

供給顧客的良好服務。

你必須確定，無論採用哪一種策略持續與顧客或客戶進行溝通，都必須將他們的利益置於自己的利益之前。

此外，雖然我們在這裡談的是與顧客溝通，但是我必須說明一件事：這是相當有效的做法。

我將顧客與客戶視為珍貴的朋友，同時也希望你做一樣的事。 我的看法是，我很幸運能擁有這些寶貴的顧客。

他們都是老朋友，我跟他們關係相當密切。我在乎他們的程度，遠超過他們能花錢向我購買東西的程度。我替他們感到高興，相當重視他們，與他們共享歡喜與悲傷的時刻。

假如你跟客戶分享這樣的感受，就會具備更多的動力和慾望想要跟他們溝通並保持聯絡，就像你跟好友一樣。如果你視顧客與客戶如摯友，就有機會與榮幸維持這樣的關係，讓整個做生意過程更愉快、更興奮、更有成就感。

也請你想想：若是拒絕跟對顧客或客戶相當重要的人溝通，就是對包括你客戶在內的所有人進行不良的服務。

你必須瞭解，顧客必須能聯絡你，而你也必須讓任何對他們很重要的人能聯絡你。假使顧客對你並不重要，你就不應該跟他們做生意，因為這樣無異是詐欺，遲早也會失去這份關係，會被更在乎他們的人搶走。

如果你真正相當在乎他們，就該經常與他們溝通，而不是只有在他們購物時溝通。你要欣賞他們，尊重他們，深入關心他們並且愛屋及烏。 我認為，你必須做的事情，就是確認他們瞭解這一點。

大家都需要第三方的看法

　　大家都需要其他人的意見，需要跟真正瞭解這個領域、真正清楚狀況並且真正在業界打滾的人聊聊。他們需要尋找的交談對象，是不會提供自私答案、不會重視自身利益勝過他人利益的對象。

　　你必須具備這種信念並且全心投入，真誠地對自己說：「我不會為了一己私利提供建議，而是會說實話，我認為最好的實話。我會推薦最值得推薦的，而且說的是實話。」

　　「無論最後獎落誰家，無論自己是不是受益者，我的內心深處都知道自己分享的資訊相當寶貴而獨特，對我推薦的人或公司來說都極為重要。他們會以我為榮，知道我極為重視他們，在對他們相當重要的人面前不會徇私。」

　　假使能做到這一點，可說是相當了不起。

　　換句話說，如果你來找我，對我說：「聊聊你的狀況，我們一起釐清你是否需要我的幫忙，一起看看你到底想要達到什麼目標。」

　　早在我涉足之前，顯然你的收入原本就比較多，獲利較多，賺錢的機會也較多。

　　假如我必須涉足，或許我必須邁進你從未想過的領域，這樣會簡單容易些，付出的費用較低，獲得的利潤也較多。

　　「我不希望只是販售服務給你，這樣其實是非常差勁的服務。首先，我想讓你瞭解情勢，將我看見的全貌告訴你，分享我的觀點與看法給你。接著讓我們一起想想，你是否還需要我的服務。或許還有更簡單、更好、更便宜的選擇。那

可能是我的對手，或是你也可以自己做；或許可以買本書，或者上進修部的課程。」

你和客戶在一起的角色必須進一步變成……

你是他們最信任也最重視的朋友

現在，每個人都有珍貴可信賴的朋友，你可能也是其中之一，不是嗎？

我覺得，你應該經常打電話跟朋友聊天，或是跟朋友見面，一起做某些事情。或許，只有在別無選擇時，你才會用寫信這種方式跟他們溝通。越是經常跟他們交流，兩人之間的感情就會越緊密，不是嗎？

與顧客的相處之道不也正是如此嗎？顧客就是朋友，無論你是否明白，當他們透過你決定購物時，那就是信任的最高表現，而非只是經濟面的決定。

因此，請經常與顧客溝通。如果你原本沒這麼做，何不現在就開始呢？如果你已經這麼做了，還能再做些什麼呢？如果你已經這麼做了，你現在正在做什麼？這樣做對客戶最有利，還是對你最有利？

大多數人（至少在你按照我的建議深入認識他們之前）不太在乎對你真正重要的事，**他們在乎的是對他們真正重要的事；不只是你的產品，而是更關心他們自己生活中發生的事情。**經營事業時，他們必須擔心自己的客戶、現金流、管理問題、人事問題、成長問題與衰退問題等等。

從個人的角度出發，我們擁有家庭、健康、愛情、現實

問題、夢想與希望之類的事情，這些都是可以跟他們溝通交流的話題。

成為顧客或客戶的筆友

許多我認識的頂尖零售商，都有透過信件和顧客保持聯絡的獨特方式。

事實上，有位零售商曾告訴我：「傑，你知道房地產業界說『地點、地點、還是地點』嗎？嗯，在零售業界，就是『溝通、溝通、再溝通』！」

這樣的關心看似刻意為之，顧客卻往往趨之若鶩。在內心深處，我們都希望能和他人保持聯絡，並且希望有人可以不時告知優惠方案。

因此，我呼籲你們這麼做：寫信給顧客、客戶或患者；即使你覺得寫信有些奇怪，也必須這麼做。至少，不時寄張卡片給他們。

「筆友」行銷

以下就是筆友行銷在非零售業可以發揮效用的方式：

- 有位律師不時寫信問候客戶，提醒他們未來可能出現的特殊需求，例如檢視遺囑和租約，或是建議如何處理「自售房屋」的法律事宜。

重點在於保持聯絡，並且維持溝通管道暢通。

- 醫師可以寫信提醒患者預約的時間，告知診所有哪些新進人員、新增的服務時間，或是提醒他們已有一、兩年未進行健檢。

  重點是要將患者當成朋友來關心。

- 保險業務員可以寫信給新生兒的父母，一方面恭喜對方，另一方面則是低調提醒父母，可為寶寶購買終生壽險。

多年來，一位華盛頓特區事業最成功的酒品零售商，每個月都會寄信給顧客，告訴他們有哪些新酒和特別的酒品。她也提供了用酒烹飪的小建議，並且舉辦令人期待的葡萄園之旅。

這位酒商的客戶很喜歡這種溝通方式。事實上，她也成功讓許多顧客每月訂購一箱自動送到府的酒品！

溝通的「秘密」

有些大公司和名人非常瞭解溝通的「秘密」，以下隨意舉出三個例子：

二十年前，菲利浦（Tom Phillips）在自家地下室創立了菲利浦出版社。公司營收超過一億美元時，他總共擁有六百名員工。為了慶祝這個里程碑，他帶著全公司員工及其家人總共一千五百人到迪士尼樂園，消費金額約為七十萬美元。

他也因此獲得媒體青睞，上了甘伯爾（Bryant Gumbel）

與庫里克（Katie Couric）的《今日秀》。

沃爾瑪創辦人華頓（Sam Walton）隨身帶著錄音機，跟別人聊天時，若是發現有意思的內容，就會紀錄下來，隔天立刻寄出感謝函給對方。

老布希寄出了許多感謝函，因此在競選副總統時獲得眾人支持，成為不二人選。當時還被稱為「感謝函政府」。

瞭解公開溝通深具價值的人，不是只有富人與名人。

各行各業的範例

Impact Group

Impact Group會找出帶來八成業務的客戶，列入自動撥號清單。只要公司的執行長一個月有一、兩次有空的時間，就會立刻撥打電話。客戶總是相當感激他們的來電。

會議公司

有一家會議公司在研討會之前，會致電每位報名者，詢問他們希望聽到的內容，以及報名的原因，並且在會議之後再次電訪。

攝影師

有位攝影師每個月打電話給客戶一次，但是大約有兩個月的時間沒打電話給顧客，顧客都非常想他。很顯然，無論是否有業務往來，他們都喜歡攝影師聯絡他們。

飯店

有位飯店經理在員工犯錯時會親自致電顧客，告訴對方這個問題必定讓他們覺得相當難堪。

他會修正問題，並且告訴顧客：「不知為何，每個月總是會發生一次很蠢的事，而他們正好是遇到的貴賓。」這種方式扭轉了劣勢，讓顧客感到很滿意，也因此跟顧客產生了連結。

顧問公司

有一家業務顧問公司在每一場活動之後，會固定致電客戶與活動企劃師，確認一切都按照原定計畫執行。如果他發現客戶訴說成功經驗時眉飛色舞，就會詢問是否可錄下談話內容。

那位客戶在電話中全力參與長達十一分鐘的對話，主動擔任見證者，並且提供免付費電話讓有興趣的客戶撥打。談話結束後，他不但表示感謝，還要求顧問公司幫忙訓練自己公司的所有業務人員。

零售

有位零售買家會定期步入紐約的市場裡，她是良好的訊息來源，可以提供一些令人振奮的消息，知道哪些產品值得購買，卻因為太貴不適合進貨。因此，她可寫信通知客戶，並且先行預購。

有一群多達五十人的高階主管應公司要求，致電所有客

戶做為練習，無論是老客戶、現有的活躍客戶、較不活躍的客戶都一樣。這群人當中，只有六位真正動手撥電話，或是請底下的員工撥打電話。而在這六人當中，有四人只因和客戶交談，三十天內的業務量就增加了40%至150%。

內科醫師

有位內科醫師在尋找聯絡轉診醫師的方式，我們就替他創造了長達一年的一系列寶貴溝通計畫。

航空公司

某家航空公司有個全職部門，專門負責撰寫謝卡，在重要場合送花，以及所有感謝與溝通等相關事宜。

武器零售商

某家武器零售商舉辦了五週年慶祝活動，包括了烤肉、史密斯威森半自動手槍展示活動、拍賣會等等。除了發傳單之外，他們也寄了三百張燙金邀請函給舊雨新知，以及過去一年曾經向他們購買武器的每一個人。

邀請函的地址由老闆親自書寫後貼上郵票，後來收到回覆的比例約為三成。

最重要的是，他們見到了很多許久不見的人。他們提供烤肉的時間長達十小時，與會者購買了一些商品，也記得老闆所做的一切。

內科醫師

有位內科醫師替許多門診患者動手術。每晚進行手術之後，他都會親自打電話給患者，詢問他們的情形。接著在隔天由他的助理進行後續追蹤，看看患者是否有問題，或是需要任何協助。辦公室的許多女士也清楚哪些患者病情較為嚴重，醫師鼓勵他們多跟患者接觸。

一般公司

某家公司將新合約拿給客服代表，由他們負責紀錄決策者的相關資訊。他們會記下對方的生日，以及對方孩子的生日、孩子是否加入少年棒球聯盟等等。這樣做至關重要，因為這個帳戶的價值在於能與對方維持長期（長達十年）的密切關係。

信封公司

一家由麥凱（Harvey McKay）經營的信封公司擁有相當成功的大型資料庫系統，紀錄了潛在客戶的資料。當中的資料十分詳細且包羅萬象，包括重要的日期、偏好或特定立場等等，是個完整的智慧型系統。

潛在客戶生命中的重要事件，都是可能進行後續追蹤的事項，因此他經常與客戶保持聯絡。在信封產業這種競爭激烈的產業中，麥凱大發利市。他會經常問候客戶，客戶都對他留下良好的印象。

會計師

　　一位康乃狄克州的稅務會計師收到西南航空的卡片，那是唯一一家寄送卡片給他的公司，卡片上有十位西南航空員工的親筆簽名。那位會計師回寄了一封親筆信，信上寫著：「我認為你們做的這件事非常棒，這是我收過最棒的聖誕卡了。」現在，他都會推薦康乃狄克州的朋友搭乘西南航空。

水電業

　　水電業發生失誤的機會不少，總是有客訴必須回覆。當然，也不乏收到寫來表揚師傅或員工的信件。

　　這家公司會寄送感謝函給來信者，感謝對方撥冗寫信，表達感激之意。

工程顧問

　　某位工程顧問會對客戶進行滿意度調查，每年親自致電客戶一至二次，瞭解員工的服務是否滿足客戶的需求，並且詢問其他一些問題。

家具製造商

　　某家具製造商讓一位經驗豐富的工人取代因病離職的員工。那位工人一連四天必須打電話給過去的客戶，瞭解他們是否滿意公司的家具，只有一位客戶感到不滿。

　　後來，負責電訪客戶的工人在午餐時間跟同事分享獲得的資訊，告訴他們顧客感到多　滿意，產能因此大幅提升，

工作的成就感也大幅增加。

物理治療師

南加州某位物理治療師透過行銷將事業做得很大，她採用別人給予的兩個建議方式，其中一個就讓她一個月內的生意成長了三成。

為了透過建立良好關係而獲得顧客（透過醫師與整脊師轉介顧客），她要求外表光鮮亮麗的按摩師下班之後，按照排定的行程每週撥打給七百間醫師診所。他們會解說物理治療，而如果對方同意，也會替所有的員工與醫師按摩背部。

接著她會列出物理治療的每一項好處，也花了一般人或醫師二十倍的時間重整自己的機構，鼓勵轉介來的患者，並且建立現有的系統（例如轉介系統、在不引發糾紛的狀況下讓保險公司迅速理賠的系統、減少取消預約的系統等等）。

她分享這些內容給醫師，因為她知道醫師也必須經營自己的事業，這些建議的價值遠超過明白何時讓患者進行物理治療十倍。她改變自己的重點，以較為整體全面的方式看待客戶。

製造商

海格（Carl Haggar）製造廚房用品，販售給零售商。他發現，寄送「夏季特賣會」的傳單給現有的顧客群，並且用電話行銷進行後續追蹤，能讓他的回購率增加5％。而促銷最成功的對象，是兩年以上沒有活動的舊帳號，這個活動使得

將近一百個休眠帳號再度活躍起來。

標本製作學校

班特利（Dan Bantley）修正了獨特銷售主張的信件，並使用避險方式，對潛在學員進行後續追蹤。他發現，在一年當中的淡季，來訪與前來詢問進一步資訊的人就比前一年增加了五成。

機車零售

針對「之後再來」的顧客，吉爾（Michael Gill）在機車業中成功使用了多重轉介系統，他透過贈送皮夾克等高級贈品的方式做到這一點。業務人員會隨身攜帶報名表，想要獲得「之後再來」顧客的資訊也較為容易。

收到資料後，他們會在當天就寄出一封信，兩天後再撥打後續追蹤電話。到目前為止的六週內，111位表示「之後再來」的顧客中，有52位確實再次光臨，24位真正消費。根據去年的銷售數字來看，整年下來，這項計畫能夠增加四萬兩千美元的毛利。

去年六月的總銷售量為42個單位，今年的目標為60個單位，目前已經達到57個單位了。業務人員也指出，他們使用的新銷售方式較輕鬆，客戶更願意坦誠以對，並與客戶建立起更緊密的關係。

景觀設計

巴斯（Tony Bass）針對選定的客戶，寄出一封促銷信，提供聖誕節的戶外裝飾服務。這封信件（寄給去年曾經購買同樣服務的客戶）在十一月初已經達到了七成的回購率。

巴斯也寄出了一封信給45位現有客戶，提供「一年前預約」的草皮維護服務。他在公司現金流最低時寄出這封信，不到30天就已經收到五萬美元，而且價格也比現有客戶的價格高25%。

廣告文案撰寫人

阿米緹姬（Diane Armitage）寄了一封信給現有客戶，其中有兩位增加了合約內容，讓她增加了額外的兩萬四千美元收入（先支付八千美元訂金，合約期間，每年再付一萬八千美元）。

牙科消毒設備

沙維庸（Shlomo Savyon）寄出三千封信給現有客戶，這些信讓他每週持續有三千五百美元的進帳（35%的毛利）。

美食廚房設備零售

從十二月起，哈特（Muriel Hart）開始銷售名為「神秘女傭」（每件11.98美元）的產品。她利用十二月銷售的盈餘，在二月份通訊首頁替這項產品打廣告，接下來訂單就源源不斷，至今已經售出超過五千件「神秘女傭」。

飾品零售商

　　瓊斯（Wink Jones）郵寄傳單（花費不到一千一百美元）給現有客戶，使得聖誕季增加了額外兩萬美元的收入，情人節則增加了額外一萬六千美元的收入。他針對特定時間購物者提供了現金獎勵，以及五十美元禮券回饋。

喜劇演員

　　克里斯丁（Adam Christing）寄出多達1,542封信給現有客戶（成本為每封信一美元）。至今他已經獲得了16場表演預約，總額高達5,952美元。

娛樂業

　　柯伍德（Bill Kerwood）寄出了長達八頁的信件，說明選擇他而非競爭對手有哪些好處，因此達到了兩成的回購率，讓他每週平均增加510美元的收入。寄出這封信之後，後續他又寄出一份單頁廣告，得到的成果為第一封信的兩倍。

理財服務

　　亞尼奇克（Joseph Janiczek）發現，透過每個月寄出五千至六千封研討會邀請函，就能增加理財服務公司研討會的人數。這讓他們每個月平均增加五到十位新客戶，而且持續在增加。

　　亞尼奇克和同事合作舉行研討會，他寄出四百封邀請函給自己的潛在客戶，八十五封給同事的潛在客戶。同事寄出

的邀請函當中，有七個人回應。實際出席的有五人，五人都預約了理財服務！他自己寄出的則有二十多位出席，後續預約的有十六位。

25位出席者當中，後續預約的有21位，比例高達84%，對他們而言，這是史無前例的新高！從他們大力推動轉介制度開始，四月到六月就有26位轉介而來的客戶。在1997年，整年經由轉介而來的客戶只有34位。

醫美手術

恰奇（Nikolkas Chugay）醫師在自己的當季通訊中，大力促銷優惠的整形方案。到目前為止，他已進行了六場手術，總金額超過三萬四千美元。

男童軍

格拉斯卡（Dave Graska）寄出募款信給以前的捐款人，截至目前為止，已經收到了7,130美元，付出的成本不到1,800美元。

隨時測試一切

不要瞎猜，隨時測試一切

不是只有大標題需要測試，一切都需要測試。

你可以測試不同的方案，發現其中一種說法或說明會比其他效果高出一成、兩成、五成或一倍，甚至是兩倍。你可以大規模測試不同的避險方式，排除客戶風險的方式，以帶來巨大的誘因，讓更多人跟你做生意。

你可以將商品標上不同的價格。我們曾經測試過，標價為19美元的商品，售出的數量比商品標價為17美元時還高出四倍。相反地，另一項商品標價為69美元時，售出的數量為標價79美元時的三倍。

必須瞭解哪一種方式、選擇和途徑可以讓你的狀況獲得最佳成效。大家的情況都五花八門，每個人的情況都獨一無二，牽涉其中的因素有很多，代表你必須測試不同的假設。

測試之後，就能找出對你最有利、並且改善一切的替代方案或全新組合。

如何測試

　　我們再次重申行銷的基本面，也就是你必須經常測試。

　　首先，若是要刊登廣告，請用**不同的大標**配上同樣的內容**進行測試**。請找出最好的大標，這時再來測試內文。

　　一次只測試一個變因，這是控制實驗的科學原理，也就是將你要測試的變因獨立出來，才能釐清造成不同結果的原因。測試的若是保固，請不要改變大標。如果要比較兩種價格所造成的結果，請不要改變其他變因。

提供線索的回應：測試的關鍵

　　假如要測試兩種不同的方式，就必須設計以不同方式為重點的特定實驗。你必須清楚每個方面對應的內容。

　　你可以採用不同的方式來進行：

- 發放折價券：每個版本的廣告使用不同代碼的折價券。
- 請潛在客戶來電或寫信時，聯絡不同代碼的部門（實際上不需有那些部門）。
- 請潛在客戶告訴你，例如他是從某某電台聽到這個消息，才能獲得折扣或優惠。
- 在郵寄訂購回函的標籤上印代碼，這個代碼就能讓你得知標籤的來源，或是你寄出的廣告版本。
- 讓每個方案都有類似卻不同的聯絡電話。
- 用不同的包裝進行測試，記下大家想要的紅利或價格。
- 請來電者尋找特定的人（可以用假名）。

這樣必定能追溯相對應的測試方式。

請仔細紀錄每個回應與結果：只有詢問、售出、售出數量、原有客戶等等。請紀錄每項行銷所需的資訊，並且務必仔細紀錄不同的回覆（產生潛在客戶），以及實際銷售的情形。存在著潛在客戶很好，但銷售才是你真正想要的結果。

列出「甲方法」與「乙方法」的結果之後，請比較兩種方式，選出較好的一種。接著再次進行測試，讓勝出的結果與新的選項相互競爭。

盡可能小規模測試

分版刊登法，是能讓你在同一份報紙上測試兩版廣告的方式。

報紙是透過金屬滾筒印刷，每一頁會刻製兩次。滾筒完整滾一次時，會產生兩份相同的頁面。

廣告業主想要使用分版刊登法測試時，就會製作兩版大小相同的廣告。A版刻在滾筒的一側，B版則刻在另一側。滾筒完整印刷一次時，就會產生兩版不同的廣告。

接著，你的廣告就會派送到人口分布類似的地區。由於廣告的版面大小相同，因此兩版廣告會在同樣的情況下進行公平的測試。

分版刊登法能讓你避免浪費數千元在刊登廣告上。你也可以在價格較為低廉、發行量較小的地方版進行廣告的初步測試。

若是出於某些因素，無法採用分版刊登法測試，也可以

採用另一個方式進行小規模測試。

請向你的目標出版品租借訂購者名單。找到合用清單的最佳方式，就是透過標準費率與資料服務索引（Standard Rate and Data Service Directory, SRDS）。這個索引會列出近三萬個可購買的清單並說明內容，可依不同的垂直類別（例如：醫師、游泳池老闆等等）或訂閱者（如《柯夢波丹》訂閱者、《電視指南》訂購者等）進行搜尋。

在這份索引郵寄清單上，往往可找到各種所需的清單。如果你不想花錢購買，可以在當地圖書館租借這份索引。

找到目標讀者的清單之後，請租用一部分，例如一萬或兩萬五千個名字。

請將名單分成兩份（可請名單經理為你服務，他們經常這麼做）。請將A版廣告寄給一半的人，B版寄給另一半，紀錄結果並且進行比較。

知道哪個版本較佳之後，就可以採用那個版本進行全面的廣告。

假設《洛杉磯時報》的全版廣告需要一萬八千美元，你不需要花費三萬六千美元刊登兩個版本的廣告，以及取得五千個測試名單的一千五至兩千元。使用這種方式，就能以可負擔的價格，小規模測試更多廣告、大標和其他變數。

電話測試

更迅速、更便宜、有時甚至能夠獲得更多資訊的前測方式，就是透過電話進行測試。請租用有電話號碼的名單，並

且將名單分為兩份，分送兩個不同版本的廣告給這兩群人，最後檢視所得到的結果。

進行電話前測最有價值的好處，就是獲得的回饋。透過與潛在顧客直接對話的方式，立刻就能找出問題，修正問題之後再次測試，最後才真正購買廣告。

傳單測試

到目前為止，我們大多討論刊登廣告；不過，如果你採用寄送傳單的方式，請繼續往下看。

或許你會使用寄送傳單的方式，鼓勵大家直接到你的店面選購；或是來電索取折價券，鼓勵客戶回電或是派業務員前往，寄出支票或信用卡訂單。

你可以使用跟刊登廣告相同的方式測試，進行A/B版的第N項測試。理論上，第N項樣本是名單品質剖面中理想的測試對象。

在你花費兩萬五千美元或四萬五千美元的郵資與成本、寄送傳單給沒測試過的對象之前，可以先進行五千人的第N項測試，看看他們對兩種傳單版本的反應。

測試同樣的廣告內容，僅有大標不同的反應。

在信封上印上同樣的標題。

使用同樣的大標，但是配上不同的內容。

使用不同的訂單格式。

除了基本的促銷信，試著搭配不同的**實體配件**，例如折起來的「請詳閱」信紙搭配一本手冊、郵資已付的回函、折

價券等等。

冒險花費大筆廣告預算對大規模讀者進行昂貴的促銷之前，請用最小的規模盡可能測試越多項目越好。

市場群眾願意甚至渴望將他們的偏好與價格告訴你時，你又何必自行臆測？

同樣的基本策略也可以應用在電視和電台廣告、現場銷售、店內廣告與電話行銷上。

例如，何必每天花錢播出五支60秒電視廣告，卻都使用同樣的方式說明某樣商品；可是，其實使用不同的方式傳達同樣的訊息，反而能為你帶來更多倍顧客？

若是將電視做為宣傳媒介，難道你不想知道展示產品或服務使用中的情形能不能吸引更多顧客嗎？

不論吸引了10位顧客或110位顧客，刊登60秒電視廣告所花費的成本都一樣，難道不值得你事先測驗找出這些問題的答案嗎？

假如剛好有你的業務員在現場，難道你不想知道哪個服務組合賣得最好嗎？

如果很容易就能測試兩個廣告，其中一個達到的成果可能是另一個的兩、三倍，難道你不想知道哪個較好嗎？

假使原本打十五通電話才有一通成交，現在卻能找出一個版本讓每八通電話就有一通成交，立刻就能讓成果倍增。

請測試你的話術、保證內容、促銷方案、產品資訊、價格與包裝等等，每一次測試時，都應該同時有兩種版本互相比較。

我的範例檔案：郵購業

某位客戶經營郵購業，退貨／取消訂單的比例高達訂單的兩成。我在原本的訂單中附上幾個不同版本的信件做為測試，所有的信件內容都是請顧客在購買時務必慎重考慮。

結果其中一封信大有斬獲，將取消與退費的比例降低五成以上，這表示只有一成訂單而非兩成會遭到退貨或取消。

這項測試實驗讓每年營收高達五百萬的事業起死回生。

我的範例檔案：通訊電子報

另一位客戶為通訊出版商，客戶收到第一期的一個月之內，就會開始設法讓客戶續訂。

我覺得這種做法過於大膽，但顯然市場不這麼認為，因為收到續訂早鳥方案的讀者中，有15%會選擇續訂。

但是，另一位出版商則是採用了五段式續訂信，平均的續訂比例為58%。

除了那封信，我又補充了一封信，信中用全新方式說明提供的紅利，因此又增加了40%的續訂率。如果他只用自己的續訂信，沒採用我額外附上的這一封，去年就不會擁有五十六萬八千美元的早鳥續訂收入。

我認識一位行銷人員，重新採用了一個舊廣告，以及他早已遺忘的行銷活動。更新廣告內容之後，他試著與目前由廣告商想出的高價廣告打擂台，結果舊廣告的表現其實勝過新廣告六成。

一陣子以前，我在生意上遇到一個尷尬問題，就是我幫

一家通訊出版社招攬了一萬五千名訂戶，結果通訊本身卻停刊了。

我擬了一封道歉信，提供另一項販售商品的點數。接著又擬了另一封信，提供另一項特殊高價產品的點數。

第二封信得到的效果是第一封的十倍，除了帶來**十萬美元的意外利潤，還讓我收到了四千封謝函。**

請讓你的測試結果做決策，不要瞎猜。

現場測試

我們來談談現場測試，進行現場測試的方法有很多種。

一位銷售人員可採用A話術一至兩週，另一位銷售人員則使用B話術。

每次進行電話行銷時，銷售人員可以輪流使用不同的話術，並仔細紀錄結果。

同樣的策略也適用於內部的業務人員與電話行銷人員。初步銷售之後，加購能讓單筆交易的利潤增加35%，也就是顧客走出商店或是掛斷電話之前，在原本售出的物品之外再加購另一項商品。

但是你必須測試，即使發現其中一種方式優於另一種方式，仍然不該停下腳步，因為新招會變成舊招。你可以利用更新的行銷方式將商品販售給舊客戶。

給進階測試者的話

進行測試並且漸漸熟練之後，或許會想要開始關心回應

的品質，而非只有數量。

　　若是想出一個廣告，所帶來的新顧客為另一個廣告的兩倍，請務必三思。許多產生潛在顧客的行銷人員進行整體分析時，並未正確分析受到新廣告吸引的原有顧客。

　　追根究柢之後可能會發現，你棄之不用的廣告，讓顧客回購的機率比更誘人的廣告多十倍。

　　我曾看過某則廣告只吸引了十位潛在顧客，讓業主賺到的錢卻比更誘人的廣告還多，因為A廣告吸引的十位潛在客戶中，有五位實際掏錢購買；但是B廣告吸引的一千位客戶中，卻只有三位購買。

　　其中的關鍵點在於，除非考慮並測試計畫的各個面向，否則你不會知道這件事。這就是為何你必須測試，並且不斷地紀錄結果。請紀錄你所有的資料，例如：

- 哪個廣告帶來業績。
- 一位顧客或一張訂單的成本。
- 某則廣告能帶來多少訂單。
- 某則廣告能夠賺到多少錢，或是造成多少損失。
- 每張訂單的平均價值。
- 顧客回購的金額與次數為何？

　　你可以從詳細紀錄每則刊登的廣告成本多少、結果為何開始，請務必紀錄造成改變的因素，例如標題的改變、刊登位置的改變、提供方案的價格等等。

　　請檢查行銷話術的整體效果，仔細記下每一次方式，以及每次銷售的平均訂單數。

　　請找出、紀錄並分析潛在客戶變成顧客的數量，你也值得額外花時間紀錄每一位顧客的平均消費金額，瞭解一位顧客每年會回購幾次，每次回購的金額是多少，以及毛利與淨利各是多少。

　　唯有透過比較測試並瞭解這類資料後，才能找出大幅改善業績的方式。

　　依我看來，你無權決定市場想要什麼，但是有責任找出他們想要的東西。

快速追蹤的行銷工具

　　如何做出聰明的行銷決策？事實上，決策過程相當符合邏輯。

　　首先，請評估並找出所有的行銷可能。其他人都在進行的事情，往往並非最好的選擇，不需固守某種特定方式。

　　以下列出一些大家普遍採用的行銷方式，你可以從中選擇所需。

- 現場銷售人員
- 公司內部行銷人員
- 電話行銷人員
- 製造商業務代表
- 在雜誌中刊登廣告

- 郵寄廣告
- 電台廣告
- 聯合廣告宣傳
- 寄售
- 商展

若是能確認其中某種行銷方式確實可以帶來淨利（該種方式帶來的總收入減掉所有的行銷成本，以及銷售人員的固定開銷），就應該繼續採用這種銷售方式，並同時實驗其他行銷方式。

大部分事業中，你可以同時採用多種行銷方式。只要你想得到，沒什麼不可以。

例如，我的一位客戶旗下擁有180名電話行銷人員，他也在知名的報章雜誌上刊登大型廣告。每個月，他都寄出多達一百萬份廣告，但並非僅止於此。他也有一個受過專業訓練的團隊，每年都會參加十次貿易展。

我們仔細追蹤並分析所有行銷活動的結果（與利潤）。事實證明所有的活動都能帶來獲利，因此我們持續進行每一個活動。

你的經驗可能相同，也可能不同。或許只有一種行銷方式能讓你獲利，但是請不要自動以為情況就是如此。

請實驗不同的項目。有時，你嘗試了你認為非業界「標準」的方式，卻能讓你脫穎而出。

有時候，只有一、兩個項目能讓你獲利。果真如此，就

必須善加利用能讓你獲利的選項。

整合一切

選擇了行銷的方式之後，請按照你從本書所學的項目進行修正，接著用在市場上，並且衡量獲得的結果。

請務必記得，你無法事先得知市場喜歡哪一種行銷概念或特定方式。**請將問題交由市場回答。**

你必須測試各種不同的選擇與方式，列表評估各種回應和相關獲利，接著再採用能產生淨利的方式。

最後，再排除那些行不通的方式，這能讓你的行銷潛能發揮到極致。

雖然這一點看來既簡單又明顯，但相當令人驚訝的一點是，很少人會讓市場決定他們採用的行銷策略。大多數事業都會想要讓市場接受自己的偏好。

霍普金斯概論

我認為，大家都應該閱讀霍普金斯的巨作《科學化廣告手法》三次以上。

雖然我跟你說我讀過那本書將近五十次，而且因此多賺了兩百萬美元，但我敢和你打賭五十美元，幾乎沒有人閱讀那本書超過一次。每次閱讀這本精彩的小書時，我的腦海中就會浮現許多點子，彷彿春天綻開的繁花。

我的許多重要概念都出自這本書，因此我要在此用極度濃縮的方式說明核心訊息，讓無法再度或三度重讀《科學化

廣告手法》的人，至少能夠瞭解大師的精神。

當然，你可以直接跳過這個贅述部分，一切操之在你。但我要說的如下：

- 我們學會了有效行銷的法則，透過提供線索的廣告與折價券等方式來追蹤回應，進行不斷的測試，驗證行銷成果。我們比較一種方式與其他許多方式，並且記下結果。證實了其中一種方式最好之後，這種方式就變成固定的法則。
- **廣告就是推銷術**，廣告的原理就是推銷的原理。無論兩者是成是敗，原因都類似。回答每個有關廣告的問題時，都應該依據業務員的標準回答。
- **廣告的唯一目的就是銷售**。決定公司能否獲利的因素，是廣告帶來的銷售，而非對大家的影響，或是讓大家對你的名字琅琅上口，或是對業務人員帶來幫助。
- **把廣告當成業務人員看待，必須讓廣告有存在的理由。請比較廣告和其他業務人員，計算廣告的成本與成果。不要接受任何藉口，因為優秀的業務員不會有藉口。**
- 唯一的差異就是程度。**廣告是多倍推銷術**，能夠吸引數千人，而業務員只能向一個人推銷，相對成本也較高。有些人在每個字的廣告上平均花費十美元，因此，每一則廣告都應該是一位超級業務員。
- 一位業務員犯錯的損失不大，一則廣告犯錯所造成的損失可能是上千倍。因此，面對廣告時必須比面對業務人員更為謹慎。

- 平庸的業務員對你的生意影響可能很小，平庸的廣告則可能大幅影響你的生意。

- 回答廣告問題時有個簡單正確的方式。請捫心自問：「這有助於業務人員銷售貨物嗎？如果親自見到買家，這樣能幫助我銷售貨物嗎？」

- 有些人說：「請盡量簡短，大家只看短短的東西。」你會對業務員這麼說嗎？有位潛在客戶在他面前，你會限制他只能說幾句話嗎？這樣必定綁手綁腳吧！

- 廣告也是一樣。我們可以獲得的讀者，只有那些對主題有興趣的人。無論是長是短，沒有人看廣告當消遣。請把讀者當成站在你面前發問的潛在客戶，將足夠的資訊告訴他們，才能讓他們採取行動。

- 請不要把大家當成群眾看待，這樣只會模糊焦點。請將對方當成某個可能對你販售的物品有興趣的個人。別試著搞笑，只要做你認為優秀業務員面對有意買單者該做的事。

　　切記，你說話的對象很自私。所有人都很自私，他們不在乎你的利益與獲利，是為了自己的目的而來的。忽略這個事實，往往是廣告時常見而且會造成慘痛損失的錯誤。

　　最糟糕的廣告，就是沒有要求對方購買的廣告。這種廣告毫無用處，通常也沒說明價格，沒有說明由經銷商負責販售產品。請務必讓你的資訊盡量完整且正確，並且引導潛在顧客購買。

最佳的廣告完全奠基在服務上，提供了所有顧客都想獲

得的資訊，告訴使用者有哪些優點，甚至在顧客願意的狀況下提供試用品，讓顧客在不用付費且無風險的狀況下驗證廣告的說法。

這些廣告看來有些利他，但實際上卻是根據對人性的認知而來。廣告撰寫者非常清楚如何引導大家購買。

這裡要再次提到行銷話術。優秀業務員不會只呼口號，不會說；「購買我的東西。」他會設想顧客使用的情形，讓顧客自然而然買單。

廣告和業務員的差異，主要在於面對面的接觸。業務員的目的在於引起注意，他不會被忽視，但是大家卻可能對廣告視而不見。

業務員會浪費許多時間在完全不可能對產品感興趣的潛在客戶身上，他無法挑出那些人；但是，只有被廣告吸引的人，才會閱讀廣告。他們自願這麼做，就會研究我們所說的內容。

大標題的目的，在於篩選可能感到興趣的人。如果你想在人群中對某人說話，開頭必定會說：「喂，比爾瓊斯！」引起正確的對象注意到你。

廣告也大同小異。出於某些因素，你的廣告內容只能引起某些人的興趣。你在乎的只有這些人，請你想出會引起這些人注意的大標題。

從古至今，人性依舊不變

心理學的原理就是固定與忍耐，你不需要忘掉你對它們

的認知。

陳腔濫調與泛泛之詞都會從大家身邊默默溜過，就像河水流過鴨子身邊一樣，完全不留痕跡。你說「世上最好的」或「史上最低價」，充其量只是大家意料中的說法而已。

但是，這類最高級說法通常只會帶來傷害，通常暗示著說法鬆散，往往過於誇大，忽略了事實，會讓讀者對你的說法大打折扣。

提出明確說法的人，所說的不是事實就是謊話。大家認為廣告業主不會說謊，都認為業主不可能在最棒的媒體上說謊。由於大家漸漸體認到這一點，對廣告的尊重與日俱增，因此明確的說法通常最能讓大家接受。

實際上的數字往往不會讓大家對你的說法打折。不論用書面方式或是親自說明精確的事實，往往具有相當的分量，可以達到最好的效果。

- 夠明確的說法往往可以增加內容的分量。如果說鎢絲燈泡比碳絲燈泡亮許多，你可能會存疑；然而，如果說鎢絲燈泡的亮度是碳絲燈泡的三又三分之一倍，大家就會相信你做過實驗與比較。
- 無論使用哪一種說法引起大家注意，廣告都必須陳述合理而完整的故事。
- 引起某人的注意之後，就應該完成希望對他做的事情。請記住，所有良好的論點涵蓋了有關主題的每個說法。某個事實可能會吸引某些人，另一個事實則會吸引其他人。忽

略一種說法，代表可能會流失一些這種說法能說服的人。

- 幾乎所有關於廣告的問題，都可以用廉價迅速的方式來回答，最後則可用測試的廣告來回答。這就是答覆他們的方式，而非在桌上爭論不休。**最後一招就是留待最終的法官定奪，也就是產品的買家。**

- 想要讓大家留下深刻印象，就必須與眾不同且令人感到愉悅。光怪陸離並非值得羨慕的差異，唯有用不同方式做出令人敬佩的事情，才能讓你擁有優勢。

行銷人員也一樣，無論是業務員或是印刷品廣告皆同。有些獨特會讓人瞧不起，甚至產生仇恨。有些令人耳目一新的獨特會產生正面提升的力量，深受我們歡迎。

我們賦予每位廣告商合適的風格，使其與眾不同；或許並非外表不同，而是方式和語氣不同，以最合適的方式傳達訊息給鎖定的對象。適合用粗獷坦白的方式說出某一句台詞時，就用粗獷坦白的方式來呈現。

結果取決於個人偏好時，某人可能是一副好人的樣子，但是在另一句台詞中，那個人很可能會證明自己是專家，因此顯得與眾不同。

攻擊對手絕非好廣告。千萬別指出別人的缺點，一流的媒體也不允許這麼做，這絕非良好的策略，因為這樣只會顯現出你的自私目的，看起來只會顯得不公平，沒有運動家精神。如果你痛恨吹毛求疵的人，只要表現出一副好人的樣子就可以了。

希望以上針對霍普金斯書中重點的回顧，已經讓他寶貴的觀點深植在你腦海中。現在，請閱讀《科學化廣告手法》以瞭解更多寶貴內容吧，書中的寶藏隨時等待你發掘。

切記時時驗證你的傳單

就我個人而言，使用郵寄廣告傳單相當重要。我的行銷方式有七成五都是透過這種有力的媒介。**藉由瞭解並掌握當中的奧義，我幫助客戶賺進了數百萬美元（也讓自己小賺了一筆）。**

假如你選擇使用這種獲利甚豐並且能刺激讀者的媒介，請謹記傳單的五個規則：測試、測試、測試、測試、測試。**請你不斷地測試，找出更有效的方案、價格、付款方式、版本、贈品與形式等等。**如果規模不是很大，請別擔心，大可在未經測試的狀況下就直接採用。

流程行銷的概念

何謂流程行銷？

　　現有行銷方式中，流程行銷是最成功也最能避險與確定的行銷方式，讓你不會將所有的蛋都放在同一個籃子裡。這可說是行銷的「正面中國水刑」方式。

　　透過行銷，不斷地挑戰並穿透市場、顧客、潛在顧客、過往買家、詢問者的自然阻抗。透過一系列漸進的定位與聚焦，把產品打進市場，直到產品的價值與優點不證自明，他們就會臣服於你，點頭買單。

七至十二通電話搞定交易

　　首先，先想想現在業務員的情形，多半必須打上七通、八通、十通、甚至十二通電話才能成交。我們透過研究得知這一點，但事實上，大多數人嘗試一、兩次之後就放棄了。

　　多數人透過電話聯絡某人時，若是發現進入語音信箱，就會覺得很挫折。流程行銷的概念是，假設你撥的電話會進

入語音信箱，別人不會回覆。

　　這種概念假定，大家都會拖延、多所考慮，說話模棱兩可。因此，透過一系列漸進、整合、錯綜複雜的步驟層層建構，就是從一層上升到另一層，直到成功達到行銷／銷售的目的為止。

　　這種概念（因為你可以將「不斷行進的行列」概念建構在這個之上）假設，沒有兩個人的感受能力、投入程度、習得體認、準備程度、激動程度完全相同；而你要做的事情，就是讓不同程度的大家投入並且買單。

　　這段過程與嘗試無關，套一句嘉露酒莊（Ernest and Julio Gallo）的廣告台詞：「我不會在葡萄成熟前採摘。」這也就是說，在大家應該購買的時機之前，不該強迫他們購買。

　　這種自然的假設認為，我們希望能向我們購買以及應該向我們購買的人，都會向我們購買；之後不斷回購，最後必定會買。

　　你遲早會瞭解，我們是唯一的可行解決方案。在金錢交易發生之前許久，增加價值、教育、告知、引導、建議活動與提議等等，早就不斷地在醞釀和累積。

拆分為多層流程

　　所以，實際銷售時，必須將過程拆分為不斷進行的多層流程，雖然這一點沒有任何可供參考的現成法則，但只要能讓你度過難關即可。這讓你即使出錯也不會有麻煩，因為你不需在過程的特定時間點達成銷售，達到銷售目的只是遲早

的事。

這就類似從一英哩高的大橋跳下時，下面鋪設了三重安全網，身上也繫著三條三十呎長的彈跳索。你不需要擔心，絕對不會受傷，可以盡情享受到處彈跳的樂趣，嘗試許多事物，因為你有許多退路。

不過，你必須主動且具備謀略，才能將危機變成轉機。

這個觀念的核心，就是你必須針對特定觀眾，必須聯絡他們，或是讓他們聯絡你。

在一連串的聯絡、溝通與互動開始之後，就能開始奠定基礎，讓事情成形，傳達最有說服力的元素、特色與因素，排除風險，讓提案變得難以抗拒，引導他們採取行動，並且在他們踏出每一步時回饋他們，讓他們變得更充實。

這樣的方式就會讓某些人有所回應。

正常說來，我們會傳達初步的訊息以做好準備。可以採取兩種方式（同樣地，可採取的方式有無限多種，但我在這裡只提供兩種極端的方式）：

方式一：直接說明法。開門見山就說明自己的動機，以及你打算做的事情，並以適當的方式說明你提供的方案。基本上，你就是說明一切，看看誰會買單。之後再透過後續更深入的教育進行追蹤。

方式二：雙極法。必須從教育對方開始，接著在不知不覺中說明你提供的方案。發問卷就是這種方式。

不過，我們之前促銷達成「連續四十個日夜大肆賺錢」的方式卻是第一種。我們告訴顧客自己正在做的事，以及為

何這麼做。要把狀況變成他們不好好利用都對不起自己的情況，這樣必定會好好利用。

這是把產品打進市場一種很棒的方式，因為這種策略假設你會跟我們做生意，我們知道你遲早會買單。

接著，你就開始教育客戶，提供資訊與知識，以及可提供的訊息與樣本，讓已經開始使用產品的人都能瞭解這些。整起事件的序列就是如此，當中可包含許多不同的事件。

我會告訴你一些例子，你就能自己從中體會。接著我會告訴你一些個案。

所有的溝通都必須傳達價值

流程行銷的假設基礎是，所有的溝通內容都能傳達真正的價值，而非空洞或自私的內容。因此，這些內容都具備影響力。若是具備影響力，就可以讓大家印象深刻，因而立刻回應。

流程行銷假設，即使是留在語音信箱的電話留言都相當重要，都是連續策略的一部分，不會在不考慮整體策略運用的情況下就貿然進行。換句話說，我撥電話給你時，就已經有無法聯絡到你的心理準備。

其實，聯絡到你是相當開心又有好處的驚喜，但那不是我的目的。我預期打去時會進入你的語音信箱，願意持續留言做為溝通橋樑，不斷留下帶有教育目的留言，希望可以激勵你，讓我們之前的溝通再進一步。我假設你聽取了我的留言，假設我們正在談話。

所以我不會說：「喂，我是傑，您要回電給我。」我會留下訊息清楚的留言：「我寄了兩樣東西給您。我想，您應該正在看，思考當中的內容，或是有其他想法。如果我認為至對你不重要，我會就此打住；然而，那真的很重要，這就是我要留言給你的原因，目的是想要告訴你……。」我會持續這樣做，並假設他們都會收到留言。

別讓他們「脫鉤」

我的假設有道理，幾乎都會實現。你正在引導他們，不會讓他們脫鉤。

大多數人都會喪失信心，都會產生「我逃不出語音信箱的牢籠」之類的困境。我喜歡這樣做的原因是，其實沒什麼人利用語音信箱。「嗨！我是傑……」霹哩啪啦說一大串。我總是事先就知道自己要說什麼，這是非常有效的方式。

最初的三十到四十秒是真正的關鍵。**開頭必須要有激勵與啟發的效果，不論是鋪陳其他事項，或是激勵他們採取行動都好。**

你可以說：「今天我請這個人過來，希望你跟他聊聊。他在五年內就賺了兩百億美元。他有七種特殊做法，也同意跟你分享這些內容。很抱歉你錯過這個機會，不過我會寄其他東西給你，希望你能撥空看看。」

在我們的智囊行銷（四十日與四十夜）當中，每次寄出東西給客戶時，都會告訴他們：如果採取行動，何時採取行動（最終由他們決定，我們無法操控），會讓他們賺進大把

鈔票，不採取行動實在對不起自己。

我們會寄某樣東西給他們二十次以上，每次都相當有威力。我們不像大部分嘲笑專家價值的人，而是會將我們的產品實例告訴你，並且簡短說明我們要做的事，所以不會讓你感到意外。

你可以透過思考與實際交易進行驗證，是否行得通，一翻兩瞪眼。

解釋、描述、說明、示範

我們不斷地做這件事，不斷地瞭解真相，進行說明、描述、闡述、解釋、比較與建構全貌。你會發現我們販售的不是產品，我們販售的是結果。我認為，那就是流程行銷的一部分。

不過，那是一連串的過程。再次聲明，那是基於時間有限的命題，認為每個人都處於購買過程的不同階段，不同的事物會在某個時間對不同的人造成衝擊。我們也認為，有時你必須建立多面向的認知。

流程行銷的觀念奠基於不斷演進的基礎上，因此，我必須研讀一家公司的許多研究報告，並且進行許多不同變因的測試。

我發現最有趣且最迷人的事，就是（我不記得百分比）至少有25％甚至是50％的大突破，都是許多因素共同運作下的結果。

這些公司測量所有的事物，他們測量銷售、廣告、生產

力、品質、流程控管等等。這些都是在研究變因，是根據實證而來的變因。

他們發現你能做的不多，例如改變大標題造成的差異相當有限，寄出一封信造成的變化也只有一點點；然而，改變廣告的大標題，在廣告之後寄出一封不同的信件，寄出一系列的東西，一切加總的結果卻能造成局勢完全改觀。

多種因素的總和，才會造成一觸即發的重大影響。這就好像你手上有氫氣，那沒什麼；你有氧氣，那也沒什麼。但是，把這兩者放在一起時，卻能產生巨大的潛能。

流程行銷背後有紮實的科學原理

大多數人不採用這種方式的原因有兩個：他們都想要簡單、迅速、立即見效的萬靈丹。現在除非販售的是冰淇淋，或是衝動下才會購買的商品，否則買家都會經過一段時間考慮後才購買。

我認為經常測量是件好事。我想，大部分準備要買東西的人不會首次接觸你的時候就購買，因為第一次的方案往往不是你最好的方案，對吧？所以，你必須把你的方案分成幾個不同的元素，讓大家能夠看到你提供的方案。

這就彷彿萬花筒，讓大家看到全部的潛在可能，或是問題、產品、服務、成果、經驗與結果的不同面向。

所以，使用這樣的觀念，你就可以向大家推銷。有些人會買單，有些人不會。到時候你不需要說：「去你的，我要繼續……。」而是應該假設他們會買單。

一開始你就應該假設他們會購買。你要假設他們只是需要幫忙才會購買,幫這個忙的可能是時間、財務狀況、充分理由,瞭解投資報酬率,更瞭解具體與情感上的好處。可能是以上一項或多項原因。

此外,你必須考慮並納入同儕肯定,言語上承認他們正在設法解決的問題,但是要解決那個問題時卻遇到反彈;也要考量狀況不好、當時沒有動力等等之類的。

不動產的流程行銷範例

假如你只跟準備立刻購買的人打交道,很可能會排除九成的可能性。不過,很遺憾,大多數房仲業務員都是如此,他們房仲依然採用在附近地區發送名片的愚蠢方式。

一切視我針對的目標為買方或賣方而定,我會採用流程行銷進行一系列後續追蹤。假如你問對問題,就可以採用針對他們進行客製化流程行銷。

在房地產業中,流程行銷會假設你願意負起領導的權威角色,與「卓越策略」一致,由你帶領潛在客戶邁向旅程。

從一開始你就假設自己在領導他們,不是他們領導你,就是你領導他們;不是遵從就是領導,沒有灰色地帶。假如你不領導,請靠邊讓他們通過。請你選定角色之後就按照這樣走下去。

例如,許多人會打電話給房仲業務員,卻不知道要提出什麼問題,不知道選誰好。我的工作是幫助他們根據經驗做出最合理的選擇,因此我會寄很多東西給他們。

首先，我會寄給他們可以用來判斷房仲業務員的客觀條件，但正巧你是唯一符合條件的人選。那是因為從最有利客戶的角度來看，你是最佳人選，這就是卓越。

接著，你可以讓客戶看看百位成交顧客的推薦，告訴客戶有需要可以打給他們。接著可以提供地址，讓客戶開車去看看。

然後你可以讓他們看看，相較之下，你賣出的房子對賣方多麼有利，比例有多高，並且讓他們看其他房仲業務員成交的比例。

這時再繼續從其他各種不同的角度檢視這個選擇，然後問他們十個可能面臨的難題、讓他們掙扎的問題，並且將答案告訴他們。

此外，你也要不斷地將市場的最新現況告訴他們，而且必須使用有技巧的方式。許多人只是告訴你市場現況，卻不使用你聽得懂的話。

你可以進一步採取行動，告訴他們：「根據你對我說的內容，如果你準備根據我的建議採取行動，我真的希望你現在就立刻考慮，因為市場隨時會變化。若是真的希望有很多人來看你的房子……」

你也可以說：「我希望最終賣出房子的是我，因此我要告訴你一些觀念，讓你可以做好售屋準備。」你要假設他們跟你簽約是遲早的事。

接著，你讓他們做好等待成交的心理準備。你可以說：「大多數房仲業務員的平均成交時間為95天，我的平均成交

時間是32天。不過,現在市場景氣看好,我想可能不需要那麼多天,但是我無法向您保證。」

你必須不斷地讓他們做好準備,寄信給他們,寄出感謝函。或許連續一星期發信給他們:「我想,這或許是你做過最重大的財務決定,你應該直接或間接跟你能信任且做過這類決定的人聊聊。因此,接下來幾週,你會收到二十封甚至更多的信件,這些人都經過沈思,決定坐下來寫信說明這段過程。我不打算把所有的信件都寄給你,免得讓你覺得無法承受(事實上我當然有更多信件,多到會讓你吃不消)。」

「你可以打電話給其中任何人,但是別太打擾他們。或許可以先打個電話,問問是否可以花十到十五分鐘請教他們一些問題。你可能想問他們這些問題……」

醫療業的流程行銷範例

我們以醫美手術為例,因為要進行這方面的行銷並不容易,但我替許多施行醫美手術的皮膚科醫師做過這件事。

我們已知,根據你和患者進行諮詢的情形,實際進行手術的比例可能低至5%,也可能高達80%。如果他們是別人推薦而來,也做好接受手術的準備,接受的比例就很高。如果他們是看到傳單、聽到研討會的消息、或是看到電視廣告而來,態度就會趨於保守,會希望多跟其他人聊聊。

所以,你今天要做的就是努力工作、長時間工作,盡量以各種不同的方式影響他們,讓他們欣賞你的價值觀,影響力必須大到讓他們點頭。說服他們並非他們的問題,而是你

的問題。

如果他們前來徵詢你的意見（表示你刊了廣告或辦了研討會，之後他們來找你，或是你製作了一份型錄、免費報告之類的），那表示他們已經被打動了，但他們還在考慮、收集事實，或許還猶豫不決。

你的工作就是要幫助他們做出最理性、平衡與專業的決定，即使他們最終選擇的對象不是你。如果你是最適合他們的人，而你經營事業的態度與觀念也相當正確，大多數狀況下，你都是最好的選擇，往往也可能是唯一的選擇。

第一次諮詢之後，對方若是不買單，整形醫師的工作就是，假設他們沒有足夠的時間到他的辦公室，或是打電話給他。他應該說：「那麼，我們來看看……臉部拉提、隆乳或是腹部抽脂手術之類的。請用慎重的態度看待這件事，這是重大的決定。」之後再進一步寫一系列的信函給他們。

有人猶豫不決或是抱持負面態度時，我做的其中一件事並非讓他們回心轉意，而是假設我若是他們也會這樣想，或許也想要考慮一下。也許我想跟提供這個方案的人談談，也可能想要跟醫師聊聊，因為我可能會想：「我不清楚正確的標準。」

整形醫師可以說：「我來幫您找出您應該提出的問題，以及可遵從的正確標準，讓您能據此決定是否要整形。」

「或許您應該打肉毒桿菌，但是我沒提供這項服務；如果要打肉毒桿菌，我可以推薦您去其他地方。我會用假名或是採取匿名，因為我不希望引人注目。」

「我會寄『手術前』和『手術後』的照片給您看，您可在我的辦公室看這些照片，但是這樣的環境可能較有壓力。我們不是故意這樣的，但確實比較嚇人。讓我給您看一些東西，看看我們幫別人做的事情是不是您要的。或許您不需做那麼多，或許對您並不重要，也或許您不需考慮這些……」

「我立刻就這麼做，然後會寄些其他手術完畢願意公開者寫下的信件給您看。接著，我會舉辦電話會議，邀請對手術有興趣的人一起參加，當然由我來付費。」

「之後我會舉辦研討會，剪下報紙上相關的正面消息。有些外科醫師會出版自己的著作，如果自己沒有好文章給您看，我會找別人的著作，至少可以寄個其中一章給您看。」

我會繼續這麼做，直到其中一件事情發生（這就是流程行銷的精華所在）：一、他們接受了手術；或是，他們對我說：「嘿，別再找我了，我已經去找別人動手術了。」或是說：「我決定不做了。」

零售業的流程行銷範例

零售業的情形則不太一樣。零售業的假設是，你會一再回來。我和太太經常去「薩克的店」，店裡有位女士知道我們喜歡什麼。她總是幫我們留一些東西，打電話告訴我們。她的眼光相當好。

如果店裡來了熱門商品，而且相當獨特，很適合我們，她會替我們保留或是打電話告訴我們。如果推出了什麼很酷的東西，就會留言給我們。如果即將推出什麼優惠活動，像

是特賣會，例如購買五百美元贈送兩百美元禮券或是打折，
她也會告訴我們。她時時替我們留意優惠，事先告訴我們，
讓我們瞭解最新的資訊。

她主動提醒、建議並告訴我們，各種符合需求的購物優
惠，讓我們覺得備受禮遇。

她花費許多心思瞭解我們的需求，針對我們的需求給予
建議，讓我們不需浪費時間。我們認為她總是以我們的利益
為優先，雖然她想要靠販售的佣金獲利，但如果不是我們想
要的東西，她絕對不會打電話來。

事實上，她會找出我們想要的東西，並且幫我們保留。
她努力瞭解我們想要什麼，我們十分信任她。因此，如果她
打電話來，或是留訊息給我們，我們就會去店裡購買。

藝術家的流程行銷範例

我曾經和一位藝術家共事。這位藝術家的一位潛在客戶
有其他要事在忙，他想要跟這位前在買家談交易，買家卻一
拖再拖，拖了好幾個星期，完全不提交易的事。

我告訴他，必須主動讓買家回來談這件事。對方必須處
理的要事，遠比現在花五萬或十萬美元購買看似與其他事情
不相關的作品還重要，但是藝術家覺得這兩件事不相干。確
實如此，那件事當然與藝術家無關。

但是你必須明白，繼續跟對方保持聯絡是必要的。你必
須瞭解，不是這樣就好，這關乎你的生意、你的生計、你的
生命、你的熱情，以及你的目的。

　　你認為情況會如何？拖延的下場就是如此：「突然間，昨天有人要我做另一個大案子，所以我現在正在處理那個案子。我不知道會不會影響到你的案子，但是……。」你很可能因此降低成交的機會。

服務業的流程行銷範例

　　以服務為主的公司（例如樹木修剪服務），首要之務就是讓客戶接受一系列服務。不過，使用系列行銷的結果，可能是發生下列情形：

- 對方可能打電話給你一個報價，然後你很可能只是替他們工作一次、兩次、最多三次。
- 或者是，他們很可能打了電話，給了你一個大案子，接著就不再打電話給你。
- 或者是，他們要你報價，然後就不再聯絡你，你不是得標就是沒得標。

　　以上這些情形都是一系列行銷的開始。你可以說：「好的，不採用我們的原因可能是下列三種之一：一、你認為別人更可靠。二、你認為其他人提供的方案更有價值。三、決定的人不是你。」

　　「如果不是由你決定，可能是你的看法不受重視，或是樹木的健康狀況有問題，或是有其他問題等等。但如果是由你負責，而我卻沒拿到這個案子，很可能是我沒有充分讓你

瞭解我在乎這個案子的程度。」

「我的工作是這樣的：我們兩人都知道，再過半年、一年，樹木還是需要修剪。我希望屆時是由我負責，之後也都由我來做。我認為，當你瞭解我的服務內容、態度、速度和仔細程度之後，就會把案子給我。」

「我不只負責修剪樹木，還知道怎麼修剪比較美觀，讓樹木看起來更對稱、更賞心悅目，更能融入整個景觀，也會讓樹木更健康。」這些後續內容有賴許多因素決定，可能是大環境、交易本身的動態等等。

首先，任何工匠想在一年內讓自己的收入三級跳，都應該即時進行後續追蹤，用有系統的專業方式處理他們接到的每一通電話，以及每次進行的報價。不過，這些行業的工匠大多不做那件事，或是不喜歡做那件事。所以，發生的情形往往如下：

首先，客戶會打電話給他們。如果他們沒接到客戶的電話，往往也會忙到不再回電。他們不會打電話過去說：「我真的很忙，但是真的很想過去看看。我很想做你的生意。」

「我們不可能談了兩星期都沒結果，但是你也不該期待我早點開始，因為我不會有足夠的時間這麼做。我開始做某項工作的時候，就會把工作做好，至少在開始進行你的工作之前，有機會報個價。我會過去給你一些良好的建議，即使最後得到工作的不是我。」

「我會幫你確認工作能否妥善完成，釐清真正的需求，但是需要一星期才能回覆你。」這樣做簡單有力，不是嗎？

接著你要持續追蹤，即使在報價後沒收到客戶的回覆，也應該進行後續追蹤。我和太太找人處理後院的三、四項工程，前前後後總共打電話找了七個人才全部解決。

這種情況不是大好就是大壞，非關策略，而是麻煩事。你打電話給他們，如果他們接到，今晚也正好沒事，就會回電給你。回電之後，他們不會記得對象是誰，之後也不會進一步打電話給你。

他們不會有系統地回覆，因此在某些產業中，進行追蹤聯絡可能比其他活動更有價值，就像成交保證一樣。

同樣的觀念也能用來再次獲得相同的工作。在你從事的行業中，若是大家往往一再需要同樣的服務；以我家後院的工程為例，我們先築了側面的牆，接著是正面的牆，後來又做了這些和那些，還有三、四項不同的工程……

這樣，你就會擁有大量的工作。只有當你和客戶保持聯絡時，才能做到這一點。你可以回來檢查是否有任何損壞之處，進行符合邏輯的後續追蹤。

亞伯拉罕的策略行銷觀念報告

傑：接下來這個小時非常重要。右手邊這位紳士卡爾‧透納（Carl Turner）先生，是本機構資深顧問。他在本機構工作了七、八年，讓公司變得更好，負責為我們上萬名買家提供諮詢、建議，並與他們互動。

卡爾：其實是一萬兩千名。

傑：一萬兩千名客戶。他曾參與我們舉辦的二、三十場

研討會，也跟我合作進行了將近上百場私人的短期與長期顧問工作。

所以，他對我所謂的「黑洞」症候群有卓越的洞見，也就是許多人接觸到我和我的觀念之後，在心智上所受到的啟發。他們開開心心地回家，但是在接下來的人生中，卻往往什麼都沒發生。

他試圖研究並釐清這種現象，研究如何避免徒勞無功，並且進行更妥善的管理。在接下來的一個小時內，他將會大方分享所謂的「**有效率的七步驟行銷實行系統**」。

他將會跟你們分享，站在第一線時，親自和一萬兩千位你們這樣的客戶互動之後所獲得的心得。

說到這裡……我們就有請卡爾。

卡爾：我叫卡爾・透納，跟傑共事了八年。或許，你們大多數人會知道我是因為收到傑的信，上面寫著：「請打電話給透納。」

但除此之外，我也不斷地研究傑正在進行的事情，並且瞭解他真正想做的事，讓我可以迅速瞭解他的想法。換句話說，我是「年輕的傑」。

七步驟行銷實行系統

因此，我們擬定了一套「**七步驟行銷實行系統**」。現在就要說明以下的步驟，許多都是逐字說明，因為每個字都很重要。

今年底或明年初，我們要進行的五天兩萬五千美元計畫就是以此為基礎。我們已經進行三個多月了，試圖整理出結果，當中納入了大量研究成果。

這是個非常簡單的系統，但是我會在裡面加入許多演講中沒有的細節。你們可能必須使用這個步驟五、六次，才能有效利用這個系統。你們可以不斷地使用這個系統，因為這就是有效的行銷方式。

許多時候，有些人擁有很好的產品或服務，卻不一定能賺錢，造成差異的關鍵就在行銷。

蘋果電腦與微軟就是個好例子。很久之前，蘋果電腦擁有較出色的作業系統（許多人都是這麼認為）。微軟最初銷售給IBM的時候，甚至連自己的產品都沒有。

但蘋果電腦卻曾經瀕臨歇業，現在微軟則是全球最大的軟體公司。所以，重點並非擁有良好的產品或服務，而是在於有效的行銷。

有一位跟傑合作的對象是羅斯（MacRae Ross）。羅斯表示：「如果發明了更好的捕鼠器，卻沒進行有效的行銷，最後只是會破產，與裝滿捕鼠器的整個車庫為伍。」

行銷就是關鍵，這也是你們在這裡的原因。你們大多數人都瞭解這一點，但是要進行有效的行銷，成為有效的行銷者，就必須具備有效的實行系統。這就是這個系統的關鍵，有效實行行銷系統的七個步驟。

我要概略說明當中的內容，接著討論細節，然後再進行工作會報。

1 **瞭解你最好的客戶。**你最好的客戶就是代表你最佳客戶的一群人。

2 **瞭解你的產品如何符合他們的需求，解決他們的問題。**這一點相當重要，因為大多數人都把重點放在產品上。其實重點並非是產品，不是產品的內容或品牌，而是產品所能解決的問題。

3 **整理行銷文件，以強有力的方式說明產品如何解決客戶的問題。**許多時候，我們會說明自己所做的事、某項產品的特色，或是自己的看法。我們要做的事情，就是說明這些對客戶有什麼意義。

4 **判斷客戶的終身價值淨值。**你可以做的事情非常多。基本上，他們讓你獲得的淨利潤價值，決定了你能用何種方式吸引這些客戶、留住客戶，並且對他們行銷。

5 **將傑組成「讓所有企業成長的三種方式」的三十個行銷策略列出先後順序。**我們會詳述其中的許多細節，這是相當複雜的事情，但我們會用非常簡單的方式來說明，讓你明白我們在說什麼。

6 **評估你的資源，判斷你要做的第一、第二、第三件事情是什麼，並且列出執行這些行銷策略的時間表。**你必須有施行計畫，若是光有概念卻沒有時間表，就只是空有概念而已，什麼都不是。所以，你必須將這些計畫寫下來。

7 從今天開始，每週調整你的時程表，看看自己做到什麼程度，接著每個月、每一季再進行調整。**清楚自己的時程表之後，就找出應該進行哪一種行銷策略，以及何時應該進**

行。假設你要進行電話行銷，那麼，每週必須檢視實際上所做的事情，每季必須進行調整。或許有某一週不需要打電話，或許你有太多客戶，讓你忙到不可開交。你不需硬性規定自己遵守時程表，但是必須每週做這件事，並且把重點放在這裡。再次強調，行銷就是讓你成功或淪於平庸的關鍵，因此你必須把重點放在能讓你成功的事情上。

以下就是執行細節：

1 瞭解你最好的客戶或潛在客戶

你可以檢視自己的資料庫或收集產品資訊的時機，並且判斷哪些是你比較想要的客戶。你們每個人若是擁有自己的事業，應該會有些自己不是很喜歡的客戶，而且不希望擁有更多那樣的客戶。

你想要那些共事愉快的客戶、能讓你賺很多錢的客戶、十分欣賞你所作所為的客戶，因為生活的一部分就是要享受自己所做的事。

現在，你很容易就能判斷誰是最好的客戶，開始跟他們碰面，瞭解他們需要、想要、渴望的是什麼，以及你需要解決什麼問題。

如果你花了十五分鐘跟每個人進行談話，總共只會讓你花上三小時而已。我很肯定你們當中有些人必定能判斷最好的客戶想要什麼，你的產品或服務遇到什麼問題，以及他們如何運用這些產品或服務。

2 瞭解你的產品符合他們的需求，解決他們的問題。

一、**你的產品如何滿足那些需求？**舉個例子。或許你在賣車，賣的是荒野路華，你認為那是頂級的交通工具。大家都喜歡荒野路華，因為故障率低，又能克服各種地形。

但是，或許你的客戶想買荒野路華，是因為在崎嶇的地面上不需停車也不需把車開進水裡，就能將小艇放入水中。

或許那就是你想要買荒野路華的原因。你要找出最好的客戶為何想要購買那樣的產品，這樣就能得知你應該銷售什麼。你也必須把那一點寫下來做為行銷策略，我們會在下一個步驟中說明。

你必須瞭解應該解決什麼問題，才能讓行銷系統的其他部分順利發揮作用。一般來說，大家並不知道這一點。這就好像若是有弓又有箭，就可以將整個世界殺得片甲不留。

如果能找出必須解決的問題，以及應該使用何種策略，傳達更強有力的訊息，要達到銷售目的就比使用其他方法更容易。

二、**你必須判斷客戶購買你的產品與服務之前、之中和之後需要購買什麼。**「之前」可能是他們購買荒野路華之前先買了一艘船。在那之後，他們可能會買拖車，或是同時也買了一輛拖車。

之後，他們可能會購買泛舟保險。我只是以此為例，你可能需要研究這一點。你需要知道的原因，是可以在目前販售的物品上增加其他項目，或許是荒野路華加上一艘船與拖車，或許是荒野路華加上保險。你可以看看還能銷售什麼。

接著，若是開始設計這個套裝方案，也可以看看能跟哪些公司攜手合作。你花了許多時間與金錢跟客戶建立關係，這樣做要花一大筆錢。只要你檢視這些重點，就知道他們在購買之前、之中、之後也買了什麼。

三、接著你想瞭解的事情就是：他們會向你的對手購買什麼產品？或許他們向你購買荒野路華，是因為你能提供套裝方案，讓他們省下一些錢。

或是他們想要能與小艇拖車迅速脫鉤的車子，或許會買雪佛蘭的Suburban休旅車。我舉這個例子是為了讓你明白客戶在做什麼，以及競爭對手提供什麼給客戶。

四、你可以增加什麼目前缺乏的東西？你必須時時注重行銷，那就是你必須時時心懷最佳客戶的原因。我不知道你是否要將最佳客戶的照片供在藥品櫃上，隨時提醒自己，但是你真的應該考慮這麼做。

你必須瞭解他們要的是什麼，有什麼是他們需要但你還沒提供的？這些都必須納入考量。

傑經常提到的例子是K-Pro公司。很久以前，購買電腦時必須分別買螢幕、印表機和鍵盤等等，並且花上許多時間將這些東西組裝在一起。

許多人沒買電腦，是因為不知道如何組裝電腦。大家想用電腦寫信、製作資料庫、進行計算等等，但是因為組裝過於困難，大家才沒買電腦。K-Pro公司以簡單的系統將所有配件組裝在一起，他們也是最先看到客戶需求並實際滿足需求的公司。

你必須瞭解客戶整體的需求，必且釐清如何滿足這些需求。此外，你也要看看他們還需要什麼東西。

3 使用強有力的方式，說明你的產品如何解決他們的問題，現有的產品為何符合他們的需求。

所以，這裡有個現有或改良的產品。如果你知道大部分最佳客戶購買荒野路華，是因為在崎嶇的地形上輕易就能卸下小艇，就必須記下這一點。

你的「問題」可能是會受困水中，為了解決這個問題，必須上下車都很容易，因此你研發了解決之道，那就是你的產品。

請在你的行銷文件中提到這一點，或許用：「你希望更健康嗎？請使用這項產品。」你必須在文宣中提到你解決的問題，以及如何解決問題。這個標題的概念會比使用其他標題好上三成到十倍。

許多時候，大標題是否成功，取決於你有無提到必須解決的問題及其解決方式。這類似介紹產品的文件，無論是平面廣告或信函、進行電話行銷的開場白、或是提供訊息的廣告都一樣。

所以，你必須使用這樣的標題。只要遵守步驟一至三，就能改善現有的行銷困境，不需額外加入任何行銷策略，完全不需要。

你可以採用現有的方式，只不過會更有效率罷了。只要瞭解客戶的問題，以及如何解決，就能讓你的行銷更有效。

反正你必須拓展現有的市場，拓展之後就能加入其他策略。接著你可以讓自己的行銷策略跟微軟一樣，讓你的公司變成世界上「某個行業」最大的公司，或是達到任何你想要的目標。

4 判斷最佳客戶的終身價值淨值

終身價值淨值就是：每次交易的平均利潤乘上每年交易的次數，再乘上最佳客戶向你購買的次數。這是很簡單的計算方式，但你必須知道自己能花多少錢吸引客戶的注意力。

5 將傑組成「讓所有企業成長的三種方式」的三十個行銷策略列出先後順序，並且列出各項所需的投資（時間、金錢與資源）。

我會將「讓企業成長的三種方式」做為本書的附件，以簡短的方式向你說明當中的內容。之前其實你已經看過這些內容，看到的是「讓所有企業成長的三種方式」以及「三十個不同的行銷策略」。現在，我要說明另外三個新研發的行銷策略，因為這是我們研發出來的最新技術。

我會概略說明「讓所有企業成長的三種方式」，以及其中的一些特別之處。

讓所有企業成長的三種方式

這是比較危險的方式，你會透過這種方式跟客戶建立關係。這是會讓你燒光資金的地方，可能相當危險。

透過下列方式，增加潛在客戶或前來詢問的人數：

1　建立多重轉介系統。

**　　轉介系統很棒，因為不用花半毛錢。大多數人最先會想到這一點，全力集中在這裡，這是最昂貴也最危險的做法，因為很可能讓你花掉許多錢。你必須知道自己在做什麼，以及進行的方式，才能進行有效的轉介。**

2　在前端以收支平衡的方式獲得客戶，再透過後端獲利。

3　透過避險方式保證購買。

　　大多數人都讓客戶難以購買。透過這種方式，你售出的產品就會倍增，因而可提供不滿意就退費的保證。

　　他們不瞭解你在做什麼，但背後的原理是，若是知道使用你的產品或服務不會賠錢，他們不會多想就會接受。我在販售傑的高檔產品時，通常會說：「九十天內，我們都接受退費。如果你決定退費，可以把XX留下，這是我們對於造成你不便的一點心意。」如果你讓大家退回主要產品仍然可以留下某樣物品，一定會讓他們受寵若驚。

4　發展主客兩益關係。

　　找出他們購買你的產品之前、之中、之後購買的東西，主客兩益關係其實就是策略聯盟的另一種說法。

　　你可以找到推薦潛在客戶給你的人，如果他們願意替你背書，就能幫你建立可信度。傑曾經多次獲得羅賓的背書，羅賓推薦傑的時候，效果非常好，因為大家都相信羅賓。

　　所以，羅賓的商譽就轉移到傑的產品上了。傑不需要花

費與羅賓相同的大量時間金錢跟客戶建立關係，就能讓羅賓的客戶購買傑的商品。主客兩益關係的優點，就是不需透過信件等方式一次只能獲得一位客戶，而是很可能一次就獲得幾千名客戶。

這是投資報酬率相當高的做法，是僅次於推薦系統、最容易獲得大量客戶的方式。

5 平面廣告。

6 寄發傳單。

7 採用電話行銷。

8 舉行特殊活動或是產品發表之夜。

9 購買適當的潛在客戶清單。

10 擬定獨特銷售主張。

11 透過更好的顧客教育，增加顧客認知產品或服務的價值。

12 使用公關技巧。

13 購併其他公司。

14 行銷通常不會販售給新客戶的資產。

15 讓舊客戶再次購買。

大多數人獲得客戶後，客戶會離開。如果客戶離開了，卻沒有再次聯絡他們，就需要花很多金錢與時間建立關係。

許多時候，他們因為某些因素而離開。或許有事情打斷他們正在做的事，例如家中有突發變故；或是有其他因素迫使他們離開。

透過以下方式增加留客率：

1 提供超乎期待的服務品質。

2 經常與客戶溝通來「養」客戶。

透過以下方式，將洽詢轉變成銷售：

1 提升員工的銷售技巧。

2 先讓潛在客戶符合資格。

3 提供令人無法抗拒的方案。

4 透過「說明原因」教育客戶。

5 創造／增加更多顧客認定的價值。

增加平均交易價值

相當簡單，只要增加交易金額即可。

1 改善團隊的銷售技巧，增加銷售與交叉銷售的機會。

2 使用銷售點促銷。

3 納入免費的產品和服務做為套裝組合。

4 提高價格，你的獲利也會因此增加。

5 改變產品或服務的屬性，使其更「高檔」。

6 提供更大的購買單位。

透過以下方式增加交易頻率

一、發展後端產品，也就是回歸客戶本身需求的產品。
這是能促進前端銷售與交叉銷售的技巧，或許是不言而喻的

一點。

　　你看待荒野路華的方式會根據我們之前談到的特色，而非本身的優點。若是罹患了關節炎，你不會在乎花五美元或是六百美元，而是能否治好。如果能找出讓客戶感到痛苦的問題，並且解決這個問題，價格根本就不是問題。

　　客戶與你進行交易時，立刻搞清楚他在交易之前、之中與之後購買了什麼，他們很可能還願意向你購買其他產品。接著，如果你遵守傑的原則，他們也很可能希望你提供購物的建議。

　　二、親自與顧客溝通（透過電話、信件和電子郵件），維持正面關係。

　　我與霍姆斯（Chet Holmes）合作進行針對高端顧客的計畫，因此我幾乎跟每位潛在顧客都說過話。

　　所以，跟客戶建立關係之後，他們就想跟你說話。你不是在打擾他們，也不是讓他們想要盡快掛斷電話回去工作的人。他們期待你讓他們變得更成功，這就是你在做的事情。換句話說，你在解決讓他們感到痛苦的問題。

　　三、為其他人的產品背書，並且介紹給客戶。這可能是另一項獲利來源，實際上不需要出貨，只要幫忙背書就好。

　　四、舉辦特別活動，例如「會員特賣」或限量預購。

　　在自家的會員特賣會與限量預購等特殊場合上，羅賓在會員面前替傑的行銷計畫背書。

　　五、為顧客制定計畫。

　　採用有良心的方式替客戶制定計畫，是相當有價值的事

情。我要再次提到地毯清理，有人上門使用地毯清理服務的時候，你可以假設，同一個人大概會在三年後再次需要這項服務。

那麼，如果你告訴他們，聯邦政府公布的文件顯示，每六個月使用蒸氣清潔地毯，就能維持良好的居家空氣品質，避免地毯堆積各種有害物質。

地毯不會過濾空氣讓你維持健康，反而會藏污納垢，並且讓那些有害物質回到空氣中。因此，每六個月清理地毯一次，就不會讓那些有害物質傷害你和家人的健康。尤其家中有常在地上爬行的幼兒更是如此，他們會接觸到地毯上所有的物質。

如此一來，你就能採用十分有良心的方式，說服顧客使用你的清潔服務。此外，使用這種方式對你來說也更有效。如果你知道每六個月就要替人清理地毯一次，他們不需到你店裡或是等待你的電話，你就能安排員工到府為他們服務；不然，這樣一來一回既浪費時間也浪費金錢。

六、使用價格誘因來增加消費頻率。

假如你使用價格誘因來促進消費頻率，每六個月進行一次地毯清潔服務，卻沒有提供足夠的工作給員工，就很有可能某天生意冷清，隔天卻要讓員工加班。因此，透過提供價格誘因，你可以增加顧客的消費頻率。

這就如同地毯清潔公司的情形。客戶若是每三年才請你清理地毯一次，或許你可以向他們收兩百或四百美元，大部分都是根據你的固定支出去均攤。然而，假如他們每六個月

固定使用一次服務，原本你向他們收取四百美元，現在或許可以只收兩百美元，仍然能賺不少錢。

看過34個行銷策略、決定在計畫中加入哪些策略之後，必須檢視自己需要增加哪些投資：時間、金錢或其他資源。

七步驟總結

1 **掌握行銷策略／運用策略／哲學：**告訴你為何使用策略與戰術，以及使用它們的進一步目的。

2 **策略行銷觀念：**利用「運用策略／哲學」的行銷因素，影響你在何處、何時以及多常使用特定戰術。

3 **策略行銷系統：**結合「掌握行銷策略」以及「策略行銷觀念」，判斷為何、何時、何處採用你的戰術／工具。

4 **戰術執行流程：**判斷使用何種特定戰術與工具將會帶來何種好處，以及帶給誰好處。

5 **行銷戰術：**以小搏大的層次。

6 **行銷工具：**平面廣告、傳單與電話行銷等等。

7 **執行與回饋：**實際運用戰術與工具，獲得客戶回饋，並且持續調整自己的「戰術執行流程」以充分利用這個流程，確保自己確實執行「策略行銷系統」。

三個重要步驟

1 策略行銷系統：判斷為何、何時、何處執行「戰術執行流程」。

2 戰術執行流程：判斷使用何種特定的戰術與工具會帶來何

種好處,以及帶給誰好處。

3 執行與回饋:實際運用戰術與工具,獲得客戶回饋,並且
持續調整自己的「戰術執行流程」以充分利用這個流程,
確保自己確實執行「策略行銷系統」。

亞伯拉罕／透納的流程行銷

原本我每年的營業額為一百萬美元,現在使用流程行銷
之後,每年的營業額就超過了五百萬美元。

階段一:發掘潛在客戶

1 如果潛在客戶未被說服,提供附有樣本組合的行銷信件。

2 提供樣本組合的電子郵件。

階段二:追蹤

寄出樣本組合／電子郵件與免費贈品之前,先取得所有
的聯絡資訊。

階段三:針對潛在客戶進行一系列流程行銷

1 每週聯絡一次。

2 寄出樣本組合與說明信函。

3 助理撥打電話給信函收件對象,確認對方確實收到信件;
若是聯絡不到對方,請留言三次。

4 寄出電子郵件,提供免費電話會議,幫助對方拓展事業。

5 寄出電子郵件，告知免費電話會議錄音的網址。

6 寄出電話會議的錄音帶與／或會議的逐字稿。

7 陸續用電子郵件寄出免費報告做為贈品。

8 由我對有興趣的潛在客戶進行電話追蹤，直到他們買單或留言為止（舊有買家最多十三次，非買家五次）。

行銷天才思考聖經

作　　　者／傑・亞伯拉罕（Jay Abraham）、杜云安
譯　　　者／王敏雯、榮莒苓、游懿萱
編輯統籌／郭顯煒・字裡行間工作室
封面設計／吳欣怡
內頁排版／曾美華
企畫選書人／賈俊國

總 編 輯／賈俊國
副總編輯／蘇士尹
編　　　輯／高懿萩
行銷企畫／張莉滎・蕭羽猜、黃欣

發 行 人／何飛鵬
法律顧問／元禾法律事務所王子文律師
出　　　版／布克文化出版事業部
　　　　　　台北市中山區民生東路二段 141 號 8 樓
　　　　　　電話：(02)2500-7008　傳真：(02)2502-7676
　　　　　　Email：sbooker.service@cite.com.tw
發　　　行／英屬蓋曼群島商家庭傳媒股份有限公司城邦分公司
　　　　　　台北市中山區民生東路二段 141 號 2 樓
　　　　　　書虫客服服務專線：(02)2500-7718；2500-7719
　　　　　　24 小時傳真專線：(02)2500-1990；2500-1991
　　　　　　劃撥帳號：19863813；戶名：書虫股份有限公司
　　　　　　讀者服務信箱：service@readingclub.com.tw
香港發行所／城邦（香港）出版集團有限公司
　　　　　　香港灣仔駱克道 193 號東超商業中心 1 樓
　　　　　　電話：+852-2508-6231　　傳真：+852-2578-9337
　　　　　　Email：hkcite@biznetvigator.com
馬新發行所／城邦（馬新）出版集團 Cité (M) Sdn. Bhd.
　　　　　　41, Jalan Radin Anum, Bandar Baru Sri Petaling,
　　　　　　57000 Kuala Lumpur, Malaysia
　　　　　　電話：+603- 9057-8822　　傳真：+603- 9057-6622
　　　　　　Email：cite@cite.com.my
印　　　刷／凱林彩印股份有限公司
初　　　版／2023 年 04 月
定　　　價／660 元
ISBN／978-626-7256-65-7